Wolfgang Jacoby
Oliver Schwarz
Die Grenzen der Erde
Über die Endlichkeit natürlicher Ressourcen

Unseren Kindern, Enkeln und Urenkeln

Wolfgang Jacoby
Oliver Schwarz

Die Grenzen der Erde
Über die Endlichkeit natürlicher Ressourcen

ATHENEMEDIA

Verfasser:

Prof. Dr. Wolfgang Jacoby
Geowissenschaften
Johannes Gutenberg-Universität
55099 Mainz

Prof. Dr. O. Schwarz
Universität Siegen
Universitätssternwarte / Didaktik der Physik
Adolf-Reichwein-Straße
57068 Siegen

Dieses Werk einschließlich aller seiner Teile ist urheberrechtlich geschützt. Alle Rechte, auch die des Nachdruckes, der Wiedergabe in jeder Form und der Übersetzung in andere Sprachen behalten sich Urheber und Verleger vor. Jede Verwertung – auch nur auszugsweise Verwertung – und jegliche Form der Wiedergabe außerhalb der engen Grenzen des Urheberrechtsgesetzes ist ohne Zustimmung und schriftliche Genehmigung des Verlages bzw. der Urheber unzulässig und strafbar. Dies gilt insbesondere für Übersetzungen, Vervielfältigung, Verarbeitung, Abschrift, Entnahme, systematische Auswertung, Verbreitung, Vortrag, Funk, Fernsehsendung, Telefonübertragung, den fotomechanischen Weg (Fotokopie, Mikrokopie), Magnettonverfahren, Mikroverfilmung, Einspeicherung und Verarbeitung in oder mit elektronischen bzw. mechanischen Systemen. Dies betrifft das Werk sowie Teile daraus, Abbildungen und Tabellen.
Die in diesem Werk ohne besondere Kennzeichnung aufgeführten Gebrauchsnamen, Handelsnamen, Warenbezeichnungen usw. berechtigen nicht zu der Annahme, dass solche Namen ohne Weiteres von jedem benützt werden dürfen. Vielmehr kann es sich häufig um gesetzlich geschützte Warenzeichen handeln.
Um den Textfluss nicht zu stören, wurde stets die grammatikalisch männliche Form gewählt. Selbstverständlich sind in diesen Fällen immer Frauen und Männer gemeint.
Haftungsausschluss. Der Inhalt dieses Buches ist sorgfältig recherchiert und erarbeitet worden. Dennoch können weder Autoren noch Verlag für Angaben im Buch eine Haftung übernehmen. Es wurde größtmögliche Sorgfalt walten lassen, allen Rechten zu entsprechen. Sollten Rechte Dritter berührt sein, bitten wir die Betroffenen, uns dies mitzuteilen. Für den Inhalt sind die Autoren verantwortlich.

©2014 AtheneMedia-Verlag
Erstausgabe
Alle Rechte vorbehalten.
Umschlaggestaltung: AtheneMedia
Printed in Germany
ISBN 978-3-86992-118-1

Weitere Informationen unter **www.athene-media.de**

Inhalt

1 Haben wir genug Energie? 7
Ende des Wachstums? – Motivation – Plan des Buches – Zusatzinformation: Ressourcen, Energie und Flächenbedarf

2 Energie und Gesellschaft 17
Energie und ihr Einfluss auf gesellschaftliche Struktur und Gesellschaftsform – Energiedichte und Flächenbedarf (Jäger und Sammler – Nomaden – Agrarwirtschaft – Kann man das Modell in die Gegenwart übertragen? – Energiefallen) – Kollaps oder langsame Anpassung? – Verschaffen wir uns Zeit! – Zusatzinformation 1: Literarischer Feingeist und Energieprobleme – Zusatzinformation 2: Nachhaltende Forstwirtschaft

3 Die aktuelle Situation 43
Das Energiethema heute und seine Einbettung in die nähere Vergangenheit und Zukunft (Primärenergieträger und ihre relativen Anteile am globalen Energiemix) – Jenseits der Primärenergiedebatte – Zusatzinformation: Veranschaulichung des Primärenergiebedarfs der Menschheit

4 Sichtweisen, Aufgaben und Visionen 51
Ist Wachstum „natürlich"? – Was sagen Wirtschaftswissenschaften, Wirtschaft, Politik und Naturwissenschaften dazu? – Einsichten der Naturwissenschaften – Einige Ökonomen und Soziologen folgen – Mehr Physiker, Geophysiker, Geologen und Klimatologen – Mehr Ökonomen, Soziologen, Politologen, Ökologen und Geographen – Wachstum und Sättigung – Visionen – Zusatzinformation: Wachstum und Nachholbedarf

5 Grundlagen: Mathematik, Physik, Geologie 72
Modelle, Naturgesetze und menschliches Verhalten – Mathematische Grundlagen (Formeln für endliche und nachwachsende Vorräte, Verbrauch und Reichweiten – Endliche Vorräte: Verbrauchsreichweiten – Gleichbleibender Verbrauch – lineare Verbrauchsreichweiten – Variabler Verbrauch und dynamische Verbrauchsreichweiten –

Wachstum – Stagnation – Erschöpfung – Erneuerbare Energieströme: Wachstumsreichweiten) – Physikalische Grundlagen (Einige Grundbegriffe – Arbeit und Energie – Der Wirkungsgrad – Wärme und erster Hauptsatz der Thermodynamik) – Geologie und geophysikalische Grundlagen (Die Natur der Lagerstätten – Erdrotation und Erdwärme – Die geologische Zeit) – Zusammenfassung

6 Wachstumsgrenzen bei den klassischen Energierohstoffen – Daten, Rohstoffe, Verbrauch   107
Überblick über die Situation – Endliche Reservoire (Kohle und Kohlehydrate – Kernbrennstoffe – Nicht-konventionelle Energiereservoire) – Quantitative Bestandsaufnahme (Kohle – Kohlenhydrate: Öl und Gas – Kernbrennstoffe – Nicht-konventionelle Energiereservoire) – Zusammenschau der Rohstoff- und Energievorräte – Der Nutzenergiestrom: jährliche Verbrauchsraten – Verbrauchsreichweiten nutzbarer Energievorräte (Lineare Verbrauchsreichweiten bei gleichbleibendem Verbrauch – Dynamische Verbrauchsreichweiten) – Braucht die Menschheit mehr Energie? – Wachstum, Stagnation, Schrumpfung – Abwärme von zusätzlicher Energiezufuhr – Zusammenfassung – Zusatzinformation 1: Gezeitenenergie und die Länge eines Tages – Zusatzinformation 2: Globale Abwärme

7 Potentiale und Grenzen der erneuerbaren Energien   164
Grundsätzliches zur regenerativen Energie – Wirkungsgrad und Fläche – die Grenzen der regenerativen Energien – Grenzen der umweltverträglichen Energieentnahme – Wachstumshorizonte der regenerativen Energiebereitstellung

8 Diskussion   190
Energetische Handlungsperspektiven – Weltuntergang? – Allmählicher Wandel – Lösungen in Sicht? – Kurz vor der Drucklegung

Anhang   206

Sachverzeichnis   226

1 Haben wir genug Energie?

„Fukushima" hat die Energiedebatte wie kaum ein früheres Ereignis angefacht. Die durch Erdbeben und Tsunami ausgelöste Kernkraft-Reaktorkatastrophe hat zur Forderung geführt, die erneuerbaren Energien so weit auszubauen, dass alle KKWs abgeschaltet werden können. Man hört, dies sei sofort möglich, wenn man nur wolle. Selbst Politiker, die wirtschaftliches Wachstum propagieren, äußern sich optimistisch über die Möglichkeiten der „Erneuerbaren": Selbstverständlich habe man das Energieproblem im Griff. Ist das wahr? Wie steht es mit dem Wachstum?

Es stimmt nicht: So einfach ist die Umstellung der Energieversorgung nicht – insbesondere dann nicht, wenn sie einhergeht mit Verheißungen einer angeblich sorgenfreien Bereitstellung von Strom, Wärme und diversen Transportmöglichkeiten, die sogar Spielräume für den kräftigen Ausbau der Konsum- und Industriegesellschaft eröffnen soll. Und die öffentliche Debatte macht es deutlich, wenn man sie kritisch verfolgt. Unsere begründete Überzeugung ist, dass Wachstum, das auf zunehmendem Energieeinsatz beruht, bald enden muss und wird. *Das folgt zwangsläufig aus der Begrenztheit der Erde und ihrer Rohstoffvorräte, sowie aus dem Energiebedarf des Menschen, bzw. aus dem tatsächlichen Energieumsatz, meist fälschlich „Verbrauch" genannt. Wir müssen Angebot und Bedarf an Energie ins Verhältnis setzen und die Grenzen des möglichen Wachstums quantitativ erfassen. Nur bei „vernünftigen" Verhältnissen können wir erwarten, dass wir alle gut leben können.*

Selbst Kinder sehen, dass es so nicht *immer* weitergehen kann. Nur Ökonomen und Politiker sehen das nicht, die meisten. Wer das Ende des Wachstums konkret voraussagt, erntet Spott. Wenn man daran erinnert, dass der *Club of Rome* genau dies vor 40 Jahren getan hat, hört man, er habe sich doch offensichtlich geirrt. Aber verdient der *Club of Rome* wirklich Spott? Oder vielleicht nicht eher diejenigen, welche die Warnungen zu wörtlich genommen hatten? Kann es sein, dass die Zeitschätzung zu kurz war? Erst recht belächelt wird Thomas Malthus, der schon vor 200 Jahren auf die Gefährlichkeit exponentiellen Wachstums hinwies. Nichts davon sei doch eingetreten, das Wachstum habe bis heute angedauert, uns gehe es doch immer noch gut, ja sogar besser! Materiell geht es uns besser, aber sind wir zufriedener? Geht es der Menschheit besser, allen Menschen? Jedenfalls glaubt *man*, oder man macht uns glauben, wir *müssten* weiter wachsen, wenn wir die Weltprobleme lösen wollen. Doch kann es wirklich auf Dauer so weitergehen? Der gesunde Menschenverstand sagt nein. Und die sachlichen Argumente?

Bei dem Versuch, diese Fragen zu beantworten, verfolgen wir verschiedene Ansätze. Zunächst klären wir, welche natürlichen Energieflüsse und Energievorräte zur Verfügung stehen. Entscheidend ist dabei die Energiedichte in der Fläche und damit der Flächenbedarf. Hinzu kommen die endlichen Vorräte gespeicherter Energie, auf denen die heutige Wirtschaft beruht.

Nachfolgend werden wir zunächst das vorindustrielle, sozusagen natürliche Verhältnis betrachten. Dann müssen wir die gegenwärtigen Verhältnisse unter die Lupe nehmen, d.h. die Situation bei Rohstoffen und „Verbrauch" analysieren. Das wird uns die Wachstumsgrenzen quantitativ erschließen und anschaulich machen.

Formulieren wir zunächst die Fragen noch einmal um! Wie lange reichen die Vorräte, wie lange kann Wachstum noch weitergehen? Können die erneuerbaren Energien die Menschheit ausreichend versorgen, wenn die Vorräte verbraucht sind? Wenn ja, wie? Bisher sind Wohlstand, Wachstum und Energie aufs engste miteinander verknüpft, kann diese Verbindung aufgebrochen werden? Kann Wohlstand ohne zusätzliche Energie wachsen, d.h., können Wachstum und Energie entkoppelt werden? Diese Fragen sind miteinander verschränkt; sie lassen sich daher nicht isoliert behandeln. Sie hängen damit zusammen,

- wie weit die Rohstoffe reichen,
- wie ergiebig die erneuerbaren Energien sind und
- was wir zum „guten Leben" wirklich brauchen.

Diese Fragen bewegen uns. Bevor wir näher auf sie eingehen, wollen wir hier kurz erläutern, was uns motiviert hat, weshalb wir zu unserem Thema „Energie und Wachstum" kamen, und warum wir diesen Essay schreiben.

Motivation

Vielleicht braucht es keinen besonderen Anstoß die Welt kritisch zu betrachten, aber Ermunterung durch die Eltern scheint eine große Rolle zu spielen. Die Gesellschaftssysteme in West und Ost, in denen wir aufwuchsen, erlebten wir als reformbedürftig, und wie darüber zu Hause gesprochen wurde, hat unser Fragen wahrscheinlich bestärkt. WJ, aus „dem Osten" stammend, kam schon 1945 in „den Westen" und machte den wirtschaftlichen Aufschwung mit. Als Kriegsfolge erlebte die Familie Armut; das lehrte ihn eine kritische Sicht sozialer Ungleichheit. Er musste sich im Rahmen der Familie mit religiösen, philosophischen und sozialen Fragen auseinandersetzen und lernte, skeptisch gegenüber dogmatischen und fundamentalistischen Aussagen zu sein. Das Studium der Physik und Mathematik, dann vor allem der Geophysik und Geologie, sensibilisierte ihn für die Grundsatzfrage, was wir wissen und was wir nicht wissen können. Später, in der Zeitschrift „Spektrum der Wissenschaft" betonte er die Verantwortung der Geowissenschaftler für die Zukunft der Menschheit angesichts Überbevölkerung, Klimaerwärmung und knapper werdender Vorräte (Jacoby, 2008).

OS wuchs in der DDR unter wirtschaftlichen Rahmenbedingungen auf, die geprägt waren von begrenzten Ressourcen, eingeschränkten Konsummöglichkeiten, ironischerweise gleichzeitig einer enormen Verschwendung fossiler Energie und einem desaströsen Umgang mit der Umwelt. Er bemerkte, dass neben ideologischen Einflussfaktoren, die eine Gesellschaft prägen, auch wesentlich die Zugänge zu Rohstoffen und Energieträgern gehören.

Der Spektrum-Artikel führte zum Kontakt zwischen WJ und OS, der als Physik-Didaktiker in einem Aufsatz für Physiklehrer die Unmöglichkeit weiteren exponentiellen Wachstums behandelt und begründet hatte (Schwarz, 2006). Denn wenn von Wachstum die Rede ist, meint man immer prozentuales Wachstum pro Jahr, und das ist dasselbe wie exponentielles Wachstum. Es begann die Zusammenarbeit, die zu dem Entschluss führte, dieses Buch zu schreiben. Der Entschluss wurde verstärkt durch die Erfahrung, dass die Menschen vielfach keine Ahnung davon zu haben schienen, wie bald weiteres exponentielles Wachstum enden wird. Auch ging uns die ständige Beschwörung des Wachstums bei Politik und Wirtschaft immer mehr auf die Nerven. Es ist eine „schleichende Katastrophe", heute noch kaum erkannt. Unsere Enkel oder schon unsere Kinder werden die Folgen erleben, sogar wir selbst, wenn das instabile Klimasystem möglicherweise „kippt".

Es dämmerte uns, dass das Wachstumsproblem über Energiefragen hinausgeht. Wir leben in einer Zeit des definitiven Endes scheinbar unbegrenzten Wachstums. (Einzigartig ist die Tatsache, dass eine Gesellschaft ohne Wachstum auskommen muss, historisch betrachtet ja nicht. Das war eher Jahrtausende der Normalfall). Die Grenzen der Erde sind erreicht: „Endzeit", nicht im Sinne religiöser Endzeiterwartung, sondern im Sinne einer neuen, rational begründeten Umstellung des Lebens auf die Situation in einer begrenzten Welt. Das Zeitalter in dem wir gegenwärtig leben, wird man zukünftig als „Zeitalter des Überganges" ansehen – des Übergangs vom Zeitalter der Wachstumsgesellschaften hin zu Gesellschaften des konstanten Verbrauches von Ressourcen. Aufklärung der Öffentlichkeit tut not. Die Schule muss die Zusammenhänge verdeutlichen. Politiker, Ökonomen und Wirtschaftslenker müssen aufgerüttelt werden.

Dabei ist die Angst, dass wir ohne Wachstum dem Untergang geweiht sind, ja, dass jegliche gesellschaftliche Stabilität gefährdet sei, völlig unbegründet, denn die Situation, dass eine menschliche Zivilisation ohne Wachstum wirtschaftet, ist historisch wohlvertraut. Jahrtausende vergingen, ohne dass einzelnen Generationen Wachstum bemerkten. Im Alter konsumierte man die gleiche Menge wie in der Jugend, nutzte die gleichen Arbeitsverfahren und bediente sich der gleichen nützlichen Erfindungen, die das Leben einfacher machten. Ein globales Wirtschaftswachstum gab es als gemittelten Wert allenfalls im Promillebereich. Einzelne Staaten erlebten Wachstumsphasen nur in historisch kurzen Zeitspannen und das auch nur auf Kosten der umliegenden Länder – oft durch kriegerische Aneignung fremden Besitzes. Um den Staat zu erweitern benötigte man mehr Land, mehr Arbeitskräfte, mehr Agrargüter, mehr Waffen usw., kurzum, man benötigte mehr Ressourcen und es gab nur sehr wenige Möglichkeiten, zusätzliche Ressourcen innerhalb des eigenen Territoriums zu erschließen. Die territorialen Ressourcen waren limitiert und mithin ein Wachstum allein aus der lokalen Wirtschaft heraus unmöglich. Und dann, gleich Leuchttürmen in der Menschheitsgeschichte, gab es herausragende Erfindungen, die in Verbindung mit veränderten Wirtschaftsformen erweiterte Zugänge zu Ressourcen verschafften: Der Ackerbau verbesserte den Zugang zur Nahrung durch Einsatz von Hacken, Spaten und Pflügen; das Rad und der Bau von größeren Schiffen ermöglichten Seefahrt und Handel, wodurch neben Nahrungsmitteln auch Rohstoffe und veredelte Güter zur Verfügung gestellt werden konnten.

„Unsere" Wachstumsgesellschaft begann dann vor rund 200 Jahren mit der Erfindung der Dampfmaschine. Die mit Dampf betriebenen Motoren ermöglichten den Abbau von Kohle aus unterirdischen Flözen und erschlossen damit eine Ressource, die der Menschheit bis dahin nur in sehr kleinem Umfang zur Verfügung stand – Energie. Diese Energie wirkte wie eine gewaltige Dosis Backpulver auf den zivilisatorischen Teig und wir wissen auch aus welchem Grund. Hochwertige Energie (und die aus Kohle gewinnbare Energie ist hochwertig) hat in gewisser Weise viele Eigenschaften eines Zaubermittels: Mit Energie kann man nämlich Ressourcen relativ leicht erschließen. Man benötigt für Produktionszwecke die „Ressource Mensch" – mit Energie kann man Menschen leicht transportieren. Man benötigt mehr Rohstoffe – mit Energie kann man sie gewinnen. Man braucht mehr Nahrung – unter erhöhtem Energie- und Stoffeinsatz (Düngemittel) wird man sie auf der gleichen Fläche produzieren. Und man kann durch einen größer werdenden Energieeinsatz auch immer mehr Maschinen herstellen, die ihrerseits immer mehr Energie verbrauchen und letztlich auch mehr Menschen versorgen.

Wie wir es auch drehen und wenden, zivilisatorisches Wachstum war immer an die Erschließung von stofflichen oder energetischen Ressourcen geknüpft und die Menschheit ist bei dieser Erschließung wahrlich nicht zimperlich vorgegangen. Ihr Repertoire umfasste neben fortschrittlicher Ingenieurskunst, naturwissenschaftlichem Arbeiten und friedlichem Handel auch Völkermord, Vertreibung und Versklavung. Angesichts dieser historischen Realitäten fragen wir besorgt, was passiert, wenn eine weitere Erschließung von Rohstoffen und Energie unmöglich wird, einfach weil keine Ressourcen mehr vorhanden sind?

Wir denken darüber nach, wieso die Leute die Illusionen haben, dass die Geschichte eine unaufhaltsame Fortschrittsgeschichte wäre, vom Jäger-und-Sammler-Stadium, über Nomadentum und Sesshaftwerdung, Ackerbau und Viehzucht zu den ersten Märkten und immer größer werdenden städtischen Siedlungen, immer größeren Reichen einschließlich der Ausbreitung über den ganzen Globus auf der Suche nach neuen Lebensräumen bis in die entferntesten Winkel der Erde, in die extremsten Klimate und Lebensweisen. Ein Grund ist die unvergleichliche Anpassungsfähigkeit, Phantasie und Kreativität der Spezies Mensch. Hinzu kommt der Erfolg: Vor 10 000 Jahren gab es etwa eine Million Menschen, vor 2000 Jahren 200 Millionen, vor 1000 Jahren 300 Millionen, vor 100 Jahren mehr als eine Milliarde und heute sieben Milliarden; Arbeitsteilung ermöglichte Nachdenken über die Welt, Dichtung, Philosophie, Wissenschaft, Technik und Medizin, Handel, Globalisierung ... Aber Erfolg kann sich ins Gegenteil verkehren. Trotz zweier Weltkriege und erdrückender Konkurrenz der Systeme und Konzerne stellen wir im globalen Mittel ein Wachstum von ein paar Prozent pro Jahr fest. Das ist exponentielles Wachstum, getrieben von grenzenloser Gier nach Geld und Macht, aber natürlich auch von dem Bedürfnis der weitaus meisten Bewohner unseres Planeten, annähernd so zu leben, wie wir in Deutschland. Insbesondere die Finanzwelt will immer mehr und handelt mit Risiken, die von allen anderen getragen werden müssen. Die Blase ist in Gefahr, mit noch viel lauterem Knall zu platzen als die von 2008. Wir haben das Gefühl, dass es „kein gutes Ende" nehmen kann. Die Erde kann nicht beliebig viele Menschen ernähren, erhalten oder gar „ertragen". Dafür reichen die Vorräte nicht mehr lange aus, und die erneuerbaren Energieströme sind ebenfalls begrenzt. Das ist unser Motiv: die Grenzen des Wachstums sachlich nüchtern untersuchen.

Plan des Buches
Zuerst werden wir – unter der Überschrift „Energie und Gesellschaft" – den existentiellen Energiebedarf des Menschen und damit den Bedarf an Fläche betrachten (Kapitel 2). Dazu müssen wir zu den Anfängen zurückgehen, zu den Verhältnissen vor der Industrialisierung und vor dem Rückgriff auf die fossilen Energievorräte. Letztlich ist das der „Naturzustand", in dem der Mensch ausschließlich Sonnenenergie nutzt und von ihrer Nutzungsdichte begrenzt wird. Unter diesem Gesichtswinkel verfolgen wir einen Bogen bis ins In-

dustriezeitalter und die Jetztzeit und zwar grundsätzlich ohne auf die konkrete Rohstoffsituation einzugehen. Wir schlagen ausdrücklich nicht vor, zu vor-industriellen Verhältnissen zurückzukehren, denn wir haben in der Zwischenzeit durch Aufklärung und Wissenschaft viel gelernt, was wir auch in Zukunft anwenden und weiterentwickeln werden; aber Wirtschaft und Politik müssen sich ändern und die vorgegebenen Grenzen der Natur respektieren lernen. Das betrifft vor allem den Umgang mit der begrenzten Energie.

Im nächsten Schritt werden wir – unter der Überschrift „Energetische Situation heute" – die heutige Lage konkret analysieren (Kapitel 3). Es geht vor allem um die endlichen fossilen und nuklearen Energiereservoire, die in der Neuzeit immer intensiver ausgebeutet und genutzt werden und zum Teil schon zu einem hohen Prozentsatz verbraucht worden sind. Die Menschen in den früh industrialisierten Ländern und immer mehr auch den anderen Staaten haben sich an reichlich Energie gewöhnt, und Wirtschaftswissenschaften, Wirtschaft und Politik bestärken sie darin. Die Naturwissenschaften andererseits warnen vor den Folgen. Die Zeit, innerhalb derer sich die Wirtschaft auf die Abnahme der Energiereservoire einstellen muss, ist kurz, und das Kapitel 4 bereitet die späteren Berechnungen des Buches vor. Auch die erneuerbaren Energien, vor allem die solare, müssen nüchtern abgeschätzt werden. Es geht darum, wie weit die Hoffnung auf sie berechtigt ist. Immerhin gibt es im Unterschied zur vor-industriellen Zeit heute wissenschaftlich fundierte Technologien, welche die Nutzung der natürlichen Energieströme erweitert haben.

Zur Vorbereitung der eigenen Untersuchungen hinterfragen wir in Kapitel 4 („Sichtweisen und Aufgaben") Wirtschaft, Politik und die verschiedenen Wissenschaften um die aktuelle Debatte verständlich zu machen. Wir erläutern dann vor allem die Haltung der Naturwissenschaften. Es wird der Versuch gemacht, die schlichten naturwissenschaftlichen Grundlagen zu erklären, auf denen unsere Schätzungen und Schlussfolgerungen beruhen. Das Kapitel richtet sich vor allem an kritische Leser, welche Argumente hinterfragen und sich weniger auf Plausibilität verlassen.

Kapitel 5 behandelt einige wichtige Grundlagen der verwendeten Berechnungen: Mathematik, Physik und Geologie. Es geht nicht um lehrbuchhafte Ausführungen; sondern nur um die spezifischen Aufgaben, die wir zu lösen haben. Es geht um Grundbegriffe wie z.B. Gleichungen, Exponentialfunktion, Energie, Wärme oder Lagerstätten von Energierohstoffen.

In Kapitel 6 begründen wir unsere Einschätzungen der Zukunftsaussichten anhand der verfügbaren und nutzbaren Energien mit geologischem und physikalischem Schwerpunkt. Hier kommt es auf die Datenquellen und ihre Zuverlässigkeit an. Ebenso wichtig ist die Frage, wie viel heute verbraucht wird. Aus den Daten können konkrete Reichweiten der Rohstoffe und die Verbrauchsgrenzen berechnet werden.

In Kapitel 7 werden Wachstumsgrenzen für die erneuerbaren Energieströme ermittelt. Man beachte, dass die Wachstumsgrenzen der Energieströme etwas anderes sind als die Reichweiten der endlichen Energievorräte. Die Grenzen sind nicht nur durch die endlichen Stärken der Ströme, sondern wesentlich auch durch deren Flächendichte vorgegeben. In Kapitel 6 und 7 präsentieren wir unsere zentralen Ergebnisse.

Zusammenfassend zeichnen wir in Kapitel 8 ein realistisches Szenarium für die zukünftige Energienutzung. Die Aussichten darauf, dass es auf unbestimmte Zeit so weitergehen wird wie bisher, sind sehr schlecht. Aber wir wollen Wege aufzeigen, auf denen man das Energieproblem in Zukunft lösen könnte und gewiss nicht als Weltuntergangspropheten auftreten. Abschließend gibt das Kapitel 8 einen Ausblick auf eine gerechte Zukunft. Die Schlussgedanken umfassen soziale Aspekte der Lösungsmöglichkeiten, deren Chancen umso besser sind, je zügiger wir uns auf ein dauerhaftes und wachstumsunabhängiges globales Wirtschaftssystem einstellen.

Ein Anhang mit kurzgefassten Erläuterungen der zentralen mathematischen, physikalischen und geophysikalischen Begriffe rundet unsere Darstellung ab.

Zusatzinformation: Ressourcen, Energie und Flächenbedarf

In diesem Buch sind einige Begriffe von zentraler Bedeutung, die umgangssprachlich zwar wohlvertraut sind aber viele Bedeutungen haben – für die Zwecke unserer Betrachtungen jedoch unbedingt exakt definiert werden müssen. Dies betrifft z.b. die Verwendung des Wortes „Ressource". Diesen und verwandte Begriffe werden wir in Kapitel 5 und 6 exakt fassen. Bis dahin muss zunächst die umgangssprachliche Verwendung genügen, allerdings mit einer ersten Verfeinerung: Wir betrachten hauptsächlich die Energie und die mit ihr in engem Zusammenhang stehenden „Ressourcen", also z.B. Energierohstoffe oder die Größe eines gewissen Teils der Erdoberfläche, die ihrerseits ja als Empfänger für die Sonnenenergie dient. Wie bereits in diesem Kapitel erläutert, erweist sich die Energie als einer der zentralen Begriffe, um Wachstum und zivilisatorische Strukturbildung zu verstehen. Auch die „Nahrung" lässt sich unter energetischem Blickwinkel analysieren – nämlich im Hinblick auf den sogenannten Grundumsatz eines Menschen (die Nahrungsenergie in Kilojoule oder Kilokalorie pro Tag, die ein Mensch zum Leben benötigt). Unter diesem Gesichtspunkt wird auch eine Ackerfläche zur „Energieressource", und die „Ressource" Arbeitskraft steht plötzlich in engem Zusammenhang zum Energiebegriff selbst.

Die Abbildung 1.1 stammt aus einem kleinen Büchlein des Autors Rudolf Lämmel aus dem Jahre 1925. Der Verfasser leitete aus seinen Überlegungen zur Befriedigung der Bedürfnisse eines Einwohners in Deutschland einen Flächenbedarf von rund 20000 m^2 pro Person für Deutschland ab – und *zwar zusätzlich zur im Mittel damals pro Einwohner zur Verfügung stehenden Fläche* von 7838m^2! Uns erschüttert heute die (scheinbare?) Unbekümmertheit des Autors – seine Lösung ist dem „Zeitgeist" entsprechend: „Die fehlenden Kolonien!"

Zum Vergleich: Bei rund 82 Millionen Einwohnern und einer Fläche von rund 357000km^2 stehen jeder Person in Deutschland heute durchschnittlich etwa 4350 m^2 zur Verfügung: das ist etwa ein Quadrat von 66 m Kantenlänge. Dies scheint wenig zu sein, vor allem, wenn wir bedenken, dass zu dieser Fläche auch Bergland, Gewässer, Wohnflächen, Verkehrsflächen usw. gehören. Dennoch wäre unsere

Landwirtschaft gegenwärtig in der Lage, alle Einwohner Deutschlands zu ernähren – freilich nur mit heimischen Produkten ohne „Kakao", „Südfrüchte" oder „Kaffee" (siehe Abb. 1.1), die wir uns durch Handel beschaffen müssen.

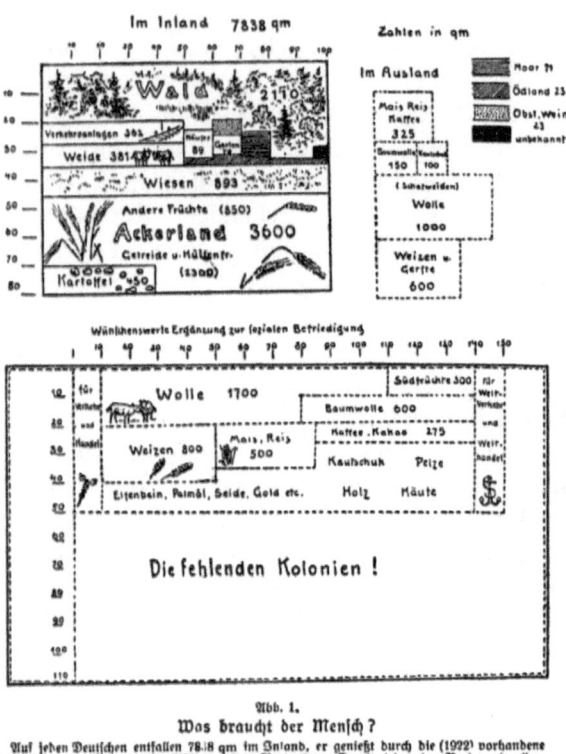

Abb. 1.1: So schätzte man im Jahre 1925 den Flächenbedarf je Einwohner für Deutschland (Lämmel 1925).

Literatur

Jacoby, W.: Dynamische Erde: unser gefährdeter Lebensraum, *Spektrum d. Wiss.*, 11/08, S. 104-113, 2008.

Lämmel, R.: *Sozialphysik.*, Franckhsche Verlagshandlung, Stuttgart, 74 S., 1925.

Schwarz, O.: Die menschliche Zivilisation und das globale Energiegleichgewicht, *Praxis der Naturwissenschaften, Physik*, 8/55, S. 2-7, 2006.

2 Energie und Gesellschaft

Wir beginnen mit grundsätzlichen Überlegungen zum Energiebedarf des Menschen und der Gesellschaft als Ganzes. Zweifellos sind die Bedürfnisse einzelner Menschen sehr unterschiedlich; sie hängen stark davon ab, wie sie sich in ihrem Zusammenleben organisieren, und sie haben sich im Laufe der Entwicklung des Menschen seit vorgeschichtlicher Zeit stark gewandelt. Dieses Kapitel spannt einen weiten Bogen von der Vorzeit bis heute, geht aber nicht im Detail auf die heutige Situation bei Energierohstoffen und Verbrauch ein; diese wird in den Kapiteln 3 – 7 behandelt.

Und noch eines: „Energie" gehört wie selbstverständlich zum Wortschatz des modernen Menschen, ist aber dennoch ein vielschichtiger, landläufig meist unverstandener Begriff. „Energisch" bedeutet „kraftvoll", „stark". In der Natur aber ist „Energie" neben Raum, Zeit, Körper, Masse etc. von zentraler Bedeutung. Als begriffliche Wissenschaft macht es uns die Physik nicht gerade leicht die unmittelbare Bedeutung der physikalischen Größe Energie für unser Leben zu erkennen. Wie so oft entlarvt unsere Sprache auch hier Verständnisprobleme.

In scheinbar unterschiedlichen Situationen formulieren wir die Sätze: „Ich habe großen Hunger und muss jetzt dringend etwas essen. Gerade ist mein Auto liegen geblieben, es hat kein Benzin mehr. Im Zimmer ist es kalt geworden, man muss dringend die Heizung aufdrehen." Doch eigentlich handelt es sich in allen drei Fällen um die gleiche Situation: Einem System muss Energie zugeführt werden. Leider sind vielen Menschen die intellektuelle Tragweite und der riesengroße Vorteil, den das Denken mit Hilfe naturwissenschaftlich gut beschriebener Begriffe bietet, nicht hinreichend deutlich. Wenn mehr Menschen mit dem physikalischen Energiebegriff besser umgehen könnten, dann würden uns vielleicht einige Lektionen erspart bleiben, die uns die Natur gerade erteilt. Zum Beispiel die immer wieder kolportierte und leider umgesetzte Idee, die Biomasse der Pflanzen in größerem Umfang zur Herstellung von Biotreibstoffen einzusetzen (siehe Kap.7). Pflanzen – genauer gesagt natürlich die in ihnen gespeicherte Energie – kann man eben entweder essen oder in

Benzin umwandeln oder zum Heizen nutzen, denn die Energie, die pro Jahr auf eine bestimmte Fläche durch Sonnenstrahlung einfällt und die von den Pflanzen durch Photosynthese umgesetzt wird, ist ebenso begrenzt wie die Anbaufläche der für den jeweiligen Zweck vorteilhaft zu nutzenden Pflanzensorte selbst.

Energie und ihr Einfluss auf gesellschaftliche Struktur und Gesellschaftsform

Wie eine konkrete Gesellschaft aussieht und wie sie strukturiert ist, hängt natürlich von den unterschiedlichsten externen und internen ökonomischen, ökologischen, soziologischen und technischen Einflussfaktoren ab. Unter all diesen gehören die Menge und die technisch nutzbare Art der zur Verfügung stehenden Energie zweifellos zu den zentralen Faktoren. Natürlich muss auch die in den Nahrungsmitteln enthaltene Energie und die Energie, die zu ihrer Produktion aufgewendet wird, zum Energiestrom durch eine Gesellschaft gerechnet werden, denn wir brauchen Energie um am Leben zu bleiben. Diesen Aspekt meint man zwar in westlichen Industrieländern im Rahmen der Energiediskussion verdrängen zu können, für die meisten Nationen auf der Erde hat er hingegen auch heute noch die gleiche existentielle Bedeutung, die er von Anbeginn der Menschwerdung hatte. Im umgekehrten Fall, wenn eine Gesellschaft nämlich die in der Nahrung gebundene Mindestenergie für ihre Bevölkerung nicht mehr aufbringen kann, kollabiert sie. Das müssen wir leider bis heute immer wieder auf unserem Heimatplaneten beklagen.

Die in der Überschrift genannten Bezeichnungen „gesellschaftliche Struktur" und „Gesellschaftsform" werden in der Literatur in unterschiedlicher Weise gebraucht, und bevor weitere Überlegungen folgen, muss zunächst erläutert werden, in welcher Weise sie hier Verwendung finden. Wir haben dabei natürlich hauptsächlich die Energie- und Stoffströme durch die Gesellschaft im Blick und nehmen uns deshalb die Freiheit, die genannten Begriffe für unsere Zwecke festzulegen.

Unter der Bezeichnung Gesellschaftsform verstehen wir nachfolgend die Charakterisierung einer Gesellschaft durch ihre überwiegende oder ausschließliche Produktionsweise, konkret also etwa eine Gesellschaft von Jägern und Sammlern, eine Agrargesellschaft, eine Industriegesellschaft. Zwischen diesen „Idealtypen" sind natürlich verschiedene Abstufungen und Übergangsformen denkbar. Wir verwenden den Begriff nicht in dem Sinn, in dem er in verschiedenen Gesellschaftswissenschaften zur Anwendung kommt – also konkret nicht zur Kennzeichnung kapitalistischer, sozialistischer oder feudalistischer Gesellschaften usw.

Wie die Geschichte lehrt, kann es in einer bestimmten Gesellschaftsform zu ganz unterschiedlichen inneren Organisationsstrukturen kommen. Eine Agrargesellschaft kann beispielsweise stark hierarchisiert und arbeitsteilig organisiert sein, indem die Felder etwa von Sklaven bewirtschaftet werden, während andere Menschen selbst keine körperliche Arbeit verrichten. Doch das ist nur dann möglich, wenn alle, nämlich „Sklaven" und „Herren", sowie im Rahmen der Arbeitsteilung anderweitig Beschäftigte, von den dabei erzeugten Agrarprodukten ernährt werden können. Ist die Landwirtschaft in dieser Gesellschaft aber so ineffektiv, dass sie bis auf wenige ganz alte und sehr junge Menschen gerade so jeden im Feldanbau arbeitenden Menschen (oder jede Familie) im wahrsten Sinne des Wortes von den Früchten der eigenen Arbeit ernähren kann, wird nur eine Gesellschaftsorganisation mit gleichberechtigten Individuen, geringer Arbeitsteilung und sehr flachen Hierarchien überlebensfähig sein. In diesem Beispiel ist der pro Kopf zur Verfügung stehende Energieanteil in Form von Nahrung offenbar für die Wahl der Organisationsstruktur wesentlich. Neben diesem energetischen Aspekt spielen natürlich auch Stoffströme eine wichtige Rolle. Kommt eine Gesellschaft an Metalle wie Kupfer, Zinn oder Eisen, kann sie eventuell bessere Werkzeuge als zuvor herstellen, die dann eine entscheidende Effektivitätssteigerung bewirken, wodurch allmählich auch andere Organisationsstrukturen entstehen könnten.

In anderen Fällen mag einer bestimmten Gesellschaftsform relativ viel Energie zur Verfügung stehen, sodass es auch viele – wohl aber sicher nicht beliebig viele – Wahlmöglichkeiten für unterschiedliche innere Strukturen gibt. Die heutigen, westlich geprägten „demokratischen" Industriegesellschaften sind neben anderen Voraussetzungen nicht zuletzt aufgrund eines hohen Energieangebotes möglich. Wir können es uns beispielsweise erlauben, den in der Landwirtschaft tätigen Menschen die freie Wahlmöglichkeit zu lassen, ob sie Lebensmittel auf dem flachen Land produzieren wollen oder doch lieber in der Stadt arbeiten möchten. Kompensation kann durch effektivere Anbauverfahren (meist unter höherem Energieeinsatz) oder durch den Zukauf von Lebensmitteln von außerhalb durch gesteigerten Handel (gewiss unter einem erhöhten Einsatz von Energie) erfolgen. Bei unserer Einschätzung des Feudalismus in mittelalterlichen Agrargesellschaften müssen wir hingegen davon ausgehen, dass man angesichts der niedrig entwickelten Landwirtschaft den meisten Menschen eben gerade diese Wahlmöglichkeit nicht lassen konnte, auch wenn die dann historisch entstandene Form der Leibeigenschaft oder des Frondienstes aus heutiger Sicht unsere menschliche Zustimmung nicht findet und wir uns humanere Organisationsstrukturen vorstellen können, bei denen dennoch die Mehrzahl aller Menschen in der Landwirtschaft arbeiten müsste und keinesfalls eine freie Wahlmöglichkeit der Lebensgestaltung nach heutigen Vorstellungen hätte. Das kann eine Frage von Leben oder Tod für viele Individuen bedeuten!

Wie entscheidend die zur Verfügung stehende Energiemenge für den Entwicklungsstand einer Gesellschaft ist, kann man sich intuitiv anhand von Länderstatistiken vor Augen führen. Tab. 2.1 stellt Primärenergieumsatz und Leistung pro Person für einige Länder gegenüber, wobei in den Spalten verschiedene Einheiten verwendet werden: Eine häufige Angabe für Länder ist das Öläquivalent in Gigatonnen pro Jahr (10^9 t/a), also eine Leistung (Energie / Zeiteinheit). Daraus wird die Leistung pro Einwohner in W/EW errechnet (Spalte 3). In Spalte 4 wird angegeben, um wie viel diese Leistung die sogenannte Grundleistung überschreitet. Darunter versteht man die Energiezufuhr pro Tag in Form von Nahrung, die zum Überleben eines Menschen notwendig ist. Das sind rund 100 W/EW, entsprechend 2000-3000kcal/d (Kilokalorien pro Tag; 1 kcal ≈ 4.2 kJ). (Erläuterungen hierzu folgen in diesem Kapitel weiter unten)

Unter Primärenergie versteht man die ursprünglich unserer Gesellschaft zur Verfügung stehende Energie in Form der natürlichen Träger, also beispielsweise Kohle oder Erdöl, aber auch Sonnen-, Wind- und Wasserenergie (weitere Information folgen im Kapitel 5).

Land	Primärenergie-verbrauch in Gigatonnen Öläquivalent (im Jahr 2010)	Mittlere Leistung pro EW in Watt	Entspricht dem Vielfachen der Nahrungsenergie (100 W) für einen Menschen
USA	2286	9740	97
China	2432	2400	24
Indien	524	560	5
Vietnam	44	665	6
Algerien	41	1520	15
Ecuador	13	1150	11
Türkei	111	1990	20

Tabelle 2.1: Primärenergieumsatz und mittlere Leistung pro Einwohner für das Jahr 2010 in ausgewählten Ländern (Quelle für die Angaben zur Primärenergie: BP Statistical Review 2011, S. 40).

Wie viel mehr Energie im Mittel pro Einwohner im Vergleich zur Nahrungsenergie pro Einwohner zur Verfügung steht, zeigt also die letzte Spalte. Wir veranschaulichen die Zahl 5 für Indien etwas eindringlicher. Beim Kochen auf einfachen Feuerstellen (Holz oder Kocher mit Gasflasche) gehen höchstens 20% der Energie in den Kochtopf, der Rest wird in die Umgebung abgegeben. Um zwei Liter Wasser einer Temperatur von 20°C zum Sieden zu bringen, ist bei diesem Wirkungsgrad eine Energie von ca. 3352000J oder, umgerechnet auf einen Tag, im Mittel eine Leistung von 40 W notwendig. Will man das Wasser aber für eine längere Zeit zur Zubereitung von warmen Mahlzeiten am Kochen halten, dann kommt man durchaus auf die zwei oder dreifache Menge an Energie bzw. Leistung. Mithin bedeutet die Aussage, dass man in einem Land, in dem im Mittel pro Kopf doppelt so viel Energie wie Nahrungsenergie zur Verfügung steht, jeder Einwohner im Mittel gerade so eine warme Mahlzeit am Tag essen und abgekochtes Trinkwasser nutzen könnte. Wohl gemerkt – im Mittel und unter der Voraussetzung, dass man die Energie nicht anderweitig nutzt. Daher kann man in einem Land wie Indien davon ausgehen, dass die Zubereitung einer warmen Mahlzeit pro

Tag vielen Menschen wohl nicht problemlos möglich ist (Für eine detaillierte Analyse des Energieverbrauches in Indien siehe Spreng & Pachauri, 2009).

Eine solche energetische Analyse einer Gesellschaft kann natürlich keine exakte Vorhersage für die gelebte gesellschaftliche Realität machen. Die von Ernest Solvay und Wilhelm Ostwald zu Beginn des 20. Jahrhunderts begründete „Sozialphysik" ging in dieser Hinsicht zu weit (als „Klassiker" gilt das Buch von Ostwald (1909): „Energetische Grundlagen der Kulturwissenschaft"), doch einige der zugrundeliegenden Ideen werden mit Erfolg im Rahmen der Anthropogeographie genutzt; sie liefern um so klarere Erkenntnisse bei der Analyse von Gesellschaften, desto „einfacher" diese sind, d.h. je näher der Energieeintrag in diesen Gesellschaften noch am Energieeintrag durch Nahrung allein liegt. Anschaulich ist diese Feststellung nachvollziehbar: Je weniger Energie, desto geringer auch die Wahlfreiheit für menschliche Tätigkeit. In diesem Sinn kann die energetische Analyse also beschreiben, welche menschlichen Verhaltensweisen prinzipiell funktionieren könnten und welche nicht und damit im Zusammenhang stehend auch, welche Gesellschaftsform bei einem bestimmten Energieeintrag pro Zeit denkbar ist.

Die Tabelle 2.2 enthält eine Zusammenstellung des Energieeintrages, der pro Hektar (ha) durch verschiedene Formen der Landwirtschaft erzielt werden kann. Untersuchungen dieser Art sind bemerkenswert aber langwierig. Sie führen den unmittelbaren Zusammenhang zwischen Energie und gesellschaftlicher Organisation in anschaulicher Weise vor Augen – auch deshalb, weil die infrage stehenden Energien noch den direkten Vergleich zum Nahrungsenergiebedarf eines Menschen zulassen.

Der physiologisch bedingte Leistungsumsatz eines Menschen liegt in der Größenordnung von 100 W. Er ist durch die Aufrechterhaltung der Körpertemperatur von 37°C und die dadurch verursachte Wärmeabstrahlung des Körpers sowie natürlich durch das Verrichten körperlicher Arbeit bedingt. Im Laufe eines Jahres muss ein Mensch deshalb Nahrungsenergie von rund $100W \times 60 \times 60 \times 24 \times 365.25$ [Sekunden] $\cong 3.156.000.000$ Joule ≈ 3.2 Gigajoule (GJ) zu sich nehmen. Durch diese Größe und den pro Hektar zu erzielenden Ertrag an Nahrungsenergie werden zentrale Eckwerte für eine Gesellschaft festgelegt, zum Beispiel ihre mittlere Bevölkerungsdichte oder ihr fundamentales soziales Verhalten.

Beschreibung der Bewirtschaftungsform	Energieertrag pro Flächeneinheit und Jahr (GJ/ha/Jahr)	Rechnerisch mögliche Bevölkerungsdichte in Person/km^2 bei einem Nahrungsbedarf von 3,5 GJ/Person/Jahr
Jäger und Sammlergesellschaft in Botswana	0.0029	0.8
Traditionelle Tierweide in trockenen Regionen der Erde	0.009-0.33	0.3-9.4
Ackerbau in Form eines Langbrachesystems	bis 5 (einschließlich Brachefläche)	ca. 100-150
Intensiver Subsistenz-Ackerbau (verschiedene Nutztiere, gut ausgebaute Dreifelderwirtschaft)	ca. 6-60	bis 1000

Tabelle 2.2: Energieertrag und maximal mögliche Bevölkerungsdichte bei verschiedenen Formen der Landbewirtschaftung. Quelle: Die Angaben in der Tabelle beruhen auf einer Untersuchung von Ch. Lauck (Lauck, 2005.)

Um diesem Sachverhalt weiter nachzuspüren, nehmen wir uns nachfolgend die von Physikern geschätzte Freiheit des Konstruierens einfacher Modelle heraus – wohl wissend, dass insbesondere einfache Modelle immer nur einige wenige Aspekte der Realität darstellen können. Wir beabsichtigen lediglich einige begründete Vorstellungen darüber zu entwickeln, wie Gesellschaftsformen und gesellschaftliche Strukturen entscheidend durch ihren Energiedurchsatz beeinflusst und geformt werden. Wir konzentrieren uns dabei zunächst auf die Jäger- und Sammlergesellschaft und auf einfache Agrargesellschaften.

Energiedichte und Flächenbedarf
Jäger und Sammler – Nomaden – Agrarwirtschaft

Ist der Nahrungsenergieertrag pro Flächeneinheit nur sehr gering, dann können Menschen nicht sesshaft werden, weil – in Abhängigkeit von der konkreten Bewirtschaftungsform – die zu bearbeitenden Flächen und infolgedessen die zurückzulegenden Strecken zu groß werden (Abb. 2.1). Dazu ein modellhaftes Beispiel:

Nehmen wir an, eine Gesellschaft ernähre sich ausschließlich durch das Sammeln von Pflanzen und Kleintieren, betreibe aber keine Viehzucht. Dabei würde ein durchschnittlicher Ertrag von $0.0005 \text{W/m}^2 = 5 \text{W/ha}$ bzw. 0.2GJ/ha/Jahr erzielt (vgl. typische Werte Tabelle 2.2). Um die Nahrung für einen Menschen zu erwirtschaften, wäre eine Fläche von 200 000 m^2 erforderlich, woraus rein rechnerisch eine Bevölkerungsdichte von 5 Personen/km^2 resultieren würde. So gäbe es eine theoretische Möglichkeit für die Etablierung kleiner permanenter Siedlungen. Von großer Bedeutung wäre dabei, ob die Individuen die Flächen in sehr kurzen Zeitabständen regelmäßig nach Nahrung durchkämmen müssten oder ob es möglich wäre, die Nahrung durch vergleichsweise wenige „Sammelaktionen" im Laufe eines Jahrs zu gewinnen und dann zu lagern. Nimmt man an, ein Mensch überblicke einen Streifen von etwa 2 m Breite bei der Nahrungssuche durch systematisches Durchkämmen einer großen Fläche, dann müsste er nach dem in Abb. 2.1 gezeigten Modell bei einer Bewirtschaftungsfläche von 200000 m^2 eine Strecke von 200000 m^2/(2m) = 100km zurücklegen; es wäre undenkbar, dies in kurzen Zeitabständen permanent zu wiederholen und dabei auch noch regelmäßig zu einer festen Siedlung zurückzukehren. Die einzige Möglichkeit wäre das weiträumige Durchstreifen der Landschaft mit wechselnden Lagerplätzen, also Nichtsesshaftigkeit.

In einem weiteren Beispiel untersuchen wir ein mögliches Modell für sesshaftes Leben in Form einer zentralen Siedlung. Zunächst einige Zahlen zur groben Veranschaulichung (man vergleiche wieder mit den Werten in Tabelle 2.2). Ein unter den Bedingungen heutiger moderner Landwirtschaft sehr guter Wert für den Ernteertrag der typischen Nahrungspflanze Winterweizen sind 0.7 kg/m^2. Das ergibt rund $7 \times 1.5 \times 10^6$ J/365/24/60/60 s = 0.35 W/m^2 bei einem Nährwert von 1.5 Millionen Joule pro 100 g. Wir reduzieren den mittleren Ertrag für unsere Schätzung auf 1/7, da sich der Mensch nicht allein nur von einer Pflanzensorte ernähren kann, sondern auch andere pflanzliche Nahrung mit geringerer Energiedichte (Obst, Gemüse) benötigt und da eine bewirtschaftete Region nicht nur aus Anbaufläche, sondern auch aus Flächen zur Tierhaltung, zum Wohnen, Lagerung und Transport usw. besteht. Wir schätzen die mittlere Energiedichte also auf 0.05 W/m^2 bzw. den 100fachen Wert der Jäger- und Sammlergesellschaft aus dem vorhergehenden Beispiel.

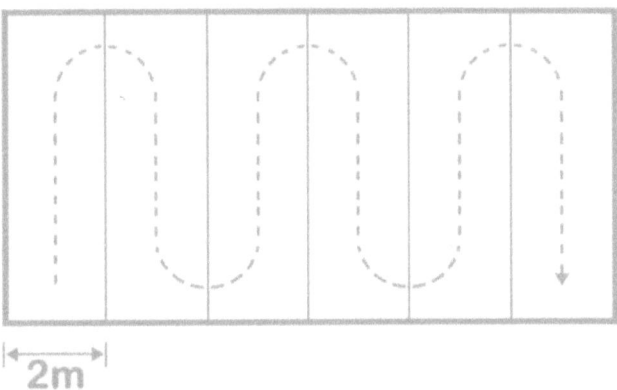

Abb. 2.1: Sesshaft oder nicht? Ein einfaches Modell für das systematische Durchstreifen einer Landschaft beim Sammeln von Nahrung.

Ganz grob geschätzt benötigt ein Mensch bei rund 100W Leistungsumsatz in diesem Beispiel ca. 100/0.05=2000m^2 Fläche zur Erwirtschaftung der Nahrung. Zum Vergleich: In Deutschland kommen auf jeden Einwohner im Mittel 4350 m^2. Mithin gilt – auch unter Abzug von landwirtschaftlich nicht nutzbaren Flächen wie Hochgebirgen, Verkehrsflächen usw. – dass Deutschland seine Einwohner in diesem einfachen Modell (und in der Realität!) ohne Nahrungsimporte ernähren könnte.

Verschlechtern wir – ausgehend von den obigen Überlegungen – den Boden-Ertrag auf nur noch 10%, also auf 0.005 W/m^2 oder etwa 1.6 GJ/ha/Jahr (vgl. Tabelle 2.2), dann würde ein Mensch in dieser Gesellschaft die Fläche von 20000m^2 für seine Ernährung benötigen.

50 Personen müssten ein Gebiet mit einer Millionen Quadratmeter Flächeninhalt bewirtschaften. Eine (geometrisch!) vernünftige Entscheidung könnte sein, die bewirtschaftete Fläche von weiteren menschlichen Aktivitäten außer dem Nahrungsanbau zu räumen, kreisförmig zu gestalten und im Zentrum eine Siedlung mit möglichst geringem Flächenverbrauch anzulegen (Abb. 2.2). Auf diese Weise hätte man einen dank Kreisgeometrie optimierten und erstaunlich geringen Weg von nur R=564 m vom Siedlungszentrum bis zum äußeren Rand der bewirtschafteten Fläche zurückzulegen.

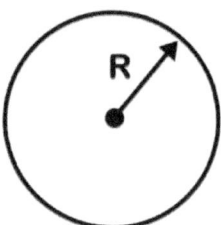

Abb. 2.2: Modell einer punktförmigen Siedlung mit umgebender landwirtschaftlicher Fläche.

Wir können diese Überlegung in unserem zugegeben sehr einfachen Modell für weitere Bevölkerungsanzahlen durchspielen (vergleiche Tabelle 2.3). Eine Bevölkerung, die sich im groben Rahmen der beschriebenen Ernteerträge bewegt und die den Warentransport ohne den Einsatz von Transporttieren (Esel, Pferde, Ochsen) allein durch menschliche Muskelkraft bewerkstelligen muss, würde offensichtlich bei einer oberen Grenze von 10000 Einwohnern in den Bereich kommen, wo das beschriebene Modell nicht mehr funktioniert, weil die zurückzulegenden Wege zu groß würden.

Bevölkerung in der zentralen Siedlung	Abstand R bis zur Bewirtschaftungsgrenze in Metern
100	800
1000	2500
10000	8000

Tabelle 2.3: Die Grenze der sinnvollen Bewirtschaftung wird in unserem sehr einfachen Modell bei einigen Tausend Individuen erreicht.

Wir haben zudem stillschweigend vorausgesetzt, dass jeder Mensch, der 20000m^2 für seine Ernährung benötigt, diese Fläche auch bearbeiten und pflegen kann – eine Herkulesaufgabe, die von Individuen, die auch noch weite Wege zurücklegen müssen, um zur Bewirtschaftungsfläche zu gelangen, nicht vernünftig und energetisch sinnvoll erledigt werden kann! Würde sich der Flächenertrag noch einmal um den Faktor 10 auf 0.0005W/m^2 verringern, dann bliebe wahrscheinlich, wie wir im Beispiel der Abb. 2.1 ja gesehen haben, nur noch die Nichtsesshaftigkeit. Das permanente Zurückkehren der Arbeitskräfte zu einer zentralen Siedlung wäre sinnlos. Wie archäologische Untersuchungen bestätigen, kann man bei einigen nachgewiesenen stadtähnlichen Siedlungen in der Jungsteinzeit tatsächlich von einigen Tausend und mehr Einwohnern ausgehen (vgl. etwa Strahm, 2006).

Eine Million Einwohner in der Zentralsiedlung würden in unserem Modell für ihre Ernährung schon ein Bewirtschaftungsgebiet mit dem Radius R=80 km benötigen. Offenbar erfordern Siedlungen dieser Größe andere Strategien. Eine auf der Hand liegende Variante ist die Herausbildung von kleineren Unterzentren, von denen ausgehend die gewaltige Fläche dann bewirtschaftet wird. Natürlich erfordert das effektive Transporteinrichtungen, welche die Nahrungsgüter in die Zentralsiedlung bringen können. Handel und Transportgewerbe müssen „erfunden" werden. Unvergleichlich schwieriger wird die Situation, wenn man zusätzlich Brennstoffe zum Heizen, vor allem Holz, herbeischaffen muss – neben der Nahrung und den unverwertbaren Anbauresten der Landwirtschaft. (Andere Faktoren wie Baumaterial spielen natürlich auch eine wesentliche Rolle, wir ignorieren sie hier aber.) Man kann leicht zeigen, dass das Versorgungsgebiet einer Siedlung mit einer Million Einwohner, die im Winter auf Heizung angewiesen sind, im betrachteten Modell einen Radius von deutlich mehr als 100 km haben müsste. Anhand dieser prinzipiellen Überlegungen wird verständlich, warum es die größten antiken Siedlungen nur in den wärmeren Regionen der Erde gegeben hat und warum sie extrem verkehrsgünstig an großen Flüssen oder Meeren lagen. Darum haben sich z.B. nördlich der Alpen sehr große Städte nur mühsam und langsam etabliert, und es gibt sie im Grunde erst seit wenigen hundert Jahren dort.

Unser einfaches Modell ist sicher in vielerlei Hinsicht unvollkommen und bietet gewiss Möglichkeiten zur Verbesserung. Ein wesentlicher Aspekt wird aber zutreffend abgebildet: Steht einer Gesellschaft im Vergleich zur heutigen Industriegesellschaft nur vergleichsweise wenig Energie zur Verfügung, dann ist die unmittelbare Nähe von Nahrungskonsumenten zum Ort der Nahrungserzeugung von hoher Bedeutung. Blicken wir in Vogelperspektive auf mittelalterliche Städte, die in den letzten 150 Jahren seit Anbruch des Industriezeitalters nicht überbaut wurden, wird uns dies unmittelbar einsichtig (Abb. 2.3).

Kann man das Modell in die Gegenwart übertragen? Energiefallen
Nördlingen ist eine mittelalterliche Stadt. Als Kontrast schauen wir auf Millionenstädte wie die modernen Hauptstädte Berlin und Rom (Abb. 2.4 a, b). Das führt uns zur Frage, ob man das obige Modell von Grundversorgung mit Energie und Fläche auf die Industriegesellschaft übertragen kann. Auf den ersten Blick fällt auf, dass ein Prinzip der Siedlungen in Agrargesellschaften, nämlich die möglichst kurze Distanz von Bevölkerung zur Nahrungserzeugung, bei modernen Großstädten keine sonderliche Rolle zu spielen scheint. Das alte Prinzip impliziert eine hohe Bevölkerungsdichte im Siedlungskern, die weitgehende Freihaltung der Flächen im Umfeld der Siedlung von anderweitigen als landwirtschaftlichen Aktivitäten und das Anlegen möglichst kurzer Zugangswege.

In modernen Städten hat sich die Bebauung weit in die Fläche vorgeschoben und diese zersiedelt, viele Grünflächen sind keineswegs Weiden oder Felder, sondern ausgedehnte Vorortsiedlungen, in denen statt Nahrungspflanzen Blumen und Ziergewächse wachsen und die Bewohner sich anscheinend auch keine Gedanken darüber machen, wie sie die Distanzen von teilweise 10, 20 oder mehr Kilometern überwinden, um vom Zentrum zu den Wohngebieten oder zum Siedlungsrand zu gelangen. Viele Menschen sind noch weiter weg „aufs Land" gezogen und „Pendler" geworden. Sie müssen sich offenbar auch keine Gedanken darüber machen, wie die Nahrung zu ihnen kommt – oder sind wir einfach nur zu sorglos geworden? Willkommen in der Industriegesellschaft!

Abb. 2.3: Satellitenaufnahme von Nördlingen. Quelle: DLR.

Möglich sind die Strukturen vieler heutiger Großstädte nur durch einen hohen Eintrag hochkonzentrierter Energie für Transport, Güterverteilung, Bauwerke etc. Ein armdickes Kupferkabel transportiert mehr Energie in diese Siedlungen hinein als endlose Reihen holzbeladener Pferdefuhrwerke das noch vor 200 Jahren je ermöglicht hätten, der Energieinhalt moderner Diesel- oder Benzinkraftstoffe ist um den Faktor 4-7 mal höher als der einer gleich großen Masse an Holz. Zudem sind diese flüssigen Treib- und Heizstoffe vergleichsweise einfach zu transportieren und zu verteilen, so leicht, dass die Mehrzahl der Bevölkerung nicht in Erwägung zieht, dass sich daran etwas ändern könnte.

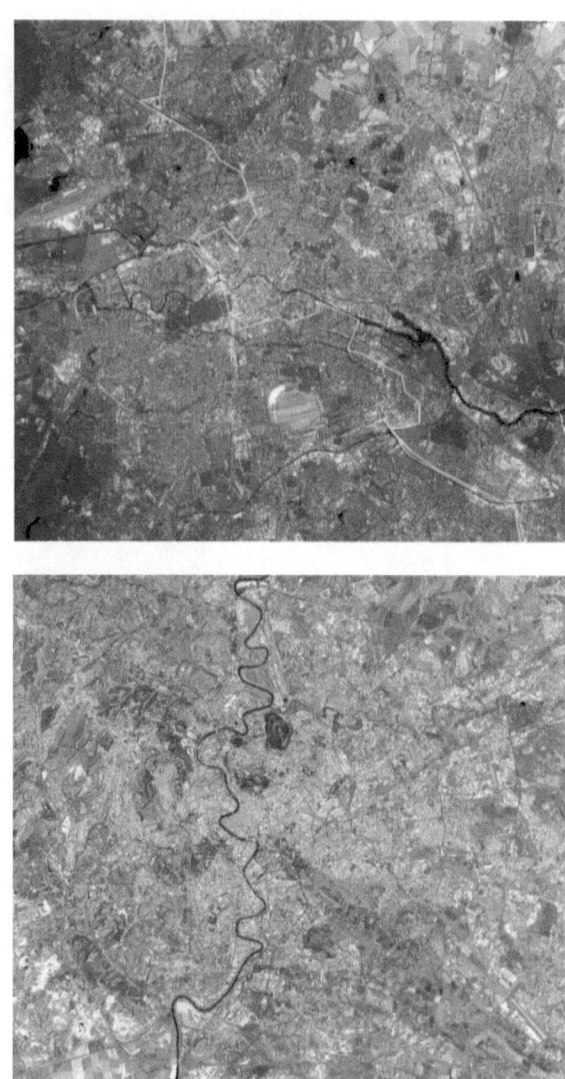

Abb. 2.4: Berlin (oben) und Rom (unten) als Satellitenaufnahmen. Quelle: Beide Bilder: NASA/GSFC/MITI/ERSDAC/JAROS and U.S./Japan ASTER Science Team.

Nehmen wir an, innerhalb weniger Stunden würde diese Energieversorgung vollständig ausfallen. Ohne Hilfe von außen würden viele Einwohner dieser Städte innerhalb weniger Tage oder Wochen sterben – verhungern, erfrieren oder im Verteilungskampf getötet. Es geht hier natürlich nicht darum, hollywoodreife Schreckensszenarien auszumalen. Wahrscheinlicher wäre, dass die Energieversorgung nicht innerhalb so kurzer Zeit komplett ausfällt und dass natürlich Hilfe von außerhalb zur Stadt vordringt. Aber das drastische Beispiel verdeutlicht zwei wichtige Aspekte unseres heutigen Energiekonsums.

- Wir sind – wie übrigens jede Gesellschaftsform vor uns auch – in Energiefallen gelaufen. Verringert sich die verfügbare Energiemenge in Zukunft merklich, dann müssen sich unsere Verhaltensweisen auf vielen Ebenen (wirtschaftlich, sozial usw.) deutlich ändern. Aber die von uns aufgebauten Strukturen verhindern eine schnelle Änderung eben dieser Verhaltensweisen, die über eine gewisse Trägheit verfügen. Eben das ist eine Falle!

In unserem Beispiel behindern die von uns aufgebauten Siedlungsstrukturen der Großstädte einen energiesparenden Transport von Nahrung, Materialien und Menschen, aber wir können sie nicht kurzfristig abschaffen, denn schließlich dienen sie trotz allem auch der Unterbringung von Menschen und stellen elementare Bedürfnisse wie Heizwärme oder Trinkwasser sicher.

- Offenbar spielt die Zeitspanne, innerhalb welcher ein Rückgang in der Energieversorgung eintritt, eine entscheidende Rolle: „Sofort" bedeutet extreme Probleme, „sehr lange" kann der Gesellschaft genügend Zeit zur Anpassung lassen.

Die Struktur der großen Städte repräsentiert nur eine der gegenwärtigen Energiefallen. Andere – sowohl große und kleine, lokale und globale Fallen – lassen sich, ohne Anspruch auf Vollständigkeit, in Frageform aufzählen:

- Können alle Bewohner der Erde ernährt werden, wenn der Landwirtschaft weniger Energie für intensive Anbauverfahren

zur Verfügung steht – und wenn ja, wie viele Menschen sind dies?
- Die heutige Weltwirtschaft beruht auf globaler Arbeitsteilung. Was für Folgen würde es haben, wenn die hochtechnisierten und energieintensiven Arbeitsplätze der heutigen Industrieländer nicht mehr mit genug Energie versorgt werden könnten und gleichzeitig die arbeitsintensiven Produkte vieler Schwellenländer nicht mehr weltweit verteilt werden könnten? Eine globale Superwirtschaftskrise?
- Was würde passieren, wenn der weltweite Transport von Nahrungsgütern nicht mehr möglich wäre, eine globale Hungerkrise? Insbesondere sei hier auf die prekäre Situation vieler ehemaliger Kolonialstaaten hingewiesen, die sich auf wenige Monokulturen spezialisiert haben, für den Eigenbedarf aber infolgedessen Nahrung importieren müssen.
- Was geschieht eigentlich in all jenen Ländern, deren Wirtschaft wesentlich auf Massentourismus, also dem kurzzeitigen Verbringen vieler Menschen über weite Distanzen hinweg, beruht, wenn der Treibstoff zur Neige geht?
- Befinden wir uns in einer „Erfindungsfalle"? Um unseren Lebensstandard langfristig zu sichern benötigen wir offenbar immer effizientere Technologien und neue Technologiealternativen – gerade wird der Ruf nach Elektromobilität immer lauter. Zur Erinnerung: Als das Holz in Mitteleuropa zur Neige ging, stand gerade rechtzeitig die Kohletechnologie mit ihren Dampfmaschinen bereit. Doch wer sagt eigentlich, dass solche fundamentalen Erfindungen auch in der Zukunft gelingen werden? usw...

Das Interessante aber auch Gefährliche an den soeben formulierten Problemen besteht darin, dass wir nicht einmal sicher wissen, bei welchen es sich um echte, bei welchen es sich nur um scheinbare Fallen handelt und unter welchen genauen Rahmenbedingungen die echten Fallen endgültig zuschnappen und mit welchen Folgen! In späteren Kapiteln wird dieser Frage konkreter nachgegangen, dort wird es um die Versorgung mit Energierohstoffen und erneuerbaren Energieströmen gehen.

Kollaps oder langsame Anpassung?

Wenn eine Gesellschaft an Wachstumsgrenzen stößt, dann kommt es zwangsläufig zu Veränderungen. So wie der Mensch in seinem Vorstellungsvermögen damit überfordert ist, exponentielles Wachstum über längere Zeiträume hinweg zu extrapolieren, so gelingt es ihm kaum, sich realistisch auszumalen, was mit ihm und seinem gesellschaftlichen Umfeld passieren könnte, wenn Wachstumsgrenzen verletzt werden und der Eintrag von Primärenergie in unsere Gesellschaft merklich zurückgehen wird.

Die in der Abb. 2.5 gezeigte graphische Darstellung fasst unsere im obigen Abschnitt gewonnenen Erkenntnisse zum Pro-Kopf-Leistungsumsatz verschiedener Gesellschaftsformen zusammen. Während der Übergang vom Jagen und Sammeln hin zur sesshaften Agrargesellschaft in einem vergleichsweise schmalen „Leistungsstreifen" erfolgt, ist der Übergang von der Agrar- zur Industriegesellschaft aus mehreren Gründen nicht so eindeutig festgelegt:

- Die Anzahl der Individuen ist weitaus größer als in einer Gesellschaft von Jägern und Sammlern, sodass durchaus relativ wenige Menschen die Standards einer entwickelten Industriegesellschaft nutzen können, während die Mehrzahl der Bevölkerung noch in rein agrarischen Strukturen wirtschaftet und den durchschnittlichen Verbrauch nach unten drückt. Heutige Beispiele sind Länder wie Brasilien, Argentinien, Indien oder China.
- Historisch setzte die industrielle Revolution ein, bevor die Mehrzahl der heute technisch genutzten Maschinen und Instrumente existierte. Elektrischer Strom stand nicht oder kaum zur Verfügung. Ganze Energiesektoren, die unsere heutige Industriegesellschaft wesentlich prägen, gab es damals noch nicht – wir denken an den privaten Energiekonsum im Haushalt, elektronische Dienstleistungen, technisierter Individualverkehr usw.
- Für den Energieverbrauch einer Industriegesellschaft ist entscheidend, auf welche Produkte und auf welche Herstellungsschritte sie sich innerhalb der Arbeitsprozesse konzentriert. Ist z.B. ein hoher Energieeinsatz bei der Eisen- oder Aluminiumproduktion mit extrem hohen Prozesswärmen nötig oder werden

nur landwirtschaftliche Erzeugnisse weiter verarbeitet, etwa Baumwolle mit anschließender Textilindustrie unter hohem Einsatz menschlicher Arbeitskraft?

Einige Wirtschafts- und Gesellschaftswissenschaftler erläutern uns gegenwärtig, in verschiedenen Staaten hätte sich die Industriegesellschaft zu einer neuen Gesellschaftsform entwickelt, der sogenannten Dienstleistungs- oder Informationsgesellschaft. Den damit angeblich einhergehenden geringeren Energiebedarf dieser Gesellschaften – so jedenfalls einige Meinungen darüber – sehen wir allerdings nicht so oder nur dann, wenn diese die energieintensiven Arbeitstechniken auslagern.

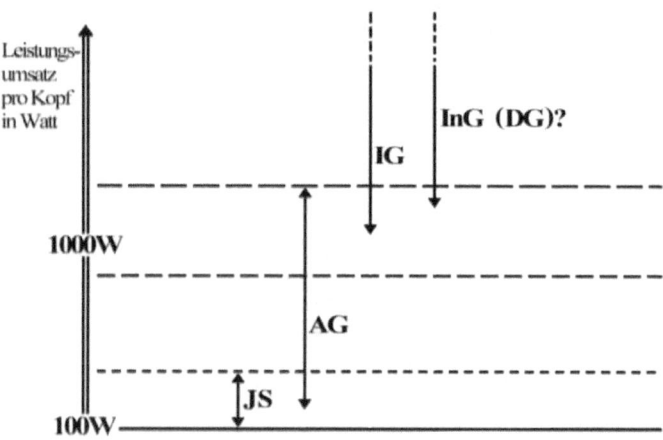

JS: Jäger und Sammler, AG: Agrargesellschaft,
IG: Industriegesellschaft, InG: Informationsgesellschaft,
DG: Dienstleistungsgesellschaft

Abb. 2.5: Jede Gesellschaftsform entwickelt sich innerhalb einer gewissen Bandbreite des Energieangebotes, hier als Leistungsumsatz pro Kopf dargestellt. Einige Industriegesellschaften liegen heute für diese Kenngröße bei 10000W (USA) oder sogar deutlich darüber. In unserer Skalierung ist die obere Grenze einer Industriegesellschaft offen – Wo mag sie eigentlich genau liegen? Sie muss ja aus thermodynamischen Gründen existieren (siehe Kap. 6). Die Angabe 1000 W zur Kennzeichnung des Übergangsgebietes von der Agrar- zur Industriegesellschaft ist natürlich nur eine grobe Richtgröße.

Und das würde global keineswegs zur Verminderung des Energieumsatzes führen.

Die gesellschaftliche Entwicklung verlief aus naheliegenden Gründen bislang immer so: Mit dem Aufkommen der Agrargesellschaft wurde das Jagen und Sammeln natürlich nicht überflüssig – vielmehr wurden die damit verbundenen Wirtschafts- und Kulturtechniken in die Agrargesellschaft integriert. Mit der Entwicklung der Industriegesellschaft wurde die Agrarwirtschaft natürlich nicht abgeschafft, sie blieb als wichtiger Bestandteil in der Industriegesellschaft erhalten, wurde aber selbst teilweise industrialisiert. Der Energieverbrauch der höher entwickelten Gesellschaft kam also mindestens zum Energieverbrauch der vorangehenden hinzu! Weitgehend ähnlich dürfte es sich mit Postindustriegesellschaften – so sie überhaupt existieren – verhalten, jedenfalls dann, wenn das Energieangebot wiederum erhöht werden könnte. Aber genau das ist der Punkt: wir müssen zukünftig im globalen Mittel von einem sinkenden Energieangebot ausgehen (bestenfalls von einem stagnierenden, sofern die regenerative Energienutzung den unweigerlichen Rückgang bei den fossilen Träger kompensieren kann), aus geologischen und physikalischen Gründen. Daher muss Abb. 5 tendenziell dann nicht von „unten nach oben", sondern von „oben nach unten" gelesen werden, ohne gleich zu befürchten, wir würden uns schon morgen alle als Jäger und Sammler wiederfinden!

Verschaffen wir uns Zeit!

Viele Menschen in den modernen Industriegesellschaften spüren schon seit einiger Zeit, dass sich mit den allmählich in einigen Bereichen verknappenden globalen Ressourcen Veränderungen in ihrem Leben einstellen. In Deutschland kann man gerade recht gut beobachten, welche Verhaltensweisen sich dabei ausbilden. Zu teuer gewordene Baustoffe – etwa verschiedene Holzsorten – werden durch (noch?) preiswertere Sorten oder andere Materialien ersetzt. Man kauft ein spritsparendes Auto, schaltet unnötige elektrische Verbraucher in der Wohnung aus, wählt Elektrogeräte der „Effizienzklasse A", was wohl für „richtig wenig Verbrauch" stehen soll, erkundigt sich bei seiner Flugreise zu den Malediven, ob das Flugzeug auch wirklich eines „von den neuen effizienten Maschinen" ist und nutzt Elektrofahrräder auf Fahrradwegen, die zusätzlich neben der Straße gebaut werden. Es bleibt vorläufig noch dahingestellt, was von diesen teilweise richtigen und teilweise grotesken Verhaltensweisen auf politischen Willen, auf das Erreichen realer Wachstumsgrenzen oder einfach nur auf ein profitgesteuertes Umlenken im Konsumverhalten der Massen zurückzuführen ist. Doch eine Erkenntnis kann man vielen persönlichen Gesprächen entnehmen: die meisten Menschen glauben tatsächlich, eine solche Verhaltensumstellung im Alltagsleben könne die Zukunft auf eine Weise sichern, bei der dann im Wesentlichen doch alles beim Alten bleibt. Darüber hinaus geht die Phantasie kaum und wenn, dann nur bei älteren Menschen mit realen Erfahrungen etwa aus der unmittelbaren Nachkriegszeit.

Ein solches Szenarium scheint zukünftig nicht unmöglich; die Autoren dieses Buches halten die Veränderungen, vor denen wir stehen, für gravierend und gehen davon aus, dass sie auch die gesellschaftliche Struktur betreffen (in dem weiter oben definierten Sinn). Dass sie so tief gehen, dass sie auch die Gesellschaftsform erfassen, sollten wir aber mit ganzer Kraft zu verhindern suchen, denn ein Rückfall aus der Industrie- in die Agrargesellschaft würde sicher viele Menschenleben fordern und den Verlust technischer, wissenschaftlich-kultureller, sozialer und humanitärer Errungenschaften der Menschheit bedeuten.

Aus unseren Überlegungen ergibt sich, dass Veränderungen im Energieeintrag in eine Gesellschaft nur dann auf Änderungen verschiedener Alltagsgewohnheiten beschränkt bleiben, wenn sie gewisse Grenzen nicht unterschreiten. Die wahrscheinliche Annahme lautet, dass sich bei energetischer Unterfütterung einer Gesellschaft als Reaktion zunächst die Alltagsgewohnheiten, mit weiter fallendem Energieeintrag dann die Organisationsstrukturen anpassen und sich schließlich auch die Gesellschaftsform ändern wird, ja naturgesetzlich ändern muss (Energieerhaltungssatz!).

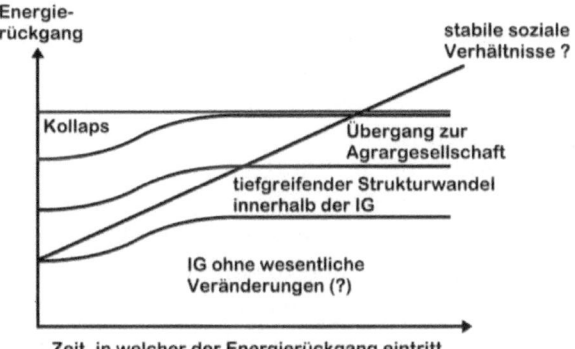

Abb. 2.6: Absoluter Energierückgang und Zeit, innerhalb welcher dieser Rückgang eintritt, spannen ein Ereignisfeld für zukünftige gesellschaftliche Entwicklungen auf. Geht man von einem merklichen Fortschritt bei energiesparenden Technologien aus, dann kann sich das energetische Limit, in dem die Industriegesellschaft überleben kann und/oder mit tiefgreifendem Strukturwandel zurechtkommt, natürlich im Laufe der Zeit absenken. Quer durch das Diagramm muss eine Kurve verlaufen, oberhalb der die soziale Stabilität infrage steht – die hier eingezeichnete Gerade steht natürlich nur symbolhaft für den unbekannten funktionalen Zusammenhang.

Was mit unseren Gesellschaften konkret passieren wird, hängt entscheidend von zwei Faktoren ab, die wir bereits im vorangehenden Abschnitt identifiziert haben. Der eine Faktor ist der absolute Rückgang des Primärenergieeintrags, der andere Faktor ist die Zeit, innerhalb der dieser Rückgang erfolgt. Die konkrete Zukunftsentscheidung wird also in einem zweidimensionalen Ereignisfeld fallen (Abb. 2.6). Dabei sind schockartige Szenarien ebenso denkbar, wie langsame Angleichungsprozesse.

Die in Abb. 2.6 enthaltenen graphischen Informationen sind eine intuitive Darstellung unseres Wissens und unserer Ansichten über die möglichen Szenarien. Angenommen, der Primärenergieeintrag in die deutsche Gesellschaft würde schlagartig auf nur noch 10% des heutigen Wertes zurückfallen – dies entspräche einem Rückgang des Leistungsumsatzes von 5000W auf nur noch 500W pro Kopf – dann würden alle wichtigen gesellschaftlichen Strukturen, Kontroll-, Regulierungs- und Verteilungsmechanismen quasi in den freien Fall übergehen und kollabieren!

Würde dieser Rückgang aber kontinuierlich innerhalb von 450 Jahren erfolgen, wären das zwar immer noch 10 Watt Rückgang pro Kopf und Jahr, aber die Gesellschaft würde damit fertig werden. Wir hätten neben der Möglichkeit zur Anpassung unserer Technologien auch die Gelegenheit unsere Bevölkerungszahl langsam zu reduzieren, denn als Resultat dieses Rückganges würde sich unbedingt eine Agrargesellschaft ergeben mit einer entsprechend geringeren Bevölkerungsdichte als heute. Zur Erinnerung: 500 Watt reichen gerade so aus, um Nahrung zu kochen und zu heizen.

Würde der Rückgang aber in nur 10 Jahren erfolgen, müssten wir im Mittel 450W pro Jahr und Kopf einsparen. Das ginge nur durch sehr drastische Maßnahmen, wie Verbote mit harten drakonischen Strafen (etwa bei Benutzung eines Autos oder illegaler Beschaffung einer Lebensmittelkarte?). Ohne Frage wäre die soziale Stabilität extrem gefährdet, weil die Zeit für Anpassungsmaßnahmen einfach fehlen würde, bis hin zu der dann wohl plötzlich viel zu großen Bevölkerungszahl in Deutschland. Und Hilfe von außerhalb könnte nicht kommen, denn anderen Industriestaaten auf der Welt würde es ja wohl ebenso ergehen.

Weitaus angenehmer für uns und die uns folgenden Generationen könnte das folgende Szenarium sein: Der Rückgang würde innerhalb von 100 Jahren erfolgen – von 5000W auf dann 2000W. Wir müssten zwar in Deutschland immer noch 30W pro Jahr und Kopf einsparen, aber das könnten wir mit der gegenwärtigen Technologie in den ersten Jahren durch vergleichsweise einfache Einsparmaßnahmen und Anpassungen in unserem Verhalten erreichen: Verzicht auf ausufernde individuelle Mobilität, auf Fernreisen, Reduzierung der Heizung und Konzentration dieser Heizung auf wenige Zimmer im Gebäude etc., also konsequenter Einsatz der schon jetzt verfügbaren sparsameren Technologien.

Würden wir bei einem Rückgang auf 2000W noch in einer Industriegesellschaft leben? Wirtschaftswissenschaftler halten das für gut möglich, ja es wird sogar als Ziel des ursprünglich in der Schweiz entwickelten Modells der 2000W-Gesellschaft weltweit propagiert (Jochem, 2004). Doch auch die Publikationen zur 2000W-Gesellschaft gehen von einem in der Größenordnung mehrerer Jahrzehnte liegenden Zeitbedarf aus, um die Anpassung der heutigen

Industriegesellschaften an diesen Wert zu bewerkstelligen. Lesenswert ist ein Artikel aus der ZEIT vom 3.1.2013 (Rohwetter, 2013). Der Autor beschreibt darin seinen (gescheiterten) persönlichen Versuch, eingebettet in die heutige Industriegesellschaft und ihre beruflichen Anforderungen, das 2000W Ziel zu erreichen.

Leider wissen wir nicht, auf welcher Kurve sich unsere Gesellschaft zukünftig durch das Diagramm bewegen wird. Deshalb können wir auch nicht wissen, welche kritischen Grenzen und Kurvenabschnitte die Linie unserer eigenen energetischen Entwicklung schneiden wird. Doch eines wissen wir sicher. Wir müssen in der Zeitachse der Abb. 2.6 weit nach rechts laufen, um im „sicheren" Bereich zu bleiben. Wir müssen uns unbedingt Zeit für Anpassungen verschaffen. Und das geht am Einfachsten, wenn wir schnell mit dem Einsparen von Energie anfangen – am besten gleich heute noch! An dieser Stelle sei an zwei ältere Überlegungen zur Energiefrage aus dem 18. Jahrhundert erinnert, als die Hauptquelle Holz war: ein Zitat aus der Literatur (Fontane, 2005), ein zweites Zitat aus der Forstwirtschaft (v. Carlowitz: Hamberger, 2013).

Wir sind, ausgehend von grundsätzlichen Überlegungen über den Energie- und Flächenbedarf von Individuen und Gesellschaften, bis in unsere Zeit gelangt und haben die möglichen Konsequenzen einer Abnahme der Energiezufuhr angedeutet. Es ist nun an der Zeit, die tatsächliche Energiesituation konkreter und genauer zu betrachten. Damit beginnen wir im nächsten Kapitel.

Zusatzinformation 1: Literarischer Feingeist und Energieprobleme

Die historische Forschung kennt viele Beispiele für Energieknappheit aus vorindustrieller Zeit. Prozess- und Heizwärme mussten vor der Kohlenutzung aus Biomasse bezogen werden – zumeist aus Holz. Schnell wachsende Siedlungen heizten regelrecht ihre bewaldete Umgebung weg – oder mussten über große Distanzen mit Holz versorgt werden. Die Herausforderungen dabei waren so bemerkenswert, dass sie bis heute im literarischen Gedächtnis der Menschheit bewahrt sind. Hier ein Beispiel aus *Theodor Fontanes „Wanderun-*

gen durch die Mark Brandenburg. Die Menzer Forst und der große Stechlin" (Fontane 2005, S. 346-347):

„Um die Mitte des vorigen Jahrhunderts ward in der Kriegs- und Domainenkammer die Frage rege: Was machen wir mit diesem Forst? Hochstämmig ragten die Kiefern auf; aber der Ertrag, den diese herrlichen Holz- und Wildbestände gaben, war so gering, dass er kaum die Kosten der Unterhaltung und Verwaltung deckte. Hirsch und Wildschwein in Fülle; doch auf Meilen in der Runde kein Haus und keine Küche, dem mit dem einen oder andern gedient gewesen wäre. „Was tun wir mit diesem Forst?" so hieß es wieder, Kohlenmeiler und Teeröfen wurden angelegt, aber Teer und Kohle hatten keinen Preis. Die nächste, nachhaltige Hülfe schien endlich die Herrichtung von *Glashütten* bieten zu sollen, und in der Tat, es entstanden ihrer verschiedene zu Dagow, Globsow und Stechlin, ein Feuerschein lag bei Nacht und eine Rauchsäule bei Tag über dem Walde; vergeblich; auch der Glashüttenbetrieb vermochte nichts, und der Wald bracht es nur spärlich auf seine Kosten.

Da zuletzt erging Anfrage von der Kammer her an die Menzer Oberförsterei: wie lange die Forst aushalten werde, wenn Berlin aus ihr zu brennen und zu heizen anfange, worauf die Oberförsterei mit Stolz antwortete: *„Die Menzer Forst hält alles aus."* Das war ein schönes Wort, aber doch schöner, als sich mit der Wirklichkeit vertrug. Und das sollte bald erkannt werden. Die betreffende Forstinspektion wurde beim Wort genommen, und siehe da, ehe dreißig Jahre um waren, war die ganze Menzer Forst durch die Berliner Schornsteine geflogen. Was Teeröfen und Glashütten in alle Ewigkeit hinein nicht vermocht hätten, das hatte die Konsumtionskraft einer großen Stadt in weniger als einem Menschenalter geleistet. Ja, Hülfe war gekommen, die Menzer Forst *hatte* rentiert; aber freilich, die Hülfe war gekommen nach Art einer Sturzwelle, die, während sie das aufgefahrene Schiff wieder flottmacht, es zugleich auch zerschellt. Abermals musste Wandel geschafft werden, diesmal nach der entgegengesetzten Seite hin, und das berühmte, wenn auch unverbürgte Wort, das König Friedrich einst in delikatester Situation an Schmettau richtete, dasselbe Wort richtete jetzt die königliche Verwaltung der Forsten und Domainen an den Oberförster von Groß-Menz: *„Hör Er auf."* Und man hörte auf. Der Hauptstadt wurde durch dieses „Halt" übrigens nichts entzogen, denn die Linumer Torfperiode war inzwischen angebrochen, die Menzer Forst aber stieg auf der tabula rasa ihres alten Grund und Bodens *neu* empor: Eichen, Birken, Kienen in buntem Gemisch, und die Bestände, wie sie jetzt sich präsentieren, sind das Kind jener Schonzeit und Stillstandsepoche, die dem dreißig Jahre lang geführten „guerre à outrance" auf dem Fuße folgte."

Zusatzinformation 2: Nachhaltende Forstwirtschaft
Hans Carl von Carlowitz (Hamberger, 2013) schrieb 1713 (S. 189-190) unter der Überschrift *„Die Wälder sind unentbehrlich und ein großer Schatz des Landes. Der Obrigkeit und eines jeden Pflicht hierbey":*

„Derowegen dürffte es nicht undienlich ja der Nothwendigkeit seyn etwas ausführliches von der Spahr- und Schonung des Holtzes allhier anzuführen und verhoffentlich dadurch anzuzeigen, wie etwa der grossen Verwüstung desselben etzlicher maßen vorzubeugen ... In Ansehung nun dass die Wälder der beste Schatz eines Landes mit seyn und selbige als die Eßwahren zu entbehren; hingegen auch mehr als zu wahr dass durch das unpflegliche Holtz Niederschlagen und Verwüsten dem ganzen Lande ja jedermann groß und klein unwiederbringlicher und unüberwindlicher Schade zu gezogen wird ... So wäre höchstnöthig allen überflüssigen Holtz-Verrtrieb abzustellen. Aber es ist bey uns leider dahin gekommen, dass man bei der Holtzung sich am meisten lässte angelegen seyn aus dessen Verkauf Geld zu lösen aber wie selbiges durch Säen und Pflantzen und andere gehörige Arten in Stand erhalten werde darauf denckt niemand. Diesem nach sollte billich ein jeder Hauß-Vater auch Obrigkeit bedacht seyn ... die Höltzer also zu hegen dass ein Vorrath zu allen Nothfällen vorhanden sey ...Denn es vergehen viel Jahre biß die Bäume zu ihrer gebührenden Höhe und Stärcke aufwachsen können dahero wenn selbe nicht mit guter Ordnung ... gefället werden kann man auch die grösten Wälder zu unersetzlichen Schaden des gemeinen Wesens verwüsten ja gar ausrotten."

In diesem Buch wird wahrscheinlich zum ersten Mal überhaupt der Begriff „nachhaltend" gebraucht. Man bedenke auch, dass Holz die hauptsächliche Energiequelle der damaligen Wirtschaft war, und zwar eine erneuerbare Energie. Wie viel wichtiger ist es, mit endlichen Vorräten schonend umzugehen.

Literatur

BP *Statistical Review of World Energy* Juni 2011.
Im Internet: bp.com/statisticalreview
Fontane, Theodor: *Die Grafschaft Ruppin. Wanderungen durch die Mark Brandenburg.* Aufbau Taschenbuch Verlag GmbH, Berlin, 2005.
Hamberger, J. (Hrsg.): Hans Carl von Carlowitz: *Sylvicultura oeconomica oder Haußwirthliche Nachricht und Naturmäßige Anweisung zur Wilden Baum-Zucht.* Oekom Verlag, München, 638 S., 2013.
Jochem, Eberhard (Ed.): *Steps toward a sustainable development. A White Book for R&D of energy-efficient technologies.* CEPE/ETH Zurich and Novatlantis, Zurich, 2004.
Lauck, Christian: *Sozial-Ökologische Charakteristika von Agrarsystemen. Ein globaler Überblick und Vergleich.* Social Ecology Working Paper 78, Wien, 2005.
Ostwald, Wilhelm: *Energetische Grundlagen der Kulturwissenschaft.* Leipzig, 1909.
Rohwetter, Marcus: Mein 2000-Watt-Leben. *Die ZEIT,* 3.1.2013, Nr. 2.
Spreng, D., Pachauri, Sh.: *Energieverbrauchsentwicklung in Indien unter besonderer Berücksichtigung der nicht-kommerziellen Energie.* In: von Rohr, Philipp Rudolf, Walde, Peter, Batlogg, B. (Hrsg.): *Energie.* vdf Hochschulverlag AG an der ETH Zürich, 2009, S.75-85.
Strahm, Christian: *Ein Samenkorn geht auf: Die Anfänge des Landbaus.* In: *Welt- und Kulturgeschichte,* Bd. 1, Zeitverlag, Hamburg 2006, S. 120-130.

3 Die aktuelle Situation

Das Energiethema heute und seine Einbettung
in die nähere Vergangenheit und Zukunft
In den letzten Jahren drängt sich das Thema Energie immer mehr in die öffentliche Debatte. Aber nicht nur Energie, auch Kommerzialisierung, die rasante Beschleunigung aller Lebensbereiche, die Entwicklung der Industriegesellschaft in eine Dienstleistungsgesellschaft, die Globalisierung der Wirtschaft... All das wird durch die Entwicklung der digitalen Technologie und der elektronischen Kommunikation ermöglicht. „Lebensqualität" ist heute „automatisch" an vermehrte Verfügbarkeit von Energie gekoppelt, daher mit wachsendem Ausstoß von CO_2, anthropogenem Treibhauseffekt und Klimaerwärmung verbunden. Letztere dominiert die Energiedebatte, weil die hauptsächlichen Energiequellen die fossilen Vorräte an Kohle, Öl und Gas waren und noch sind. Klima ist heute in aller Munde, bei Experten, Laien, Besorgten und Leugnern. Unser Thema sind jedoch nicht CO_2 und Klima, sondern die Energiequellen selbst. Das Ende der Energierohstoffe ist in Sicht und müsste uns genauso auf den Nägeln brennen wie die Klimaerwärmung. Energieverbrauch mindert die Energierohstoffe *und* treibt den Klimawandel – hauptsächlich durch Verbrennung von Kohle, Öl und Gas. Wenn wir uns klarmachen, welche enormen Anstrengungen schon heute von allen unternommen werden müssten, um die Menschheit über diese *beiden* Hürden zu hieven, sollte man mehr Interesse und Engagement für den Umbau der Gesellschaft erwarten, der nahezu alle Bereiche umfassen muss.

Primärenergieträger und ihre relativen Anteile
am globalen Energiemix
Wo stehen wir im Hinblick auf unseren heutigen Energiekonsum? Um diese Frage zu beantworten reicht keineswegs der Blick allein auf den weltweiten Primärenergieverbrauch. Die hierzu gehörende nüchterne Zahl lautet: Im Jahr 2011 konsumierte die Menschheit insgesamt eine Primärenergiemenge von mehr als 515 Exajoule (ver-

gleiche mit der „Zusatzinformation" in diesem Kapitel). Den weitaus größten Anteil davon, nämlich 87%, schöpften wir aus den fossilen Energieträgern Öl, Erdgas und Kohle. Unter diesen Energielieferanten hatte 2011 das Erdöl, fast gleichauf mit Kohle, den größten Anteil (Abb. 3.1).

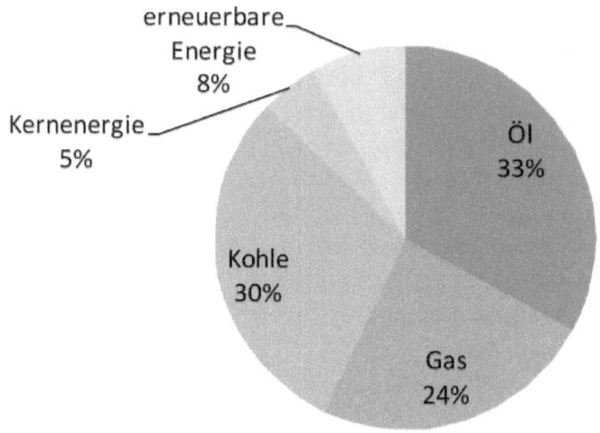

Abb. 3.1: Relativer Anteil der Energieträger an der Primärenergie im Jahr 2011, die erneuerbare Energie beinhaltet auch die Wasserkraft.

In den nächsten zwei Jahrzehnten werden Öl und Kohle – so die Prognosen (Energy Outlook 2030, 2013) – bei geringfügiger Abnahme ihrer jeweiligen relativen Anteile am *fossilen* Energiemix, etwa gleichberechtigt in die Energieversorgung der Menschheit eingehen. Der relative Anteil von Erdgas an den fossilen Energieträgern wird, nicht zuletzt auf Grund neuer Förderverfahren, deutlich zunehmen. Und alle zusammen werden bis 2030 absolut in jedem Jahr wachsen. Öl durchschnittlich um 0.8%, Kohle um 1.2% und Gas um 2.0%. Die Menschheit ist öl-, kohle- und gassüchtig (Tertzakian & Hollihan, 2009). In Deutschland überrascht uns die globale relative Zusammensetzung der Energieträger. Vermutlich werden einige

Leser verwundert sein vom vergleichsweise geringen Anteil der „Erneuerbaren" und sich die Frage stellen, ob ihr Beitrag zur Primärenergie nicht wenigstens in den nächsten Jahren weltweit schnell wachsen wird. Die erneuerbaren Energien werden bis 2030 tatsächlich zwar jährlich mit ca. 7.6% zunehmen (bezogen auf ihren gegenwärtigen Ausbaustand), doch dieser Ausbau wird im globalen Mittel die Dominanz fossiler Energieträger bei weitem nicht brechen, denn insgesamt wird der Konsum von Primärenergie deutlich gesteigert werden. Es ist davon auszugehen, dass bis zum Jahr 2030 der globale Primärenergieverbrauch jährlich um etwa 1.6% anwächst. Damit ist die Menschheit gegenwärtig eingebettet in einen Wachstumstrend von etwa 1.5-2%, denn in den vergangenen 20 Jahren stieg der Primärenergieverbrauch der Welt um durchschnittlich 2% pro Jahr an.

Eine zentrale These dieses Buches lautet, dass wir unser energetisches Wachstum (vgl. Kap. 2) schon sehr bald beenden müssen, damit unserer Zivilisation Handlungsperspektiven bleiben und wir nicht in eine energetische Falle laufen. Deshalb ist es von größter Wichtigkeit, das gegenwärtige Wachstum im Energiekonsum zu analysieren, dabei festzustellen, wodurch es getrieben wird und ob es Gründe gibt, an den gegenwärtigen Prognosen zu zweifeln.

Sicher, eine tiefgreifende globale Katastrophe, etwa ein dramatisches Kippen des Weltklimas, könnte alle Prognosen zunichtemachen, doch von diesem Szenario wollen wir natürlich nicht ausgehen. Fakt ist, dass weder der Erste noch der Zweite Weltkrieg den weltweiten Trend zunehmenden Energiekonsums im 20. Jahrhundert langfristig ändern konnten. Das aktuellste Beispiel für ein globales krisenhaftes Ereignis ist sicher die Finanzkrise in den Jahren 2008/2009. Doch auch hier vermochten die wirtschaftlichen Geschehnisse den Trend zur Zunahme nur für ein einziges Jahr zu drehen (vgl. Abb. 3.2).

Im Jahr 2009 sank der Primärenergieverbrauch gegenüber dem Vorjahr um 1.1%, nur ein Jahr später „genehmigte" sich die Menschheit dann einen kräftigen Schluck aus der Pulle; +5.6% mehr im Vergleich zu 2009. Damit wurde sowohl der vorhergehende Rückgang kompensiert als auch der langjährige Wachstumstrend wieder hergestellt – und das, obwohl z.B. in entwickelten europäischen Industrieländern wie Deutschland der Primärenergieverbrauch seit rund 20 Jahren näherungsweise konstant bleibt.

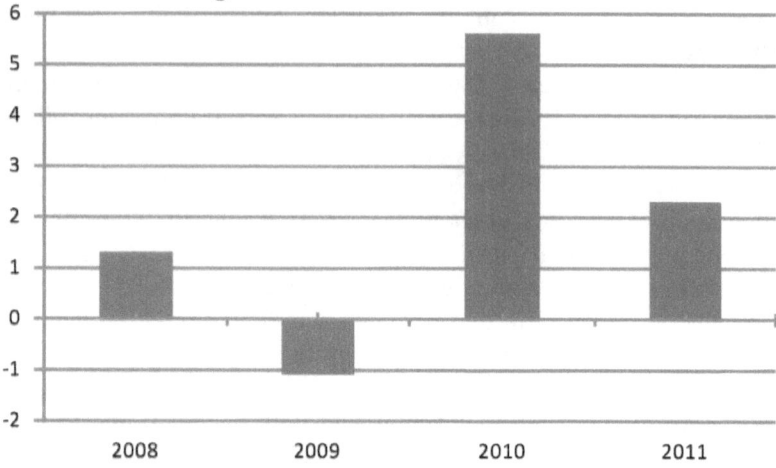

Abb. 3.2: Prozentuale Veränderung des weltweiten Primärenergieverbrauchs bezogen auf das jeweilige Vorjahr. Quelle: BP Statistical Review für die Jahre 2009, 2010, 2011, 2012.

Die globalen Zuwächse werden in erster Linie durch die Industrialisierung der Schwellenländer und die rasante Bevölkerungsexplosion getrieben, und wir stehen erst am Anfang dieser Entwicklung. Es gibt viele gute Gründe, weit über das Jahr 2030 hinaus von einem wachsenden Energiebedarf der Welt auszugehen. Gegenwärtig haben 1.3 Milliarden Menschen keinen Zugang zu Elektrizität und 2.6 Milliarden Menschen steht keine saubere Kochgelegenheit zur Verfügung (sauber in dem Sinne, dass Abkochen von Wasser ermöglicht wird, vgl. mit unseren energetischen Überlegungen in Kap. 2). Im Jahre 2030 werden sich diese Zahlen vermutlich nicht drastisch geändert haben. Auch dann werden rund eine Milliarde Menschen keinen elektrischen Strom nutzen und 2.6 Milliarden Menschen keine saubere Kochgelegenheit verwenden können (World Energy Outlook 2012). Die Anzahl der Menschen wächst einfach zu schnell und die Energieversorgung kann trotz ständigem Ausbau nicht Schritt halten. Doch die wahre „Energieexplosion" wird erst einsetzen, wenn die elementaren Lebensbedürfnisse gestillt sind – jedenfalls dann, wenn

sich die Menschheit so verhalten würde, wie sie es in der Vergangenheit getan hat:
Rund 10% unserer Primärenergie verwenden wir derzeit im globalen Durchschnitt auf Nahrungsproduktion, 90% nutzen wir zur Befriedigung anderer menschlicher Bedürfnisse wie Beleuchtung, Transport, Mechanisierung industrieller Prozesse usw. – der Mensch lebt nicht nur von Nahrung allein. Während sich die Weltbevölkerung von 1850 bis 1987 um das Vierfache vergrößerte, wuchs im gleichen Zeitraum ihr Energiebedarf um das 1000-fache (Danilov-Danil'yan et. al., 2009, S. 32f).

Jenseits der Primärenergiedebatte

Unsere gegenwärtige Situation ist natürlich viel komplizierter und lässt sich nicht allein durch eine Energieanalyse beschreiben. Die Welt ist farbig, schnelllebig, komplex, voller Widersprüche, verwirrend und lenkt die Menschen von den existentiellen Gefahren ab. Es ist schwer, ein klares Bild zu gewinnen. Man dreht sich im Kreise. Das Bild hängt vom Blickwinkel ab. In den „reichen Ländern" geht es uns immer besser, und doch sind wir immer unzufriedener. Aber die Schere zwischen reich und arm geht immer weiter auf, und es gibt auch bei uns immer mehr Arme – wie in den „armen Ländern" – und zwischen wirtschaftlich „fortschrittlichen" reichen und wirtschaftlich „rückständigen" armen Völkern klaffen riesige Lücken, obwohl die UN immer wieder hehre Ziele der Bekämpfung von Armut und Hunger verkünden. Aus anderer Richtung ist Bewegung in die Verhältnisse gekommen: China, Indien, Brasilien und andere holen auf. Das Streben aller ist materielle Verbesserung, mehr Spaß, Konsum, Naturverdrängung und Verbrauch, Reisen, Globalisierung, mit einem Wort: Wachstum.

Die Situation hat viele widersprüchliche Facetten:

- Macht und Unterdrückung;
- eine rasante Beschleunigung in allen Lebensbereichen und Zeitmangel – trotzdem verbreitet Langeweile;

- mehr Kranke, Pflegebedürftige und Alte bei immer besserer Gesundheitsfürsorge und deutlich höherer Lebenserwartung;
- Überbevölkerung, abnehmender Lebensraum, Bodenzerstörung aber auch Luxus-Reservate für wenige Superreiche;
- autoritäre Regime, religiöser Fanatismus, mittelalterliche Traditionen einerseits, mehr Freiheit und Demokratie andererseits, doch auch mehr Reglementierung und Anpassung;
- einerseits ideologische und kommerzielle Beeinflussung des Denkens, Fundamentalismus, Gesinnungsterror, auf der anderen Seite Förderung der Kreativität und ein wachsendes Heer von Fachwissenschaftlern, Ärzten und Technikern;
- eine fragwürdige „Wissensgesellschaft", die immer weniger in der Lage ist, mit der explodierenden Fülle von Daten sinnvoll umzugehen;
- rasante Zersplitterung und Spezialisierung der Wissensgebiete, nicht mehr zu durchschauende Komplexität der "bekannten Welt" und ständige Forderung nach mehr Interdisziplinarität;
- Entwicklung zur Dienstleistungsgesellschaft und Verlagerung der arbeitskräfteintensiven Produktion in die armen Länder;
- Angst vor Inflation und Stagnation sowie Glaube an immer währendes Wachstum;
- Zukunftsangst, Klimadebatte und Versprechungen besserer Zeiten. Man könnte die Aufzählung noch lange weiterführen.

Die Auflistung charakterisiert die Lage. Die Energieproblematik ist nur Teil einer Stress-Situation der menschlichen Gesellschaft. Im individuellen Arbeitsbereich spricht man längt von einem Verlust mentaler Energie (Schulze, 2009).

Wenn Energie knapp wird, verstärkt sich die Instabilität. Sie bedeutet die Möglichkeit plötzlichen Kollapses, die in der Öffentlichkeit kaum bedacht wird (s. Kap. 2). Aber man erinnere sich an die politische Wende: nur wenige Wochen vor dem Fall der Berliner Mauer, hat ihn niemand geahnt. Bei der Finanzkrise 2008 war es ähnlich, die Experten, die Rating-Agenturen, haben es nicht gesehen und nur Tage vor dem Zusammenbruch der Investmentbank Lehman Brothers Bestnoten erteilt. Könnten steigende Energiepreise zu einem ähnlichen Kollaps der Wirtschaft führen?

Zusatzinformation: Veranschaulichung des Primärenergiebedarfs der Menschheit

Der gesamte Primärenergiebedarf der Menschheit betrug im Jahr 2011 mehr als 515 EJ, also mehr als 515 000 000 000 000 000 000 J. Wie soll man sich diese Zahl vorstellen? Wie soll man sie veranschaulichen?

515 Exajoule entsprechen der jährlichen Stromerzeugung von 1700 Wasserkraftwerken der Größe des Drei-Schluchten-Dammes in China. Da durch den Rückstau dieses Kraftwerks insgesamt eine Fläche von rund 1100 km^2 mit Wasser bedeckt ist, könnte man sich vorstellen, dass man eine Wasserfläche von 1870000 km^2 – das ist mehr als 4 Mal die Fläche des Schwarzen Meeres – fluten müsste, um die Primärenergie der Menschheit durch Wasserkraft bereitzustellen. Man *könnte*, denn das ist natürlich nur eine sehr grobe Idee. So „günstig" wie bei diesem chinesischen Projekt – wir denken dabei auch an die große Zahl der umgesiedelten Menschen – ist die topographische Situation sicher nicht an vielen Stellen in der Welt. Wir beginnen zu ahnen, weshalb wir fossile Rohstoffe verbrennen um unseren Energiebedarf zu decken...

Doch in welcher Größenordnung liegt die Förderung fossiler Energierohstoffe? Konzentrieren wir uns nur auf die Ölförderung. Im Jahr 2012 betrug die durchschnittliche tägliche Fördermenge des schwarzen Goldes rund 88 000 000 Barrel, das sind umgerechnet etwa rund 162 m^3 Erdöl in jeder Sekunde.

Haben Sie schon einmal in Prag an der Moldau gestanden oder in Frankfurt vom Ufer aus den Main betrachtet? Diese beiden Flüsse bilden den anschaulichen Rahmen für den Fluss des Erdöls, das wir permanent aus der Erde holen. Mit rund 150 m^3 je Sekunde mittlerem Abfluss liegt die Moldau leicht unter, mit 225 m^3 je Sekunde der Main etwas über diesem Öl-Fluss. Ja, die Vorstellung stimmt. Die

Erde läuft oder blutet – je nachdem, wie man es sehen will – in dieser Weise aus...

Literatur

BP *Energy Outlook 2030*. Januar 2013.
BP *Statistical Review of the Word Energy*, hier für die Jahre 2009, 2008, 2011, 2012, verfügbar im Internet unter:
Statistical_Review_of_World_Energy_Full_Report_2009.pdf
Statistical_Review_of_World_Energy_Full_Report_2010.pdf
Statistical_Review_of_World_Energy_Full_Report_2011.pdf
Statistical_Review_of_World_Energy_Full_Report_2012.pdf
International Energy Agency (iea): *World Energy Outlook 2012*. Zusammenfassung, German translation.
Danilov-Danil'yan, V.; Losev, K. S.; Reyf, I.E.: *Sustainable Development and the Limitation of Growth. Future Prospects for World Civilization.* Springer, Praxis Publishing Ltd, Chichester, UK, 2009.
Schulze, B.: *Burnout in der neuen Arbeitswelt: Kommt nach dem Klimawandel die Energiekrise?* In: von Rohr, Ph. R.; Walde, P.; Batlogg, B.: *Energie.* vdf Hochschulverlag AG an der ETH Zürich, 2009.
Tertzakian, P., Hollihan, K.: *The End of Energy Obesity: Breaking Today's Energy Addiction for a Prosperous and Secure Tomorrow.* Wiley & Co., 324 pp., 2009.

4 Sichtweisen, Aufgaben und Visionen

Jeder hat von der aktuellen Energiesituation seine eigene Sicht, die durch Mentalität, Erfahrungen, Gewohnheiten und Umfeld geprägt ist. Das gilt für einzelne Menschen ebenso wie für ganze Fachgebiete und Kulturen. Um die Debatten über Wachstum und Energie besser zu verstehen, versuchen wir hier, die verschiedenen Sichtweisen kritisch zu beschreiben.

Optimismus und Pessimismus sind Grundhaltungen des Menschen, die er wohl in seiner frühen Kindheit „erwirbt", durch die Erziehung der Eltern und das Einwirken der Umwelt. Als Persönlichkeitsmerkmale werden diese Grundeinstellungen im Laufe des Lebens weiter entwickelt. Das hat wenig mit nüchterner Überlegung zu tun. Zukunft ist nie absolut sicher vorherzusagen, man kann die Aussichten analysieren, sie aber nicht mit Gewissheit kennen. In der aktuellen Lage kann *Optimismus* Menschen heute dazu bringen, die Abnahme der Vorräte nicht ernst zu nehmen und leichtsinnig zu werden – schließlich hat es doch bisher immer wieder eine Lösung gegeben. Optimismus kann auch zu kreativen Anstrengungen führen um Lösungen zu suchen. Optimismus ist auch Vertrauen in die eigenen Kräfte und die der Menschheit. Man kann argumentieren, *Pessimismus* habe sich ja immer als unrichtig erwiesen. Aber dass es bisher so war, wenn überhaupt, beweist nicht, dass es immer so sein wird. Wenn *Pessimismus* von Angst davor bestimmt ist, dass man es nicht schafft, weil es keine Lösungen für die kommende Energie- und die Klimakrise gibt, dann scheint es sich nicht zu lohnen, über Auswege nachzudenken. Aber Angst kann auch Positives bewirken, nämlich zu besonderen Anstrengungen anstacheln.

So können Optimismus und Pessimismus zu nüchternem Realismus verbunden werden. Realismus beginnt mit einer Analyse der Situation, statt die Gefahren zu verdrängen oder Untergangsphantasien zu entwickeln. Realismus ist eine Symbiose der optimistischen Kreativität und der Erfassung der Gefahren. Genau das ist die Sichtweise auf unsere heutige Welt, die wir kultivieren wollen, einen kritischen Blick auf die Rohstoff- und Energieknappheit, den Wachstumswahn und die Möglichkeiten der „erneuerbaren" Energieströme. Um diese vorurteilsfreie Analyse zu ermöglichen, wollen wir zunächst fragen, wie die verschiedenen Fachdisziplinen die gegenwärtige Situation der Menschheit einschätzen. Stehen Geowissenschaften und Physik mit ihren Einschätzungen womöglich allein da oder ist die Einsicht, dass die Menschheit vor gewaltigen Problemen steht, disziplinübergreifend?

Bezüglich der fachlichen Ausrichtungen beginnen wir mit den Wirtschafts- und Sozialwissenschaften, wozu wir auch die Politologie und in gewissem Sinne die Psychologie und einige andere Fächer zählen wollen. Wir versuchen, uns einen Überblick über die Ansichten zu verschaffen, wie sie in der Literatur geäußert werden. Wir sind bezüglich dieser Disziplinen Außenstehende und können nur den Eindruck wiedergeben, den wir aus der Literatur gewinnen. Und wir können diesen Eindruck auch nur mit den Methoden unserer Wissenschaften reflektieren. Wiederholungen lassen sich nicht immer vermeiden; schon im Kapitel 1, wo wir über unsere Motivation gesprochen haben, sind einige der Ideen angeklungen.

Ist Wachstum „natürlich"?
Was sagen die Wirtschaftswissenschaften, Wirtschaft, Politik und Naturwissenschaften dazu?

Die meisten Ökonomen und Politiker sehen heute in Wachstum die beste, wenn nicht die einzige Lösung aller wirtschaftlichen Probleme der Welt. Sie glauben fest daran, dass nur mit weiterem Wachstum die Probleme von Beschäftigung und Versorgung gelöst werden können. Wachstum ist für sie ein Paradigma, ein selbstverständlicher Wesenszug der globalen Wirtschaft oder ein natürlicher Trieb von Mensch und Gesellschaft die Natur zu beherrschen. Natürlicherweise müsse sich der *homo oeconomicus* so verhalten, dass er stets sein eigenes Glück maximiere und seinen Vorteil sichere. Wachstum ist der Dreh- und Angelpunkt dieser Wirtschaftstheorie. Wachstum sei notwendig, ja unvermeidlich, und jeder, der anderes sage, sei ein „Idealist" oder ein Träumer. Das ist der Eindruck, den wir als Außenstehende gewinnen. Allerdings hängen neuerdings nicht mehr alle Ökonomen dem Wachstumsglauben an. Wir, und nicht nur wir, halten jedoch den *homo oeconomicus* für ein Zerrbild des Menschen. Die Grundlagen der Wirtschaftstheorie und des Wirtschaftsliberalismus wurden schon im 18. Jahrhundert von Adam Smith (1723-1790) in seinem großen Werk *"An Inquiry into the Nature and Causes of the Wealth of Nations"* gelegt, 1776 (Untersuchung über Wesen und Ursachen des Reichtums der Völker). Der Wohlstand einer Nation wird nach Smith am besten dadurch gefördert, dass der Einzelne – im Grunde aus eigennützigen Gründen – seinen Ertrag beständig vergrößert und sein ökonomisches Handeln effektiver gestaltet. Durch dieses Agieren wird dann auch für die Allgemeinheit das Bestmögliche erzielt, obwohl vom Individuum nicht vordringlich beabsichtigt. Adam Smith nannte dies das Wirken der „unsichtbaren Hand" (Gottes). Der Neoliberalismus unserer Tage baut darauf auf, ignoriert aber die grundlegende Ethik der menschlichen Rücksicht auf die Schwachen und Benachteiligten und ist blind gegen die globalen Folgen der Überbevölkerung und Ausbeutung der Erde. Das macht ihn immer mehr zur Zielscheibe heftiger Kritik.

Wohl die *erste Kritik* aufgrund mathematischer Überlegungen zum Komplex „exponentielles Wachstum der Bevölkerung und Rohstoffe" findet sich in dem Werk von Thomas Malthus (1766-1834): *„An essay on the principle of population, as it affects the future improvement of society"* (1798). Malthus erkannte die Stärke der Exponentialfunktion bei der Bevölkerungsentwicklung. 70 Jahre später – vor fast 150 Jahren – sagte W.S. Jevons (1866) aufgrund ähnlicher Überlegungen das Ende exponentiellen Wachstums der britischen Kohleförderung voraus: „... die Abbremsung unseres Fortschrittes muss *innerhalb eines Jahrhunderts* spürbar werden ... unausweichlich wird unser fröhliches Wachstum von kurzer Dauer sein" (frei übertragen, wie zitiert von MacKay, 2009). Das war vor der heutigen Spezialisierung und Differenzierung der Wissenschaften. Malthus und Jevons waren Skeptiker auf Basis der Zusammenschau. Sie hatten recht, wurden aber nicht ernst genommen und mehr oder weniger vergessen, denn man fand viele andere Energiequellen, Öl, Gas, Uran und glaubte, dass es immer so weitergehen würde.

Einsichten der Naturwissenschaften

Im 20. Jahrhundert waren es Naturwissenschaftler, die erstmals deutliche Zweifel an der Unerschöpflichkeit der Energierohstoffe äußerten. Der Chemiker Wilhelm Ostwald (1909) sah das Ende der Vorräte insbesondere an Kohle in einigen Jahrhunderten klar voraus, glaubte allerdings noch an eine Zukunft, die er sich aufgrund der rasanten Fortschritte der Wissenschaften paradiesisch vorstellte – auf der Basis der Sonnenenergie. Nach zwei Weltkriegen und den Erfahrungen mit der Ambivalenz der Wissenschaften war dieser Optimismus erschüttert, und es wurden Sorgen um Natur- und Umweltzerstörung und den Abbau der Vorräte laut. So fragte der Zoologe Demoll (1954), ob wir gegen die Natur oder mit ihr leben.

Ist immerwährendes Wachstum „natürlich"? Natürlich nicht! Bäume wachsen nicht in den Himmel, und Kinder hören zum Glück irgendwann auf zu wachsen. Immerwährendes Wachstum ist kein realistisches Modell. Biologie, Physik und Geologie bzw. Geophysik beschreiben Naturgesetze, die nicht umgangen werden können. Der Mensch wird die Natur nicht überlisten, nicht außer Kraft setzen. Der Begriff „Wachstum" in der Wirtschaft hat keine wirkliche Analogie in der Natur. Die Erde ist endlich und das begrenzt den Verbrauch von Fläche, Boden, Rohstoffen, Energievorräten. Nur Politiker und Ökonomen scheinen das nicht zu sehen oder wollen es nicht sehen, obwohl der Mensch seit vorgeschichtlichen Zeiten über die Endlichkeit der Welt nachgedacht hat. Die Frage ist nicht, ob Wachstum andauern kann, sondern wie es endet. Und dazu haben Physik und Geologie Entscheidendes zu sagen.

Mitte des 20. Jh. begannen Geologen und Physiker vor dem Ende der Rohstoffe zu warnen. M. King Hubbert (1956, 1969, 1971) sagte auf einer Tagung am 7.3.1956 (zitiert nach Bartlett, 1976): *"According to the best currently available information, the production of petroleum and natural gas on a world scale will probably pass its climax within the order of half a century ..."*. Er modellierte Wachstum, Stagnation („*peak oil*") und Abnahme der Förderung der Ölvorräte als „Glockenkurve", wobei die Auslaufphase etwa exponentiell abklingen dürfte. Er schätzte – korrekt – aufgrund der Förderdaten, dass *peak oil* für die USA in den siebziger Jahren eintreten würde und weltweit etwa zu unserer Zeit, also im frühen 21. Jahrhundert.

Genau das beginnen nun auch die großen Ölgesellschaften zu erkennen.

Der Physiker Bartlett (1976) griff die Analyse von King Hubbert (1956) auf und betonte in seinem vergessenen Essay *"Forgotten fundamentals of the energy crisis"*, dass es völlig irreführend sei, '...mit Reichweiten von Jahrhunderten bei *konstantem* Verbrauch zu argumentieren, wenn man nicht auch für Nullwachstum plädiert.' [*"It is completely misleading to introduce ... results of "no growth" suggesting that the resources would last for centuries, unless one is advocating "no growth"*.]. In seinem Essay schrieb Bartlett, es reiche nicht, Studenten abstrakte Konzepte von Wachstum zu lehren, es sei notwendig, wirkliche Daten und Zahlen sowie konkrete Berechnungen vorzulegen. Das werde der jungen Generation helfen, eine „neue" ausgeglichene Wirtschaft aufzubauen, die auf verbesserter Kommunikation zwischen Wissenschaft, Politik und Wirtschaft beruht.

Einige Ökonomen und Soziologen folgen

Aufgrund der vorausgesehenen Rohstoffknappheit und der nicht mehr zu übersehenden Umweltbelastung begannen auch Ökonomen, Soziologen und einzelne Politiker das Ende des Wachstums zu diskutieren. Die Diskussionen des Club of Rome führten zu dem im Jahre 1972 publizierten Werk „*The Limits to Growth*" (*Die Grenzen das Wachstums*; Meadows u.a., 1972, 1975), dessen Botschaft es war, dass exponentielles Wachstum ziemlich bald enden würde. Kurz darauf erschien in Deutschland Herbert Gruhls (1975) „Ein Planet wird geplündert": „... die Grenzen dieses Planeten Erde legen alle Bedingungen fest für das, was hier noch möglich ist. ... Wir nennen diese radikale Umkehr die Planetarische Wende." Doch diese Protagonisten wurden zwar wahrgenommen, aber weitgehend abgelehnt und gar verlacht. Sie waren ihrer Zeit voraus.

Um die Jahrtausendwende wachten weitere Ökonomen, Philosophen, Geographen, Physiker, Geologen auf, wenn auch zunächst nur vereinzelt. Es erscheint seither eine wachsende Flut von Aufsätzen und Büchern. Ein Anstoß war schon die erste Ölkrise der 70er Jahre (s. Bartlett, 1976) und dann zunehmend der sich immer deutlicher abzeichnende aber zunächst umstrittene Klimawandel. Heute wird es zunehmend schwierig, die Literaturfülle im Detail zu verfolgen. Eine Aufzählung könnte nur die Menge der Publikationen vor Augen führen und interessierte Leser dazu anregen, hineinzuschauen.

Der Umgang mit der Zukunft ist stark von den Fachkenntnissen und Erfahrungen der jeweiligen Autoren beeinflusst. Der kanadische Geograph V. Smil (z.B. 1998) analysiert die Versorgungssituation, insbesondere die Endlichkeit der Vorräte. Er kommt zu fast gleichen Resultaten wie die von Hubbert gegebenen Förderkurven („peak oil"). Dagegen meint der Ökonom B. Lomborg (2001) als enfant terrible immer noch: *„There is plenty of energy"*. Er schreibt ganz in diesem Sinne in *"The sceptical environmentalist: measuring the real state of the world"*, dass er die Gegenbewegung für irrig hält und überhaupt keine Gefahr durch weiteres Wachstum bestünde. Überhaupt waren die Wirtschaftswissenschaften noch vor zehn Jahren fast geschlossen wachstumsgläubig. „Man" nahm die warnenden Stimmen immer noch nicht ernst, da man fest an immerwährendes Wachstum glaubte und der wirtschaftliche „Optimismus", der einen großen Teil des 20. Jahrhunderts geprägt hatte, noch nicht erschüttert war. Aufgrund immer intensiverer Exploration hatten Abbau und Verbrauch tatsächlich exponentiell zugenommen, und die „Reichweiten" (das sind die bekannten Reserven, geteilt durch die aktuellen Verbrauchsraten, siehe Kap. 6) der meisten Rohstoffe waren trotz zunehmenden Abbaus erstaunlicherweise fast gleich geblieben. Mancher sah darin eine Art Naturgesetz. Aber bei der Endlichkeit der Erde kann dies eben kein Naturgesetz sein.

Mehr Physiker, Geophysiker, Geologen und Klimatologen

Naturwissenschaftler begannen, den Begriff der Energie als Grundlage der gesamten menschlichen Kultur und Wirtschaft zu betrachten. Sehr kritisch diskutierten die Physiker K. Heinloth (2003) und D. Goodstein (2004) die Energiefrage und die Energie-Rohstoffe Gas und Öl. Sie sahen die Lage ebenso kritisch wie wir. In den thematischen Vordergrund traten aber zunächst der CO_2-Ausstoß und seine Zunahme, Energie und Klima, Versauerung der Ozeane (Rahmstorf

& Schellnhuber, 2006; Rahmstorf & Richardson, 2007; Kleinknecht, 2007; Latif, 2007; Pollack, 2009; Richter, 2010; Lovell, 2010). Zur gleichen Zeit wurden auch die Grenzen der Vorräte und Energieströme immer deutlicher erkannt (Schwarz, 2006; Neirynck, 2008; Zittel & Schindler, 2009; MacKay, 2009; Jacoby & Schwarz, 2011: Dannenberg u.a., 2012). Einige, z.B. MacKay (2009) und Dannenberg u.a. (2012), beschrieben lediglich das Potential der erneuerbaren Energien und sind mehr oder weniger optimistisch. Zittel & Schindler (2009) zeigen, dass weitere Preissteigerungen bei Öl unvermeidlich sind, denn obwohl höhere Preise die Erschließung weiterer Ressourcen, die bisher nicht ökonomisch ausgebeutet werden konnten, ermöglichen, wird der Aufwand immer größer, wie die Fördergeschichte aller Energierohstoffe demonstriert. „*Peak oil*" ist erreicht, die erreichbaren Vorräte nehmen ab, der Marktpreis steigt. Plötzlich scheint die Mehrheit zu ahnen, dass Knappheit und Änderungen im Preisgefüge zu großen Veränderungen in Wirtschaft und Gesellschaft führen werden. Wachstum, Beschleunigung in allen Lebensbereichen, politischer Leistungsdruck und Existenzangst kommen in den Focus. Die Medien haben diese Themen aufgegriffen.

Autoren, die über die Grenzen ihrer Fächer hinausblicken, was naturgemäß immer schwierig ist, sind z.B. Grahl & Kümmel (2009) und Kümmel (2011); sie versuchten Wirtschaftstheorie und Theoretische Physik miteinander zu verbinden. Dabei spielt vor allem der zweite Hauptsatz der Thermodynamik eine große Rolle, der dem Wachstum Grenzen setzt, die nicht überschritten werden können. Diese naturwissenschaftliche Sichtweise mag anderen schwer zugänglich sein und daher nicht ernst genommen werden; viele Autoren sehen die Wachstumsproblematik und die Grenzen der Energieversorgung daher nicht so deutlich unter den allgemein physikalischen Gesichtspunkten grundlegender Gesetzmäßigkeiten, schon eher als drohende Klimakatastrophe.

Die Zahl der relevanten Bücher nimmt ständig zu, eine kurze Recherche im Internet genügt vollauf, um sich diese Tatsache zu vergegenwärtigen. Wir versuchen nachfolgend eine grobe Charakterisierung der aktuellen Beiträge, jedoch ist eine scharfe thematische Trennung und eindeutige Zuordnung im System Erde-Mensch nicht möglich. Lediglich ein Umriss des Diskussionsspektrums kann gegeben werden – und auch das nur in subjektiver Auswahl.

Ökonomen, Soziologen, Politologen, Ökologen und Geographen

Die Gesellschafts- und Wirtschaftswissenschaften beobachten die Probleme der Zeit und setzen sie mit der Umwelt-, Klima- und Rohstoffsituation in Beziehung. Ökologie und Wachstum kommen immer mehr ins Blickfeld. Man hat begonnen die Umweltzerstörung anzuprangern und das bisherige Wachstumsdogma anzuzweifeln. Es erscheinen heute mehr und mehr Publikationen, welche die Probleme analysieren. Jarrard Diamond (2005) hat die Geschichte verschiedener historischer Gesellschaften untersucht, die seit Jahrtausenden in ihren Gebieten erfolgreich überlebt haben, und solche, die ausgestorben sind. Als Ursache für den Untergang macht Diamond vor allem die Umweltzerstörung, den Raubbau an Ressourcen und ungezügelte Konkurrenz aus. Er beschreibt als besonders eindrucksvolle Analogie zur heutigen globalen Situation den Untergang der polynesischen Osterinsel-Gesellschaft im 18. Jahrhundert.

Auch Theologie, Ethik und Philosophie werden vom herrschenden Neoliberalismus und den sozialen Folgen herausgefordert, die Ökonomie des Egoismus und die Politik des ewigen Wachstums infrage zu stellen und mehr Menschlichkeit zu fordern. Küng (2010) fordert ein solidarisches Weltethos und begründet ausführlich, dass rein materielles Gewinnmaximieren dem Menschen nicht gerecht wird. Nida-Rümelin (2011a, b) nimmt zum Komplex Wirtschaft und Verantwortung Stellung und entwickelt eine *„Philosophie humaner Ökonomie"*. Leggewie & Welzer (2011) begründen ausgiebig, dass *„Das Ende der Welt, wie wir sie kannten"* bevorsteht und dass wir eine neue Gleichgewichtswirtschaft aufbauen müssen, weil exponentielles Wachstum auf Dauer unmöglich ist.

Aber müssen die Wachstumsraten nicht von selbst zurückgehen? Sollte sich nicht alles von selbst einrenken? Jedoch wie? Das ist niemandem klar. Der Mensch „im Westen" ist an unüberwindbaren Grenzen angelangt, merkt es aber zumeist nicht und erkennt die heranschleichende Gefahr nicht, weil es ihm so gut geht. Der Verbrauch hat trotz der ersten Ölkrise zugenommen, und der Konsument in den Industrieländern spürt noch kaum Mangel, bemerkt aber den neuerdings stark steigenden Ölpreis. Dies nimmt man wahr und wird nervös.

Tertziakian kritisiert in „*A Thousand Barrels a Second*" (2007) und in „*The End of Energy Obesity*" (Tertzakian & Hollihan, 2009) den ungezügelt wachsenden Öl-Konsum in den westlichen Gesellschaften, vor allem in „Amerika". Weil er glaubt, dass man dem Menschen, insbesondere dem Nordamerikaner, Verzicht nicht zumuten kann, denkt er, dass man vermittels der sich rasant entwickelnden Informationstechnologie eine Welt mit einem Minimum an fossiler Energie und höchstem „künstlichen" Komfort schaffen kann, wodurch sich das Wachstum der Wirtschaft vom Energiebedarf vollkommen entkoppeln werde. Allerdings scheint es uns zweifelhaft, ob „der Mensch" sich auf eine weitgehende Abkopplung von „der Natur" – in diesem Fall sogar von einem Teil der Realität – einlassen kann und wird. Auch Kemfert (2008) vertritt die Ansicht, dass die CO_2- und Klima-Problematik durch innovative Technologie und Wirtschaft zu lösen ist. Sie glaubt, mit Optimismus und Unternehmungsgeist Verzichtforderungen und Untergangsfatalismus entgegentreten zu können.

Einzelne Politiker kämpfen gegen die herrschende profit- und wachstumsorientierte Energiepolitik der Bundesregierung, die nach wie vor zwischen Anerkennung der Rohstoff- und Klimaproblematik einerseits und dem Druck der Industrielobby schwankt. Besonders H. Scheer (1998, 2002, 2005, 2010) ist überzeugt, dass der Wechsel zu 100% erneuerbarer Energieversorgung schnell realisiert werden kann und muss, um existenzielle, potentiell irreversible Gefahren abzuwenden, weil die Energieversorgung nur damit naturgemäß und dauerhaft gesichert werden kann. In „*Der energetische Imperativ*" (2010) diskutiert Scheer die Erfolgsaussichten nach politischen, technologischen, wirtschaftlichen, ökologischen und sozialen Gesichtspunkten. Auch der bekannte Journalist Franz Alt plädiert 2010 und schon früher optimistisch für den Ausbau der Solarenergie und versichert unermüdlich, dass das eigentlich überhaupt kein Problem sei. Solche optimistischen Darstellungen sollen wohl die Leute aufrütteln. Auch sonst halten viele Politiker und Journalisten Vorsicht und Skepsis offensichtlich für antiproduktiv. Der Optimismus, dass der 100%ige Umstieg auf die erneuerbaren Energien bis 2050 (in Deutschland) einfach zu schaffen wäre, ist allerdings wohl kaum gerechtfertigt. Genügend Solar- und Windstrom auf der Fläche Deutschlands zu erzeugen und dauerhaft über Speichertechnologien abzusichern, erst recht in heutigem Umfang flüssigen Treibstoff aus nachwachsenden Biorohstoffen herzustellen, wird sich als unlösbare Aufgabe herausstellen (siehe z.B. Heinloth, 2003, und auch die folgenden Kapitel in diesem Buch).

Solte (2007, 2009) beschreibt das *„Weltfinanzsystem am Limit – Einblicke in den ‚Heiligen Gral' der Globalisierung"* und das *„Weltfinanzsystem in Balance – Die Krise als Chance für eine nachhaltige Zukunft"*, und zeigt, wie Rohstoffverschwendung und CO_2-Ausstoß durch das System gefördert, statt gebremst werden, und wie der dringend gebotene Umbau bewerkstelligt werden kann. Schmied (2011) beschreibt aus Insidersicht den Finanzmarkt ohne Moral und das Versagen der internationalen Finanzeliten. Exner u.a. (2011) schließlich warnen vor der drohenden Knappheit an Energierohstoffen und an Nahrung, besonders in Afrika, wo zunehmend Bauern von agrarischen Großkonzernen aus ihrem Land verdrängt werden um mehr Rendite aus Exportprodukten zu erwirtschaften.

Ziel der meisten neuen Veröffentlichungen ist die Bewusstmachung der Gefahren. Aber menschliches Handeln darf nicht ausschließlich von Angst getrieben werden. Es muss sich auf Einsicht gründen und darf durchaus auch wohlverstandenes Eigeninteresse umfassen. Weg vom Wachstumswahn, der die gesamte Gesellschaft zunehmend belastet, nicht nur die Wirtschaft. Zum Irrsinn der Welt gehören auch die sinnlosen Wettbewerbe, welche den Rohstoff- und Energieumsatz erhöhen; M. Binswanger (2010) untersucht in seinem Buch die Frage, *„Warum wir immer mehr Unsinn produzieren"* und will Nachdenken darüber provozieren.

Gleich zwei Bücher sind mit dem Titel bzw. Untertitel *„Wohlstand ohne Wachstum"* (Miegel, 2010; Jackson, 2011) erschienen, welche betonen, dass ein entsprechender Umbau von Wirtschaft und Gesellschaft in Richtung auf wesentliche menschliche Werte statt materiellem „Immer-Mehr" sinnvoll, möglich und geboten ist. Diese

Feststellungen sind auch durch die Erkenntnis motiviert, dass Ökonomie ohne Anstand, rücksichtsloses Streben nach höherer Rendite und die Mehrung materieller Güter nicht „glücklicher" macht und keine wahrhafte Wohlstandsmehrung bewirkt, wie der Titel *„Immer mehr ist nicht genug"* (Pinzler, 2011) ausdrückt.

Die Beschleunigung des gesamten Lebens lenkt uns davon ab, in Ruhe über unsere aktuelle Lage nachzudenken. Hartmut Rosa schreibt zum Thema „Wachstum, Beschleunigung, Innovationsverdichtung" (Studium generale, Universität Mainz, 8. 2. 2012):

„Moderne Gesellschaften sind dadurch gekennzeichnet, dass sie sich nur dynamisch zu stabilisieren vermögen. Das bedeutet, dass sie unaufhörlich wachsen, beschleunigen und sich verändern müssen, um sich zu erhalten. Augenfällig wird dies vor allem in der Wirtschaft: Wenn diese nicht wächst, gerät sie in eine bestandsbedrohende Krise. Ähnliches gilt aber auch für die Kunst, die Politik oder die Wissenschaft: Der Wissenschaftsbetrieb lebt nicht davon, Wissen zu bewahren oder weiterzugeben, sondern ist darauf angewiesen, unaufhörlich neue Forschungsprogramme aufzulegen; Kunst besteht in der Hervorbringung des immer Neuen, Gesetzgebung ist zu einem unaufhörlichen dynamischen Prozess geworden usw. Steigerung und Bewegung dienen daher nicht mehr, oder nicht in erster Linie, der Verbesserung, sondern sie sind notwendig zur Erhaltung des Status quo: Ohne Wachstum, Beschleunigung und Innovation können wir weder unsere wirtschaftlichen noch unsere politischen, sozialstaatlichen oder sogar rechtlichen Strukturen aufrechterhalten. Dieser Umstand führt in der Spätmoderne zu der sich ausbreitenden Wahrnehmung eines 'rasenden Stillstandes': Obwohl wir weiter wachsen und beschleunigen, wird unsere Welt, unser Leben oder unsere Gesellschaft nicht besser – sondern ganz im Gegenteil: Wachstum und Beschleunigung erzeugen ihrerseits ökologische, psychische und soziale Folgeschäden, und so erwartet zum ersten Mal in der Geschichte der Moderne die Elterngeneration auch gar nicht mehr, dass ihre Kinder es einmal besser haben werden – sie hofft nur noch, dass es nicht viel schlimmer kommt. Wir wachsen, beschleunigen und innovieren nicht mehr, um die Dinge zu verbessern, sondern vor allem, um einen Absturz in die Katastrophe zu vermeiden."

Es geht uns in diesem Buch nicht primär um diesen „rasenden Stillstand" und die Tretmühle, in der sich der Einzelne befindet, sondern um den Gesamtkomplex Gesellschaft-Wirtschaft-Energie und die Notwendigkeit, zur Stabilisierung zu finden und die Zukunftsprobleme in Ruhe anzugehen, eine der schwersten Herausforderungen in der Menschheitsgeschichte. Aber der rasende Stillstand ist keine gute Voraussetzung für die Findung von Lösungen.

Befürworter immerwährenden „Wachstums" wenden ein, der „Zustand" der Natur sei immerwährende Veränderung, und das sei Wachstum und nicht Stillstand. Immerwährende Veränderung, ja, aber immerwährendes Wachstum, nein, auch in der Natur nicht! Um nicht missverstanden zu werden: wir verneinen nicht jedes Wachstum, denn natürliche Prozesse vereinen Wachstum und Schrumpfung im Wechsel. Individuen durchlaufen zwischen Geburt und Tod Wachstums-, Stagnations- und Schrumpfungsphasen, so geht es Familien, Gesellschaften, Völkern, Spezies. Aber unbegrenztes Wachstum gibt es nicht, weder im Leben, noch beim Verbrauch endlicher Energievorräte, nicht einmal bei den Energieströmen von der Sonne oder aus dem Inneren der Erde.

Trotzdem werden Politik und Wirtschaft heute nicht müde, für Wachstum zu werben, besonders in Zeiten der Verlangsamung und erst recht der Stagnation oder der Schrumpfung. Der deutsche Wirtschaftsminister hat erklärt (2012), er werde nachhaltig für Wachstum ohne jede Entschuldigung eintreten, und der Finanzminister meinte im Interview der Woche des SWR2 am 24. Mai 2012: „Gegen Wachstum hat doch niemand was, nur gegen Wachstum auf Pump." – Irrtum, Herr Minister: viele spüren heute sehr deutlich, dass wirtschaftliches Wachstum am Ende ist. – In einem Interview (FR, 11/12 Feb. 2012, S. 17) mit dem Inhaber einer bekannten Schuhhandelskette, antwortete Heinrich Deichmann auf die Frage: *„Welche Bedeutung haben Gewinn und Wachstum für Sie?"* – „Beides ist wichtig. Ich weiß, dass Wachstumskritik im Moment schick ist. Aber meine Firma braucht Gewinn, um investieren zu können, und sie muss investieren, um wachsen zu können. Wachstum ist wichtig, um eine Firma gesund zu halten. Wenn wir selber nicht wachsen, werden es andere tun, und unsere Position wird schwächer."

Genau das ist das Problem! Und dass Wachstumskritik schick sei, ist eine Verniedlichung. Wachstumskritik ist für unser aller Fortbestand lebenswichtig!

Inzwischen hat sich eine neue Forschungseinrichtung etabliert, welche versucht, den „Fußabdruck" des Menschen auf der Erde, d.h. die Fläche, die der Einzelne für sein Leben braucht, zu bestimmen, bzw. durch aufwändige detaillierte globale Belastungsanalysen zu „messen". Dieser Fußabdruck der Menschheit ist bald doppelt so groß wie die zur Verfügung stehende Fläche des Planeten. Das bedeutet, dass wir Raubbau treiben. Auch das Tempo der Entwicklung hat Grenzen.

Wachstum und Sättigung

Der Primärenergieverbrauch einiger Industrienationen birgt in den letzten Jahren eine kleine Überraschung. Er ist nicht mehr gewachsen. Betrachten wir die entsprechenden Zahlen für Deutschland anhand der Abbildung 4.1. Die im Diagramm erkennbaren Schwankungen sind durch unterschiedlichste Einflussfaktoren im Detail bedingt, etwa wärmere oder kältere Winter oder die Art der Ermittlung des Anteils regenerativer Energieträger an der Primärenergie. Auch eine „Delle" nach der Finanzkrise im Jahr 2008 ist zu erkennen. Doch wo bleibt die Wachstumsdynamik? Bildet sich diese seit den neunziger Jahren nicht mehr im Energieverbrauch ab? Hat es nicht stets die üblichen Berichte über das jährliche Wirtschaftswachstum gegeben?

Bei der Beantwortung dieser Fragen muss ein ganzes Bündel von Antworten beachtet werden:

- Im betrachteten Zeitraum wurde ein Teil der energieintensiven Produktion aus Deutschland ausgelagert – in diesem Fall hat das energetische Wachstum dann anderswo stattgefunden. Es wurde lediglich verlagert und steckt trotzdem in der globalen Wachstumsbilanz.
- Es wurden immer sparsamere Maschinen entwickelt und die Produktion effektiver gestaltet, so dass der Anstieg im Energieverbrauch abgedämpft werden konnte.

- Und schließlich gibt es eine weitere, für die Wachstumsdogmatiker ernüchternde Antwort: Es hat in letzter Zeit bei uns gar kein *reales*, also in der materiellen Wirtschaft bedingtes Wachstum gegeben!

Insbesondere der letzte Punkt verdient einige Aufmerksamkeit. Er hängt eng mit dem mentalen Unwohlsein zusammen, das die meisten Menschen derzeit in den entwickelten Industriegesellschaften empfinden: Weil die Wirtschaft real nicht wächst, erfolgt das Wachstum in virtuellen Bereichen; explosionsartig ansteigender Aktivitätsrummel, der die Menschen zum Burnout treibt. Falls diese These stimmt – und es gibt sehr gute Gründe für diese Annahme (siehe oben die Einschätzung von Rosa, 2012) – dann wäre ein Teil der beschleunigten Gesellschaft (wohlgemerkt nur in wenigen Industrieländern!) gerade die Folge des nicht mehr vorhandenen realen Wachstums. In diesem Fall ist freilich das „Wachstum" vom physikalisch bedingten Verbrauch an Primärenergie entkoppelt. Man kann diese Sichtweise unter dem Begriff der *Sättigung* zusammenfassen.

Betrachten wir die Menschheitsentwicklung in den letzten 200 Jahren, dann waren die großen Energietreiber zugleich die großen Erfindungen in der Menschheitsgeschichte: Dampfmaschine (die mechanisierte Gesellschaft), Dynamo und Generator (die elektrifizierte Gesellschaft), Diesel- und Benzinmotor (die mobile Gesellschaft), Computer (die „informierte" Gesellschaft). Immer hat eine der genannten grundlegenden Erfindungen Millionen anderer Erfindungen nach sich gezogen und den Energieverbrauch anschließend nachhaltig gepuscht – auch die Erfindung der Computer! Doch eine Jahrhunderterfindung hat es in den letzten Jahrzehnten nicht mehr gegeben. In den westlichen Gesellschaften haben die meisten Menschen eine temperierte und elektrifizierte Wohnung. Sie sind ausgestattet mit all den kleinen Stromfressern, sie haben ein Auto, einen Computer usw. Woher soll also ein Wachstum im Energieverbrauch kommen? Auch die Industrie kann unter solchen Bedingungen im Grunde nur für Ersatz sorgen: Man tauscht ein altes Auto gegen ein neues: Das „Neue" ist vielleicht ein klein wenig sparsamer als das „Alte", aber es ist und bleibt im Prinzip das gleiche Auto; ein Lenkrad, ein Dach darüber und vier Räder – die Autoindustrie möge diese reduzierte Darstellung verzeihen. Man kann tatsächlich innerhalb gewisser Grenzen argumentieren, dass eine Verringerung des Energieverbrauchs nicht zwingend eine Behinderung der wirtschaftlichen Prozesse nach sich ziehen muss. Das ist möglich, weil Wachstum nicht ausschließlich durch Energieeinsatz zustande kommt. Andere Einflussfaktoren wie Wissen, physisches Kapital oder Arbeitsmenge sind ebenfalls zu berücksichtigen, wenn die Wachstumsfrage gestellt wird (Bretschger, 2008). Aus physikalischer Sicht ist freilich zu ergänzen, dass all dies nur im Rahmen der thermodynamischen Hauptsätze gedacht werden kann.

Auch in der Wirtschaft kann Effizienzsteigerung nicht dauerhaft die maximal möglichen Wirkungsgrade für Energieumwandlungen umgehen – bei jeglicher Produktion handelt es sich letztlich immer um Energieumwandlung.

Allerdings muss die Möglichkeit, dass einige Industrieländer einen konstanten Energieverbrauch erreicht haben könnten, einer näheren Untersuchung im Hinblick auf globale Wachstumsmodelle unterzogen werden (siehe Zusatzinformation).

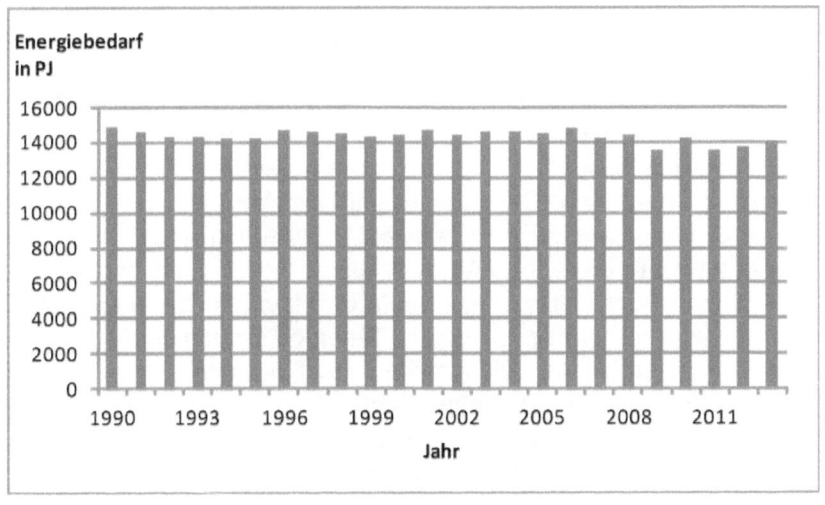

Abb. 4.1 Der deutsche Energiebedarf in Petajoule von 1990 bis 2013. Quelle: Bundesministerium für Wirtschaft und Energie.

Visionen

Es erscheint uns sinnvoll, schon an diesem Punkt einen kurzen Blick in die Zukunft zu werfen, auch wenn wir später aufgrund der Resultate dieser Abhandlung noch einmal darauf zurückkommen werden, wie wir aus der kommenden Energiekrise herauskommen könnten. Welche Visionen haben Menschen heute, Menschen, die sich über die aktuelle Situation Gedanken machen? Es gibt Angst und Schreckensvisionen, es gibt Mut und Hoffnung und es gibt blinden Optimismus, es müsse immer so weitergehen wie bisher.

Viele haben erkannt, dass die Energie knapp wird, aber glauben, es habe noch Zeit, obwohl sie intuitiv ahnen, dass es im heutigen Stil nicht beliebig weitergehen kann. Aber sie warten ab, denn die Vorräte können doch nicht plötzlich zu Ende sein. Jahrzehnte Vorrat sind doch noch viel Zeit! Uns geht es ja schließlich immer besser, die erneuerbaren Energien sind doch die Lösung (z.B. Scheer, 2010). Auch die utopisch schöne neue künstliche digitale Welt des Peter Tertzakian (2010) ist für manche junge Menschen vielleicht eine beruhigende Vision.

Es gibt die wenigen Mutigen, die den Gefahren und Risiken der Zukunft ins Auge schauen und über Lösungen nachdenken, neue Lebensausrichtungen propagieren und an die bleibenden menschlichen Werte erinnern wie Meinhard Miegel (2010), Tim Jackson (2011) oder Claudia Kemfert (2008) und manche mehr.

Die meisten Menschen sind aber verunsichert, sie gehen nicht rational mit Risiken um. Die eigentlichen Unsicherheiten liegen in der unbekannten Entwicklung der Wirtschaft. Es könnte noch eine Weile wie bisher weitergehen – „business as usual" – das Wachstum könnte sich verlangsamen, z.B. infolge von Konflikten, auch kriegerischen, aber sogar noch beschleunigen. Die Situation ist paradox. Der technische „Fortschritt" und Neuerungen des Konsumangebots werden vom Wachstumswahn zu immer schnelleren Veränderungen angetrieben – und vom selben Wachstumswahn wird die allmähliche Annäherung an die absoluten Grenzen verschleiert. Man stellt sich nicht auf den zukünftigen Mangel an Rohstoffen ein – eine „schleichende Gefahr". Je weiter wir die Umstellung hinausschieben, desto eher wird es gar keine Option mehr geben, und die Ereignisse werden die Menschheit überrollen. Mancher hat vor allem Angst.

Zusatzinformation: Wachstum und Nachholbedarf

Die Prognosen zum Primärenergieverbrauch der Menschheit gehen in den nächsten Jahrzehnten von einem stetigen Wachstum aus (siehe Kapitel 3). Was würde es in absoluten Zahlen bedeuten, wenn sich der Verbrauch in den Industrienationen sehr langfristig stabilisierte, also ein Teil der Menschheit nicht mehr an diesem energetischen Wachstum teilnehmen würde? Die Antwort auf diese Frage kann anhand mathematischer Beispiele veranschaulicht werden:

Beispiel 1: Wir gehen zunächst stark vereinfachend davon aus, dass jeder Mensch auf der Erde den gleichen Energieverbrauch hätte. Eine konstante Weltbevölkerung von acht Milliarden Menschen erhöhe diesen Energieverbrauch jährlich um 2 Prozent. Um welche Prozentzahl würde sich der Gesamtverbrauch pro Jahr vergrößern, wenn eine Milliarde Menschen von diesem Wachstum abgekoppelt wären?

Antwort: Statt eines jährlichen Wachstums von 2% würde das jährliche Wachstum nur marginal auf 1.75% absinken.

Beispiel 2: Jeder Einwohner Deutschlands verbraucht im Mittel eine Primärleistung von 5000W, jeder US-Einwohner rund das Doppelte, also ca. 10000W. Angenommen, die Einwohner der USA oder die Einwohner Deutschlands würden ihren Leistungsumsatz einfrieren und die restliche Welt würde bis zu diesem Leistungsumsatz pro Einwohner anwachsen wollen. Wie lange würde dies bei einer Erdbevölkerung von 8 Milliarden Menschen und einer jährlichen Wachstumsrate von 1.75% dauern?

Antwort: Der aktuelle Primärleistungsbedarf der Menschheit beträgt ca. 1.6×10^{13} W. Würden alle 8 Milliarden Menschen 5000W (10000W) pro Person benötigen, dann wären das für die gesamte Welt 4×10^{13} W (bzw. 8×10^{13} W).

Bei der angenommenen Wachstumsrate wäre eine ununterbrochene Zunahme im Leistungsumsatz über einen Zeitraum von 53 Jahren erforderlich, um das 5000W-Ziel zu erreichen. Sollte die Menschheit das US-Niveau anstreben, dann würde dies 93 Jahre kontinuierlichen Wachstums erfordern.

Wie wir in den nächsten Kapiteln zeigen, sind diese Wachstumshorizonte angesichts der vorhandenen Energieressourcen völlig irreal. Man bedenke ebenfalls: Nach Erreichen solcher Wachstumsziele, müsste der Bedarf dann dauerhaft auf diesem hohen Niveau gedeckt werden.

Hinzu kommen die aktuellen Prognosen zur Entwicklung der Weltbevölkerung. Nach einer Studie der Vereinten Nationen (UN Press Release, 13. Juni 2013) wird diese im Jahr 2050 bei rund 9.6 Milliarden Menschen liegen. Die obigen Beispiele verdeutlichen: Die gegenwärtige Wachstumsdynamik im Energiekonsum resultiert hauptsächlich aus dem Nachholbedarf der Schwellenländer und dem Wachsen der Weltbevölkerung, die gegenwärtig ca. 7.2 Milliarden Menschen umfasst.

Literatur

Die Einteilung in Naturwissenschaften und Soziologie, Ökonomie ist nicht strikt möglich; sie richtet sich nach den Schwerpunkten in den Sichtweisen der Autoren und, soweit bekannt, nach ihren fachlichen Hintergründen.

Naturwissenschaften
Bartlett, A.A.: *The Forgotten fundamentals of the energy crisis*. Proc. Third UMR-MEC Conference on Energy, Univ. Missouri at Rolla, Oct. 12-14, 1976.
Bretschger, L.: *Energie und Wohlstand*. In: von Rohr, Ph. R.; Walde, P.; Batlogg, B. (Hrsg.): *Energie*, Zürich, 2009, S. 127-141.
Dannenberg, M., Duracak, A., Hafner, M., Kitzing, S.: *Energien der Zukunft*. Wiss. Buchges.; Darmstadt, 184 S. 2012.
Demoll, R: *Ketten des Prometheus, Bändigt den Menschen – Gegen die Natur oder mit ihr?* 2. Aufl. Bruckmann Verlag, 310 S., 1954.
Goodstein, D.: Out of Gas. *W.W.Norton & Co., New York, ISBN 0393058573, 2004*
Heinloth, K.: *Die Energiefrage – Bedarf und Potentiale, Nutzung, Risiken und Kosten*. Vieweg Verlag, 2003.
Jacoby, W., Schwarz, O.: Energie und ökonomisches Wachstum. *Mitt. Dt. Geophys. Ges.*, Nr. 2/2011, 18-27, 2011.
Jevons, W.S.: *The Coal Question: An Enquiry Concerning the Progress of the Nation, and the Probable Exhaustion of our Coal-mines*, 2nd ed., Macmillan & Co., London, 1866. [oll.libertyfund.org/].
King Hubbert, M.: [http://www.mkinghubbert.com/]. Presented to Spring Meeting, Southern District Division of Production, Am. Petrol. Inst., Plaza Hotel, San Antonio, Texas, March 7-9.1956. Publ. No. 95, Shell Develop. Comp. Explor. & Product. Res. Div., Houston, Texas, June 1956. To be published in Drilling and Production Practice 1956 Am. Petrol. Inst. [http://www.mkinghubbert.com/files/1956.pdf].

King Hubbert, M.: *Resources and Man*, National Academy of Sciences and National Research Council, Chapter 8. Freeman, San Francisco, 1969.

King Hubbert, M.: Energy Resources of the Earth, *Scientific American*, Sept. 1971, p. 60. Reprinted as a book. Freeman, San Francisco, 1971.

Kleinknecht, K.: *Wer im Treibhaus sitzt. Wie wir der Klima- und Energiefalle entkommen.* Piper Verlag, München, 256 S., 2007.

Latif, M.: *Bringen wir das Klima aus dem Takt? Hintergründe und Prognosen.* Fischer Taschenbuch Verlag. Frankfurt/M, 280 S., 2007.

Lovell, B.: Challenged by Carbon. *The Oil Industry and Climate Change.* Cambridge University Press, New York, 214 p., 2010.

MacKay, D.J.C: *Sustainable Energy – Without the Hot Air.* UIT, Cambridge, 368 p., 2009.

Neirynck, J.: *Der göttliche Ingenieur. Die Evolution der Technik.* Expert Verlag, Renningen, 335 S., 1. Aufl. 1994, 7. Aufl. 2008.

Ostwald, W.: *Energetische Grundlagen der Kulturwissenschaft.* Klinkhardt, Leipzig, 184 S., 1909.

Pollack, H: A.: *World Without Ice.* Avery, New York, 286 p., 2009.

Rahmstorf, S., Richardson, K.: *Wie bedroht sind die Ozeane? Biologische und physikalische Aspekte.* Fischer Taschenbuch Verlag. Frankfurt/M, 255 S., 2007.

Rahmstorf, S., Schellnhuber, H.J.: *Der Klimawandel. Diagnose, Prognose, Therapie.* Verlag C.H. Beck, München, 144 S. 2006.

Richter, B.: *Climate Change and Energy in the 21st Century.* Cambridge University Press, New York, 226 p., 2010.

Schwarz, O.: Die menschliche Zivilisation und das globale Energiegleichgewicht. *Praxis der Naturwissenschaften – Physik in der Schule,* 8/55, 2-6, 2006.

Zittel, W. & Schindler, J.: *Geht uns das Öl aus? Wissen was stimmt. Herder,* 128 S., 2009.

Soziologie, Ökonomie und Naturwissenschaften
Grahl, J & Kümmel, R.: Das Loch im Fass. Energiesklaven, Arbeitsplätze und die Milderung des Wachstumszwangs. *Wissenschaft & Umwelt Interdisziplinär,* Wien, 195-212, 2009.

Kümmel, R.: *The Second Law of Economics: Energy, Entropy, and the Origins of Wealth.* Springer, New York, Dordrecht, Heidelberg, London (ISBN: 978-1-4419-9364-9), 2011.

Smil, V.: Future of oil: trends and surprises. *OPEC Rev.,* 22, 253-276, 1998.

Soziologie, Ökonomie, Finanzwesen, Politologie, Medien
Alt, F.: *Sonnige Aussichten. Wie Klimaschutz zum Gewinn wird.* Goldmann, TB, 254 S., 2010.

Binswanger, M.: *Sinnlose Wettbewerbe. Warum wir immer mehr Unsinn produzieren.* Verlag Herder, Freiburg/Br., 240 S., 2010.

Diamond, J.: *Kollaps. Warum Gesellschaften überleben oder untergehen.* Fischer, 704 S. 2005.

Exner, A., Fleissner, P., Kranzl, L & Zittel, W.: *Kämpfe um Land. Gutes Leben im post-fossilen Zeitalter.* Mandelbaum Kritik & Utopie, Wien, 255, 2011.
Gruhl, H.: *Ein Planet wird geplündert. Die Schreckensbilanz unserer Politik..* S. Fischer, Frankfurt, 384 S., 1975.
Jackson, T.: *Wohlstand ohne Wachstum. Leben und Wirtschaften in einer endlichen Welt.* Oekom Verlag, München, 239 S., 2011.
Kemfert, C.: *Die andere Klima-Zukunft. Innovation statt Depression.* Murmann Verlag, 264 S., 2008.
Küng, H.: *Anständig wirtschaften. Warum Ökonomie Moral braucht.* Piper Verlag, München 2010.
Leggewie, C., Welzer, H.: *Das Ende der Welt, wie wir sie kannten. Klima, Zukunft und die Chancen der Demokratie.* Fischer Taschenbuch Verlag. Frankfurt/M, 283 S., 2011.
Lomborg, B.: *The sceptical environmentalist: measuring the real state of the world.* Cambridge Univ. Press, Cambridge, 2001.
Malthus, T.: *An essay on the principle of population as it affects the future improvement of society, with remarks on the speculations of Mr. Godwin,* M. Condorcet, and other writers. Johnson, London, 1798.
Meadows, D.H., Meadows, D.L., Randers, J., Behrens III, W.W.: *The Limits to Growth.* Universe Books, 205 pp., 1972.
Meadows, D., Nussbaum, H., v.Rihaczek, K., Senghaas, D.: *Wachstum bis zur Katastrophe?* Dt. Verlagsanst., Stuttgart, 1974, dtv, München, 1975.
Miegel, M.: *Exit. Wohlstand ohne Wachstum.* Propyläen-Ullstein, Berlin, 301 S., 2010.
Nida-Rümelin, J.: *Die Optimierungsfalle. Philosophie einer humanen Ökonomie.* Irisiana Verlag, München, 311 S., 2011a.
Nida-Rümelin; J.: *Verantwortung.* Reclam, Stuttgart, 185 S., 2011b.
Pinzler, P.: *Immer mehr ist nicht genug! Vom Wachstumswahn zum Bruttosozialglück..* Pantheon Verlag, München, 312 S., 2011.
Rosa, H.: Wachstum, Beschleunigung, Innovationsverdichtung. *Studium generale, Universität Mainz,* 8. 2. 2012.
Scheer, H.: *Sonnen-Strategie.* Überarbeitete Neuauflage, Piper, München, 294 S., 1998.
Scheer, H.: *Solare Weltwirtschaft.* Sonderausgabe, Antje Kunstmann Verlag, München, 344 S., 2002.
Scheer H.: *Energieautonomie.* Antje Kunstmann Verlag, München, 320 S., 2005.
Scheer, H.: *Der energetische Imperativ, 100% jetzt. Wie der vollständige Wechsel zu erneuerbarer Energie zu realisieren ist.* Antje Kunstmann Verlag, 270 S., 2010.
Smith, A.: *An Inquiry into the Nature and Causes of the Wealth of Nations.* 1776, UTB, 2005.
Solte, D.: *Weltfinanzsystem am Limit – Einblicke in den „Heiligen Gral" der Globalisierung.* Terra-Media, Berlin, 2007.
Solte, D: *Weltfinanzsystem in Balance – Die Krise als Chance für eine nachhaltige Zukunft.* Terra-Media, Berlin, 2009.

Tertzakian, P., Hollihan, K..: *The End of Energy Obesity: Breaking Today's Energy Addiction for a Prosperous and Secure Tomorrow*. Wiley & Co., 324 pp., 2009.

Datenquellen
Bundesministerium für Wirtschaft und Energie:
http://www.bmwi.de/BMWi/Redaktion/PDF/E/energiestatistiken-grafiken
Vereinte Nationen:
http://esa.un.org/wpp/Documentation/pdf/WPP2012_Press_Release.pdf

5 Grundlagen: Mathematik, Physik, Geologie

Argumente werden immer nur dann stark, wenn man sie verstanden und verinnerlicht hat. Wir möchten deshalb, dass uns die Leser keinen blinden Glauben schenken, sondern dass sie sich selbst von allen Aussagen möglichst gut überzeugen können. Deshalb werden wir zunächst einige Grundlagen unserer Überlegungen vorstellen: Etwas zur Modellbildung, zum mathematischen Grundgerüst und auch einige Formeln. Details finden sich für den versierteren Leser im Anhang.

Es folgen die Vorstellungen von Physik und Geologie. Auch hier werden keine umfassenden Einführungen gegeben, sondern diejenigen Aspekte erläutert, die für unser Thema wichtig sind. Es geht hauptsächlich um Energievorräte und Energieströme, die uns zur Nutzung zur Verfügung stehen. Unsere Schlussfolgerungen müssen begründet und die Ideen sollen veranschaulicht werden.

Man kann dieses Kapitel auch überspringen und direkt zu den Daten und Ergebnissen blättern (Kap. 6 und 7). Wer es dann doch genauer wissen will, gehe zurück und nehme sich die Zeit die Argumente besser zu verstehen. Formeln auf Papier zu schreiben hilft.

Modelle, Naturgesetze und menschliches Verhalten

Bevor wir die mathematischen, physikalischen und geologischen Grundlagen unserer nachfolgenden Überlegungen schildern, müssen wir zunächst kurz erklären, worin naturwissenschaftliches Arbeiten besteht, was diese Tätigkeit leisten kann und was nicht. Gerade im Hinblick auf die Arbeitsmethoden der Naturwissenschaftler trifft man in der Öffentlichkeit auf die abenteuerlichsten Vorstellungen.

Zu den Hauptzielen naturwissenschaftlichen Arbeitens gehört die Entwicklung von Modellen zur Naturerklärung. Mit Modellen kann man rechnen, einfache Modelle sind für den menschlichen Verstand übersichtlicher als die Realität. Modelle bilden immer nur Teile der Wirklichkeit ab. Sie arbeiten stets mit limitierten Eingangsdaten. Wir dürfen also niemals die Realität mit dem theoretischen Abbild verwechseln oder gar glauben, die Natur durch Anwendung von Modellvorstellungen so verändern zu können, dass Naturgesetze verletzt würden.

Gerade entgegengesetzt verhält es sich mit politischen oder gesellschaftlichen Ansichten. In den Gesellschaftswissenschaften vertritt man die unterschiedlichsten Modelle und will mit ihnen die Gesellschaft verändern. Vielleicht beruht in den verschiedenen Sichtweisen eines der großen Missverständnisse zwischen Gesellschafts- und Naturwissenschaften.

Zu einem wesentlichen Teil erklärt sich der Erfolg der Naturwissenschaften aus ihrer Vorhersagekraft. Wir können an Modellen Erkenntnisse und Vorhersagen gewinnen. Dies alles funktioniert aber nur unter zwei entscheidenden Voraussetzungen: Erstens behalten Modelle ihre Vorhersagekraft nur dann, wenn ihre Gültigkeitsgrenzen nicht verletzt werden und zweitens können Modelle immer nur so gut sein wie die Daten, die man in sie hineinsteckt.

Diese beiden nur scheinbar trivialen Grundsätze haben zu einem überraschend pragmatischen Umgang mit Modellen geführt. Obgleich man in der Grundlagenforschung beständig an deren Verbesserung feilt, bedient man sich eines einfachen Grundsatzes: Wähle unter allen Modellen, die ein Phänomen erklären, möglichst das einfachste aus!

Naturwissenschaftler bauen ihre Überlegungen auf der Grundlage von Naturgesetzen. Obwohl auch diese keineswegs in Stein gemeißelt sind und fehlerhaft beschrieben sein können, verleiht ihnen die Naturgesetzlichkeit eine gewisse Beständigkeit. Wir sind zum Beispiel davon überzeugt, dass wir mit unseren Computern den Lauf der Planeten im Schwerefeld der Sonne korrekt berechnen und dass das Geoid ein zutreffendes Modell des Erdkörpers ist. Zwar können und werden auch diese Vorstellungen zukünftig noch besser ausgestaltet werden, aber niemals in dem Sinn, dass wir unser heutiges Wissen darüber komplett vergessen müssten.

Auch in diesem Punkt unterscheiden sich die Naturwissenschaften von den Gesellschaftswissenschaften – und das aus den verschiedensten Gründen. Aber wir wollen hier als Naturwissenschaftler keine ungerechtfertigten Vorwürfe erheben. Die Gesellschaftswissenschaften haben es mit handelnden Menschen zu tun und immer dann, wenn der Mensch ins Spiel kommt, wird es bekanntlich kompliziert!

Fassen wir zusammen: Modelle sollten aus *pragmatischen Gründen* möglichst einfach sein. Sie funktionieren nur dann, wenn ihre *Gültigkeitsgrenzen* nicht verletzt werden und man benötigt zur Arbeit mit Modellen *gute Daten!* Wir werden auf all diese Punkte noch zurückkommen.

Zunächst interessieren uns hier die Gültigkeitsgrenzen von Modellen, die unter den verschiedensten Aspekten bedeutsam werden könnten. Ein häufiger Fehler ist die Nichtbeachtung von Gültigkeitsgrenzen durch den Menschen. Wir alle kennen diese Problematik auch aus Alltagssituationen: Sie sind soeben gemütlich an einer Tankstelle vorbei gefahren. Der Bordcomputer hat eine gerade noch ausreichende Benzinmenge im Tank ihres Autos bis zur nächsten Zapfsäule signalisiert. Sie verlassen sich auf diese Angabe. Doch dann stehen plötzlich drei attraktive Anhalterinnen (wahlweise natürlich auch Anhalter) mit Gepäck am Wegesrand und der Fahrstil wird plötzlich rasant sportlich. Aber leider trifft das vorherige Berechnungsmodell des Bordcomputers für den veränderten Fahrstil und die erhöhte Zuladung nicht mehr zu…

Die Nichtbeachtung von Gültigkeitsgrenzen ist letztlich auch der Grund, weshalb wir dieses Buch schreiben. Das über viele Jahrzehnte gültige Wachstumsparadigma unserer Gesellschaft basierte auf dem (scheinbar) unbeschränkten Zugang zu Ressourcen. Doch die Verfügbarkeit von Ressourcen ist in Wahrheit limitiert. Diese Gültigkeitsgrenze zu erkennen und zu respektieren, ist entscheidend für die Zukunft.

Gültigkeitsgrenzen erweisen sich oftmals als heikel, wenn menschliches Handeln in die Überlegungen einfließt, also Menschenmassen, Ökonomien, Gesellschaften selbst Teil oder Ziel der Modellbildung werden. Das aktive Verhalten von Menschen kann eine mathematische Beschreibung schnell hinfällig machen. Das Problem ist in diesem Fall nicht eine Missachtung von Gültigkeitsgrenzen aufgrund von Unkenntnis, sondern eine Veränderung des Sachverhaltes selbst. Auch das kommt im Alltag häufig vor:

Ein schönes Wochenende steht bevor, die Küche ist mit ausreichend Wein gefüllt – ausreichend für den auf Grund von Erfahrungswerten prognostizierten Verbrauch von drei Personen. Doch dann kommen plötzlich die Verwandten zu Besuch...

Es ist nicht weiter überraschend, dass Naturwissenschaftler menschliches Handeln am liebsten aus ihren Überlegungen verbannen wollen, ja verbannen müssen. Doch gerade das können wir in einem Buch, das die Endlichkeit des Verbrauchs natürlicher Ressourcen *durch die Menschheit* untersucht, nicht tun. Wir werden deshalb häufigen Gebrauch von der pragmatischen Sichtweise auf Modelle machen. Wir werden nur einfache mathematische Gleichungen zur Beschreibung des Ressourcenverbrauchs nutzen, keine Computermodelle.

Wir erwarten keineswegs, dass diese einfachen Gleichungen *exakt* vorhersagen können, wann der letzte Tropfen Erdöl oder der letzte Kubikmeter Erdgas aus unserem Planeten geströmt ist. Der Verbrauch fossiler Energierohstoffe wird freilich nicht bis zum völligen Ende der Vorräte weiter wachsen. Zuvor wird sich das menschliche Verhalten ändern und die Modellannahmen hinfällig machen. Die Preise für Öl und Kohle werden nämlich so dramatisch steigen, dass der Konsum dieser Stoffe unerschwinglich wird und folglich kollabiert. Doch was wird dieser Kollaps in einer unvorbereiteten Gesellschaft anrichten?

Wir hoffen, dass die Schlussfolgerungen das menschliche Verhalten so beeinflussen können, dass durch bewusstes Handeln das Paradigma des Wachstums möglichst bald verworfen wird. Hier machen wir das, was wir oben von den Gesellschaftswissenschaften gesagt haben: dort will man mit unterschiedlichsten Modellen die Gesellschaft verändern. Auch wir wollen die Gesellschaft verändern. Doch unsere Modelle selbst beschreiben physikalische und geologische objektive Fakten unter genau angegebenen Annahmen über den Verbrauch.

Wie lange also – aufgrund der vorgestellten Daten – werden die Energierohstoffe, die wir verbrauchen, reichen? Und wie lange erlauben die erneuerbaren Energieströme noch Wachstum? Unser Ziel ist eine Schätzung von Zeiträumen, die möglichst zuverlässig sein soll. Unterrichtete Schätzung basiert auf Vorkenntnissen, Daten. Jede

Schätzung unterliegt aber Unsicherheiten, Unwägbarkeiten. Absolut sichere Berechnungen sind nicht möglich, denn die Daten selbst sind nicht absolut sicher, aber gute Daten geben Auskunft auch über das Ausmaß ihrer eigenen Unsicherheit. Daher sind die Annahmen über zukünftige Entwicklungen noch weniger sicher, da sie alle in die Schätzungen mit eingehen. Trotzdem sollen die Ergebnisse einen möglichst hohen Grad an Wahrscheinlichkeit haben, und auch diese kann nur geschätzt werden. Es besteht also eine Unsicherheits-Hierarchie. In der Umgangssprache ist *Wahrscheinlichkeit* ein ziemlich verschwommener Begriff; in der Mathematik und damit auch für unsere Schätzungen wird er klarer definiert.

Doch ein tieferes Verständnis der Korrektheit und Zuverlässigkeit von Rechnungen und Zahlenangaben erfordert eine Beschäftigung mit Wahrscheinlichkeits- und Fehlerrechnung. Wir haben diese etwas komplizierteren Überlegungen im Anhang ausgeführt denn nachfolgend werden wir kaum mehr als einfaches Abiturwissen zur Mathematik voraussetzen. Keinesfalls wollen wir Leser abschrecken, die mathematisches Vorgehen generell meiden. Aber ganz ohne Rechnen werden wir nicht auskommen. Rechnen ist nicht gleich Mathematik, grenzt aber daran. Modellierung von Wachstum und Verbrauch erfordert Rechnen, und das erfordert Vereinfachung – die Realität ist komplex bzw. kompliziert und entzieht sich detaillierter Beschreibung, jedoch soll sie gut angepasst bzw. approximiert werden.

Mathematische Grundlagen

Hier beschränken wir uns auf ein paar grundsätzliche Überlegungen, insofern sie für unser Thema wichtig sind und die besonderen Aufgaben unserer Thematik: Verbrauch, Umgang mit Vorräten, Wachstum. Es geht um die Berechnung von „Reichweiten" für Energievorräte und für die nutzbare Leistung der „erneuerbaren" Energieströme.

Formeln für endliche und nachwachsende Vorräte, Verbrauch und Reichweiten

Wenn wir berechnen wollen, wie lange wir mit vorhandenen Vorräten auskommen, oder wie stark wir „erneuerbare" Energieströme nutzen können, brauchen wir Formeln oder Gleichungen. Diese wollen wir auf den nächsten Seiten erläutern. Formeln stellen lediglich kompakte Beschreibungen der Beziehungen zwischen messbaren Größen dar und ermöglichen quantitative Berechnungen oder Abschätzungen auf schematisierte Weise. Das ist einfacher, sicherer und auf alle gleich gelagerten Fälle anwendbar.

Endliche Vorräte: Verbrauchsreichweiten
Wir betrachten ein einfaches Beispiel: Küchenvorräte (Gesamtmenge M), die eine Zeitlang (n Tage) reichen sollen. Diese Zeitspanne nennen wir ihre Verbrauchsreichweite. Sie hängt davon ab, wie viel wir haben (M), und wie schnell wir es verbrauchen, also von der Menge m pro täglicher Mahlzeit. Offensichtlich gilt: „Anzahl n × Menge pro Mahl m = Gesamtmenge M, kurz: $n \times m = M$. Das ist die Gleichung für gleichbleibenden Verbrauch. Wir dividieren beide Seiten durch n und erhalten: $m = M/n$, oder wir dividieren durch m und erhalten $n = M/m$. Einmal ist das Ergebnis die Menge pro Mahlzeit, das andere Mal die Zahl der Tage, die Verbrauchsreichweite oder kurz Reichweite der Küchenvorräte.

Für unser Thema Energie wird die Reichweite in Jahren (Einheitenkürzel: a) gerechnet; die Vorräte werden entweder in Mengen gegeben oder gleich umgerechnet auf den Energievorrat in Joule (Einheitenkürzel: J), gegeben zumeist in einem Vielfachen in Zehnerpotenzen (z.B. 640×10^{21} J, siehe Anhang). Die Verbrauchsraten entsprechen dann einer Angabe in Joule pro Jahr [J/a] (5×10^{20} J/a). Zunächst schätzen wir die „linearen Reichweiten" ab, die wie beim obigen Küchenbeispiel von gleichbleibenden Verbrauchsraten ausgehen. Später betrachten wir noch die „dynamischen Reichweiten", die auf jährlich wachsendem Verbrauch beruhen und natürlich kürzer sind. In beiden Fällen machen wir idealisierte Annahmen über die zukünftigen Entwicklungen.

Gleichbleibender Verbrauch – lineare Verbrauchsreichweiten
Die Annahme eines gleichbleibenden Verbrauches ist die einfachste, sie erfordert keine höhere Mathematik, wird aber häufig bewusst gemacht, um die Menschen glauben zu machen, dass die Vorräte noch lange ausreichen, während sie in Wirklichkeit immer schneller

verbraucht werden. Analysen auf der Grundlage linearer Reichweiten sind nur akzeptabel, wenn man sich ihrer Bedeutung bewusst ist.

Nehmen wir noch ein Beispiel aus dem täglichen Leben. Wenn wir uns für eine längere Zeit im Voraus versorgen müssen, legen wir uns einen Vorrat oder auch einen Garten an, das sind Modelle für endliche und erneuerbare Energien. Wie viele Tage reicht ein Vorrat, z.B. von 10 kg Kartoffeln, wenn man pro Tag 1 kg davon verbraucht? Klar: 10 Tage. Wenn wir 1/3 Brot pro Tag verzehren und 30 Tage damit ausreichen müssen, würden wir uns fragen, wie groß die Vorräte sein müssten, z.B. eins für drei Tage oder 10 für 30 Tage – oder 1/3 × 30 = 10. Offensichtlich haben wir implizit die obigen Formeln benutzt. Wir schreiben dieselben Formeln jetzt nochmals hin, und zwar mit Symbolen, die zum Energieproblem besser passen. Den Energievorrat oder kumulativen Verbrauch nennen wir W [J] (vorher M) und die aktuelle Verbrauchsrate E_o [J/a] (vorher m) und schreiben:

$$n \times E_o = W. \qquad (1)$$

Wenn wir beide Seiten durch E_o teilen, erhalten wir die lineare Verbrauchsreichweite n:

$$n = W/E_o. \qquad (2)$$

Wenn wir W durch n teilen, bekommen wir die jährliche Verbrauchsrate $m = E_o$:

$$E_o = W/n. \qquad (3)$$

Ein anderes Beispiel, das uns daran erinnern soll, dass unsere Annahmen unsicher sind: Wir haben einen großen Öltank von 10 000 l Fassungsvermögen (W) im Keller. Wir haben ein wärmeisoliertes Haus und brauchen im Normalfall 2000 l pro Jahr (E_o). Wir gehen von steigenden Preisen aus und füllen als gute Haushälter schon heute unseren Tank. Wir hoffen auf milde Winter als positive Seite der Klimaerwärmung, aber wir können trotzdem auch kalte Winter haben, in denen wir doppelt so viel Öl verbrennen wie normal. Die Wahrscheinlichkeit ist vielleicht 1:10, aber wir rechnen zur Sicherheit 1:2. Wie rechnen wir diese Erwartung ein? Obwohl das keine Voraussage in dem Sinne ist, dass nach zwei Jahren mit Normalverbrauch ein Jahr mit doppeltem Ölverbrauch kommt, rechnen wir mit einem Verbrauch von $(1\times2+2\times1)/3 = 4/3$ Normalverbrauch, multipliziert mit 2000 l/a, also einem erwarteten jährlichen Verbrauch von E_o=2667 l/Jahr. Die Gleichung $n = W/E_o = 10000/2667$ liefert dann für die Reichweite des Öls im Tank das Resultat: n=3 ¾ a. Hätten wir einfach nur mit 2000 l/a gerechnet, wäre die Reichweite 5 Jahre. Wir sind uns bewusst, dass das nur eine wahrscheinliche Schätzung ist. Wenn wir verschwenderisch heizen, verkürzt sich die Reichweite, wenn wir sparsam heizen, reicht der Vorrat länger. Genau diese Überlegungen gelten für unsere endlichen Energievorräte.

Nun zur aktuellen globalen Situation! Wie lange würden die Vorräte an nicht erneuerbaren Energierohstoffen theoretisch reichen, wenn wir sie Jahr für Jahr mit derselben Rate verbrauchen wie zurzeit, und zwar bis zum „letzten Tropfen"? Dazu brauchen wir die noch vorhandenen Mengen W und die gegenwärtigen Verbrauchsraten E_o pro Jahr. Gleichung (2) ergibt dann „n"; das ist der Zahlenwert, den man heute meist „lineare Reichweite" nennt. Genauer sollte man die Bezeichnung „*lineare Verbrauchsreichweite*" wählen; später werden wir sehen, dass es bei erneuerbaren Energieströmen auch „*Wachstumsreichweiten*" gibt (allerdings nur „dynamische"). Zu bedenken ist aber auch Folgendes:

(1) Alle Berechnungen sind natürlich nur Schätzungen, da die Zahlen – und damit auch die Rechenergebnisse – ungenau sind. Keine „Reichweite" kann sicherer sein als die Eingangsdaten.

(2) Im Gegensatz zu Beispielen aus dem täglichen Leben können wir nicht damit rechnen, dass wir die Rohstoffe bis zur Neige in demselben Tempo abbauen können oder dass der Abbau überhaupt konstant bleibt.

(3) Das führt zu „dynamischen Verbrauchsreichweiten" und zu realistischeren Vorstellungen von Anstieg, Stagnation und Schrumpfung von Rohstoffreserven (siehe unten und Anhang).

Variabler Verbrauch und dynamische Verbrauchsreichweiten
Wenn der Verbrauch sich unregelmäßig ändert, kann man abschnittweise „linear rechnen". Das heißt, man rechnet mit einem mittleren Verbrauch, so lange der Mittelwert nicht zu stark vom momentanen tatsächlichen Werte abweicht und nimmt für den nächsten Abschnitt den dafür gültigen Mittelwert und so fort. Das kann natürlich etwas umständlich werden, führt aber bei genügender Sorgfalt zu zuverlässigeren Abschätzungen als die einfache lineare Reichweite. Als Beispiel soll uns ein in heißen Sommern langsam austrocknender Brunnen dienen. Dieser Brunnen wird also zunächst spärlich oder versiegt ganz. Dieser Fall ist unserem heutigen globalen Problem der Energieversorgung durchaus verwandt. Wir müssten sowohl den abnehmenden Zufluss als auch den zeitlich variierenden Verbrauch berücksichtigen. Wie sorgen wir für diesen Fall vor? Das ist im Prinzip ähnlich wie bei zunehmendem Verbrauch. Wie vorgeschlagen, rechnen wir schrittweise und stellen fest, wie lange man genügend Wasser bekommt. Falls notwendig, wiederholen wir die Rechnung mit anderen Parametern; das sind die Größen *Verbrauch* und *Zuflussrate* etwa in Liter pro Tag. Für jedes Zeitintervall gelten die jeweils unveränderlichen Parameter. Computerprogramme können das besorgen. Quintessenz: Die Situation versiegender Vorräte und variierenden Verbrauchs erfordert viel Vorsicht und Überwachung des Wasserstandes ebenso wie bei der Welt-Energieversorgung. Im letzteren Fall haben wir zwar kaum Zufluss von Öl oder Gas, aber verbesserte Förderungsverfahren können sich ähnlich auswirken.

Betrachten wir nun Wachstumsprozesse. Nehmen wir gleichbleibendes Wachstum an, wie es sich Politik und Wirtschaft wünschen. Eine geeignete mathematische Funktion muss sich an die tatsächliche Entwicklung anpassen lassen. Wachstum mit demselben Prozentsatz pro Jahr bezeichnet man als gleichbleibendes oder auch „exponentielles" Wachstum. Das ist eine gute Approximation des Wirtschaftswachstums der vergangenen 100 Jahre. Wie wir gesehen haben, gibt es gute Gründe, auch in den nächsten Jahrzehnten von einem exponentiellen Wachstum im Energiebedarf der Menschheit auszugehen. (Kap. 3, 4). Ein relativ bekanntes Beispiel zum gleichbleibenden Wachstum stammt aus der Zinseszinsrechnung:

Angenommen Sie würden 100 Euro auf die Bank tragen und würden dort den Zinssatz von 3% für Ihr Kapital erhalten. Nach einem Jahr wären das dann 3 Euro Zinsen bzw. ein neues Gesamtkapital von 103 Euro. Doch was würden Sie erhalten, wenn Sie das Geld zwei Jahre bei Ihrer Bank lassen? Bei gleichbleibendem Zinssatz hatten Sie nach dem ersten Jahr die gerade ermittelten 100×1.03=103 Euro. Nach einem weiteren Jahr wären dass 103×1.03 bzw. 100×1.03×1.03=106.09 Euro. Nach drei Jahren bekäme man insgesamt 100×1.03×1.03×1.03=109.27 Euro usw. Das lästige Multiplizieren mit der Zahl 1.03 kann man umgehen, wenn man die Berechnung in Form einer Potenz aufschreibt:

$$x_a = x \times 1.03^n \qquad (4)$$

x_a ist in dieser Gleichung das insgesamt aufgelaufene Kapital, x ist das Ausgangskapital und n die Anzahl der verstrichenen Jahre.

Nachdem wir uns an einem einfachen Beispiel die Mathematik verdeutlicht haben, betrachten wir nun die „dynamischen Reichweiten" bei exponentiell wachsendem jährlichem Verbrauch ganz allgemein. Dafür drücken wir Gl. (4) durch den jährlichen „Wachstumsfaktor" P aus. Wenn der Zuwachs in Prozent (p) pro Jahr gemessen wird, ist der Zuwachsfaktor $P = 1 + p/100$, denn der relative Zuwachs $\Delta W/W$, gemessen in Prozent, ist $p = 100 \Delta W/W$ und um zum Verbrauch nach einem Jahr ($W + \Delta W$) zu kommen, müssen wir W mit $P=(1 + p/100)$ multiplizieren [$W \times (1+100\Delta W/W/100) = W+\Delta W$]. Die jährliche Verbrauchsrate E (Joule pro Jahr [J/a]) ist nicht der kumulative Gesamtverbrauch [J]. P ist also die Basis der jährlich prozentualen Exponentialfunktion und der Exponent t ist die Zeit in Zahl n der Jahre mit der Zeitdauer a (man kann auch schreiben $n=t/a$):

$$E = E(t) = E_0 P^{t/a} = E_0 P^n. \qquad (5)$$

E kann man als einen wachsenden *Energiestrom* auffassen. Nach n Jahren gilt also:

$$E_n = E_0 P^n. \qquad (6)$$

Bei den folgenden Graphiken (Abb. 5.1 a-c) handelt es sich um Veranschaulichungen einer linearen Verbrauchsreichweite (a), eines linear wachsenden Verbrauchs (b) und eines dynamisch wachsenden Verbrauchs (c). In vielen Darstellungen zur Rohstoff- und Energiesituation der Menschheit werden Balkendiagramme zur Funktionsdarstellung gewählt, wobei die Balkenhöhe zumeist den jährlichen Verbrauch oder die noch vorhandene Rohstoffmenge bedeutet. Im Detail:

Abb. 5.1 a: Auf der senkrechten Achse sind die noch vorhandenen Vorräte aufgetragen, auf der waagerechten Achse die Zeit (in Jahren). Der Vorrat vermindert sich vom Mal zu Mal immer um den gleichen Betrag. Nach einer gewissen Zeit sind die Vorräte aufgebraucht.

Abb. 5.1 b: Erhöht man von Jahr zu Jahr den Verbrauch um die gleiche Absolutmenge, dann nimmt die jährliche verbrauchte Menge linear zu. Auf der senkrechten Achse findet man den jährlichen Verbrauch, auf der horizontalen Achse die Zeit (in Jahren).

Abb. 5.1 c: Erhöht man von Jahr zu Jahr den Verbrauch um einen festen Prozentsatz, dann ergibt sich dynamisches bzw. exponentielles Wachstum. Auf der senkrechten Achse kann man den jährlichen Verbrauch ablesen, auf der horizontalen Achse die vergangenen Jahre. Der jährliche Verbrauch nimmt schneller zu als beim linearen Wachstum.

In dieser Abhandlung stehen die endlichen Vorräte im Mittelpunkt. Wie lange halten sie, wenn ihr Verbrauch, bzw. ihre Verbrauchsrate, exponentiell wächst? Wenn wir *endliche Vorräte* betrachten, die wir verbrauchen, sind nicht die wachsenden Verbrauchsraten unser Ziel, sondern wir suchen den gesamten kumulativen Verbrauch W, also die Summe der jährlichen Verbräuche, den Gesamtverbrauch. In der Abb. 5.2 a-c wird veranschaulicht, dass dieser Gesamtverbrauch der Fläche entspricht, die man unter der jeweiligen Funktionsgleichung für konstanten, linear fallenden oder exponentiell wachsenden jährlichen Verbrauch erhält.

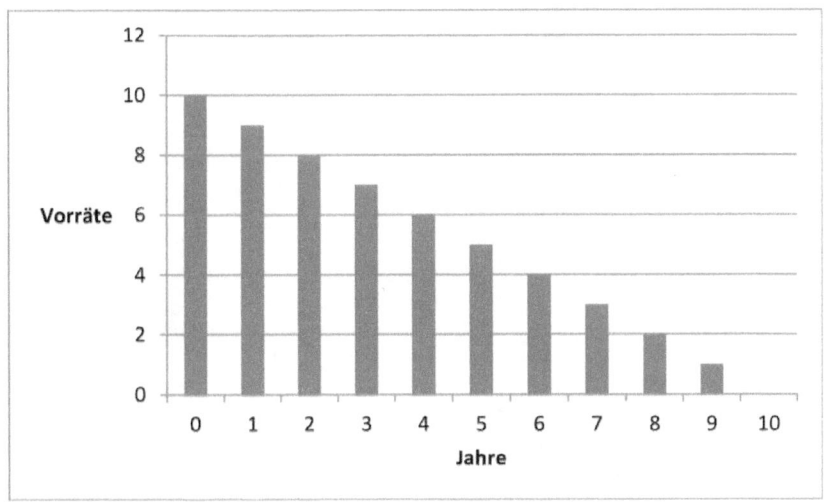

Abb. 5.1 a: Linear fallender jährlicher Verbrauch von Vorräten, veranschaulicht mit Hilfe eines Balkendiagramms.

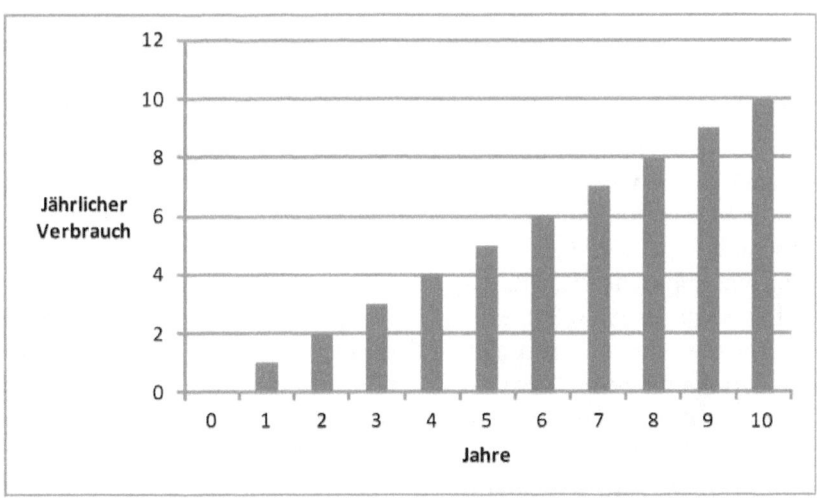

Abb. 5.1 b: Linear steigender jährlicher Verbrauch, veranschaulicht mit Hilfe eines Balkendiagramms.

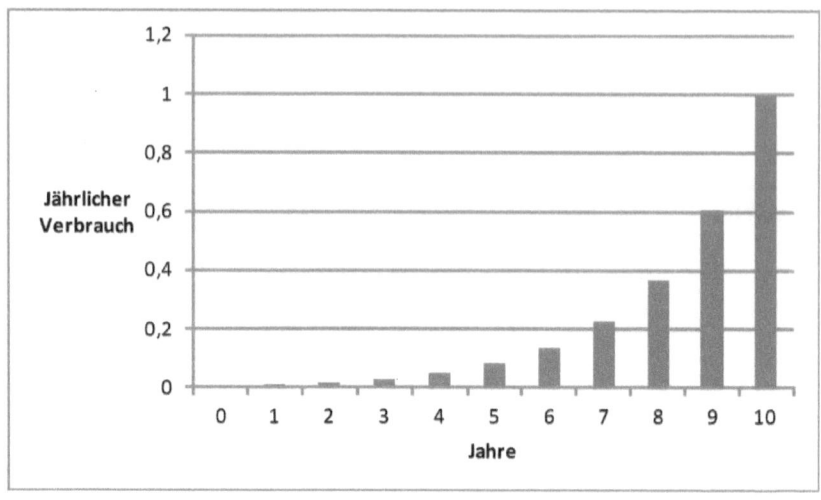

Abb. 5.1 c: Exponentiell wachsender jährlicher Verbrauch, veranschaulicht mit Hilfe eines Balkendiagramms.

Wie man diesen Gesamtverbrauch (kumulativen Verbrauch) bei einem konstanten jährlichen Verbrauch ermittelt, ist einfach, und wir haben es soeben bereits besprochen: Man multipliziert gerade diesen jährlichen Verbrauch mit der Anzahl der Jahre (siehe Gleichung 1). Anhand der Abbildung 5.2 a erkennt man die graphische Bedeutung dieser Multiplikation – es ist die rechteckige Gesamtfläche unter der horizontalen Kurve (eben „Länge, also n, mal Breite, also E_0" – der Flächeninhalt eines Rechtecks).

Für einen linear wachsenden bzw. fallenden oder für exponentiell wachsenden oder abnehmenden Verbrauch kann man diese Erkenntnis verallgemeinern. Stets ist die Fläche unter der jährlichen Verbrauchskurve der Gesamtverbrauch für alle betrachteten Jahre. Beim linearen Modell ist diese Fläche noch einfach zu berechnen. Wir benötigen einfach die elementare Formel für die Dreiecksfläche (Grundseite mal Höhe dividiert durch zwei). Das ergibt für den kumulativen Verbrauch in diesem Fall: $W(n)=E_n n/2$ (siehe Abbildung 5.2 b).

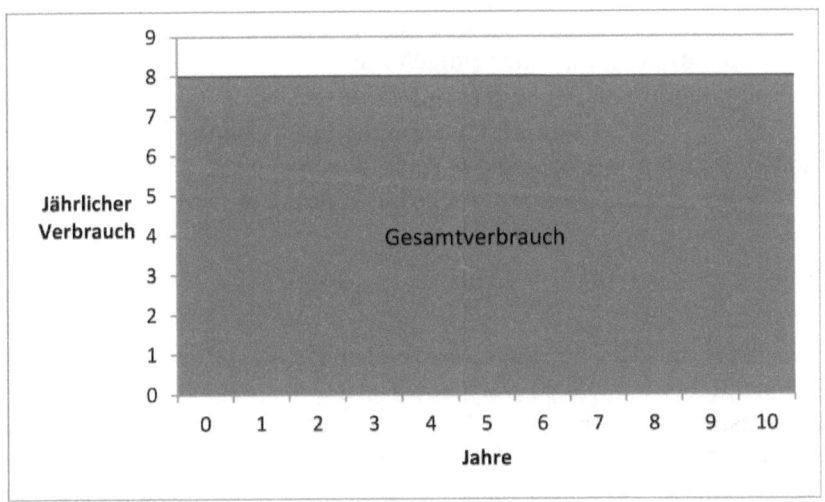

Abb.5.2 a: Der kumulative Verbrauch (Gesamtverbrauch) für zeitlich konstanten Verbrauch.

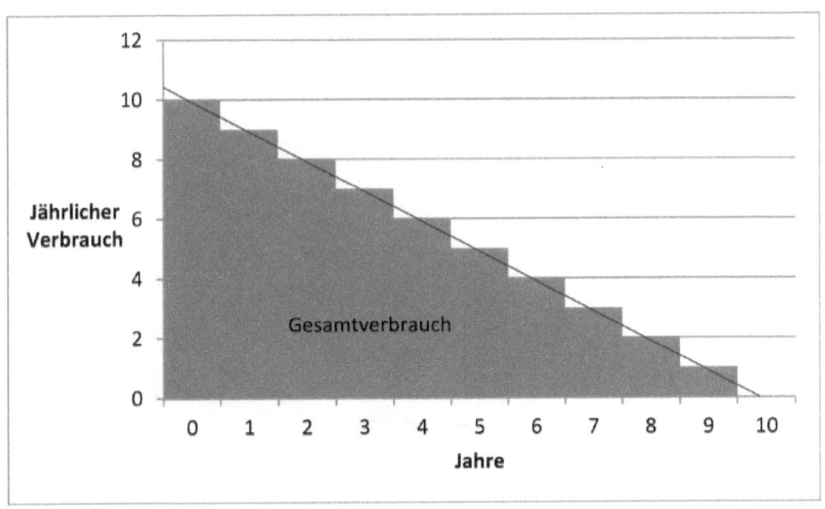

Abb.5.2 b: Der kumulative Verbrauch (Gesamtverbrauch) für zeitlich linear fallenden Verbrauch.

Für den dynamisch wachsenden Verbrauch ist der Gesamtverbrauch nicht mehr elementargeometrisch zu ermitteln (Abbildung 5.2 c).

Wir müssen zur Flächenbestimmung die Integralrechnung anwenden und teilen das Ergebnis hier einfach mit.

Das Integral von (6) ist $W(n) = \int_0^n E(\tau)d\tau = E_o \cdot \int_0^n P^\tau \, d\tau = E_o \, P^\tau / \ln P \, \big|_0^n$, wobei $P^\tau{}_o\big|^n = P^n - 1$. Nach Umformung und Logarithmierung beider Seiten erhalten wir die *dynamische Reichweite* t_n *eines endlichen Rohstoffes*, der exponentiell wachsend verbraucht wird:

$$n = \ln(\ln P \times W(n)/E_o + 1)/\ln P. \qquad (7)$$

Hier ist n die Zahl der Jahre, in welcher ein Vorrat exponentiell zunehmend bis zur Neige verbraucht wird, beginnend mit der Verbrauchsrate von E_o im ersten Jahr (das ist dasselbe wie der Verbrauch in diesem Jahr). Bei endlichen Vorräten sind solche Reichweiten immer endlich, gleichgültig, ob P größer als 1 oder gleich 1 ist (1 bedeutet konstante Verbrauchsrate; letzteres also die lineare Reichweite).

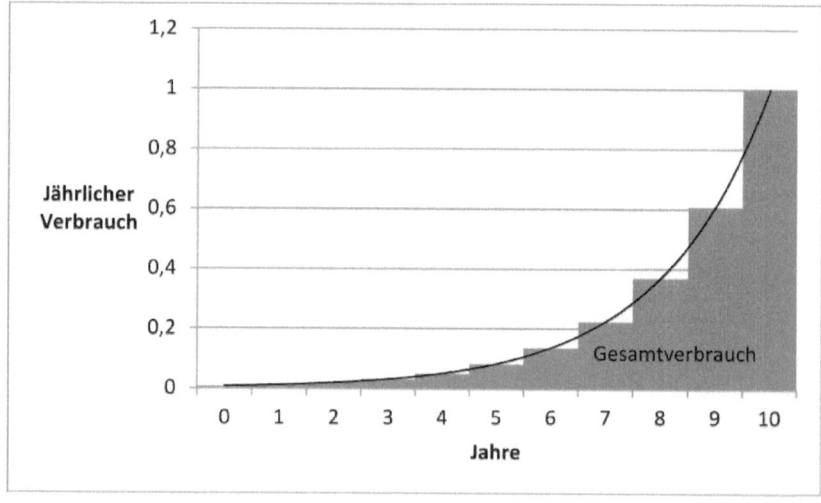

Abb.5.2 c: Der kumulative Verbrauch (Gesamtverbrauch) für zeitlich exponentiell wachsenden Verbrauch.

In jedem Falle sind die Annahmen Idealisierungen für die Berechnungen, und solche Reichweiten sind unrealistisch, denn es ist ganz unwahrscheinlich, dass endliche geologische Vorräte mit irgendeiner konstanten jährlichen Rate bis „zum letzten Tropfen" abgebaut werden können.

Exponentielles Wachstum ist in einer Anfangsphase realistisch, aber Exploration und Abbau werden bei allen Vorräten irgendwann aufwändiger und teurer, was zwar zeitweilig zu erhöhtem Wachstum, auf längere Sicht aber in der Regel zur Verminderung des Wachstums führt, dann zu Stagnation und schließlich zur Schrumpfung der Förderung. Trotz höherer Preise und steigender Investitionen in Auffindung und Ausbeutung von Lagerstätten mit verbesserten Techniken lässt sich die Verknappung nicht dauerhaft aufhalten. Die Förderung muss enden, wenn die Netto-Ausbeute an Energie negativ wird, d.h. also, dass schließlich der Einsatz den Gewinn übersteigt (Effizienz < 0).

Die Stagnation tritt früher ein als die berechnete abrupte Erschöpfung. Wie der Markt reagiert, wenn die Förderung schrumpft, aber der Bedarf steigt, soll hier nicht weiter thematisiert werden. Es ging bisher nicht um die Vorhersage der Realität, sondern um Projektionen von Möglichkeiten und Gefahren sowie darum, Wachstumsfetischisten in Politik, Wirtschaft und Finanz zu zeigen, wo die Grenzen liegen. Für exponentielles Wachstum berechnete dynamische Reichweiten geben, wenn auch keine präzise Vorhersagen, doch realistischere Vorstellungen von Versorgungsgrenzen als die linearen Reichweiten. Noch realistischer ist es, die Schrumpfung in der Modellierung zu berücksichtigen.

Wachstum – Stagnation – Erschöpfung

Die Realität wird etwa durch eine Kurve beschrieben, wie sie die Abbildung unten zeigt. Modellieren kann man diesen Kurvenverlauf mit Hilfe der sogenannten Gauß-Funktion, die Kurve selbst trägt dann den Namen Gaußsche Glockenkurve (siehe Anhang). Auf der senkrechten Achse ist der jährliche Verbrauch abzulesen, auf der horizontalen Achse die Zeit in Jahren. Prinzipiell steigt der Verlauf einer solchen Glockenkurve zunächst etwa exponentiell an, erreicht dann ein Maximum und klingt ähnlich wieder ab. Sie beschreibt auch andere Prozesse, z.B. Diffusionsprozesse wie etwa die Wärmeleitung sowie die Häufigkeitsverteilung zufälliger Messfehler mit einer bestimmten Streuungsbreite (die sogenannte „Normalverteilung" bei vielen Messwerten).

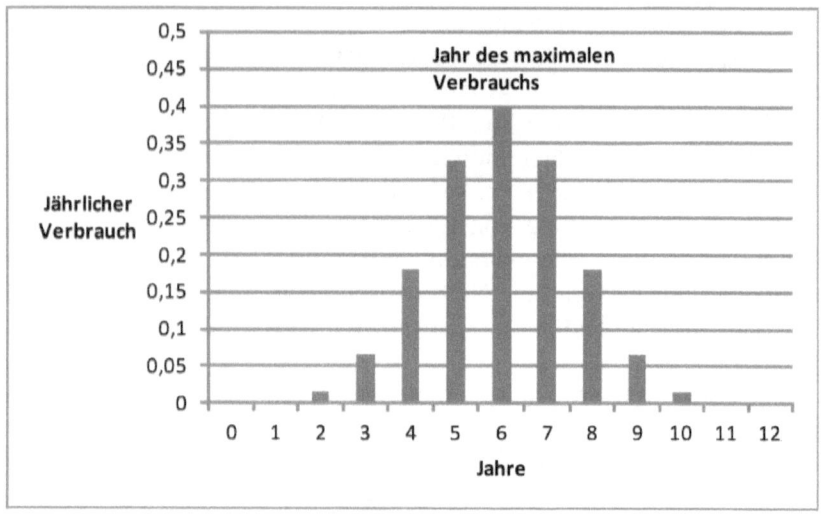

Abb.: 5. 3: Die Glockenkurve

M. King Hubbert hat schon vor 60 Jahren die Förderung von Öl und ihre beginnende Erschöpfung („oil peak") auf der mathematischen Grundlage von Glockenkurven abgeschätzt und für die USA und die Welt recht genau vorhergesagt (King Hubbert, 1969; 1971; Smil, 1998). Aufgrund der Modellierung mit der Gauß-Funktion stellte Hubbert (auf einer Tagung am 7.3.1956, zitiert von Bartlett, 1976) fest:

"*According to the best currently available information, the production of petroleum and natural gas on a world scale will probably pass its climax within the order of half a century ...*" – also etwa heute!

Mit Bezug auf Äußerungen von führenden Managern und Politikern, die Wachstum wie ein religiöses Dogma und Warnungen als Ketzerei und Angriff auf die westliche Gesellschaft betrachten, fügte

Bartlett (1976) an, dass es völlig irreführend ist, mit linearen Reichweiten zu argumentieren („wir haben ja noch so viel Zeit!"), wenn man gleichzeitig für Wachstum plädiert.

Nennen wir die Gaußverteilung G, ausgedrückt durch die Formel: $G_e = \exp_e(-(t/t_o)^2)$, wobei $\exp_e(x)$ nur eine andere Schreibweise für e^x ist. Wenn wir den jährlichen Veränderungsfaktor P (1 + $p\%/100$) als Basis nehmen, beziehen wir die Zeit auf die Jahresdauer a, $G_p = \exp_P(-(t/a)^2)$, und G_p beschreibt die Glockenkurve ebenso gut wie G_e. In der Praxis beginnen wir mit sehr kleinen Werten anfänglicher Förderung, zuvor ist sie Null. Der Exponent des Jahresfaktors P ist der Logarithmus zur Basis P, wie oben. Theoretisch wird der Bezug zu den Daten mittels des zeitlich verschobenen, auf Maximum und „Breite" normierten Ausdrucks hergestellt.

$$E = E_n G_P = E_n \exp_P(-((t-t_n)/b)^2). \qquad (8)$$

Dieser Ausdruck enthält die drei unbekannten Parameter: E_n (in Verbrauch oder Förderung pro Jahr) sowie t_n und $b = t_o$ (in Jahren). Wir brauchen also mindestens drei Datenpunkte (t_1, E_1), (t_2, E_2), (t_3, E_3), besser mehr, um die Funktion $E(t)$ an die Daten optimal anzupassen. Ein gangbarer Weg ist Probieren bzw. die Methode „Versuch und Irrtum". Anfangswerte der bislang unbekannten Parameter werden aufgrund der Daten abgeschätzt, indem wir die Eigenschaften der Kurven ausnützen. Markante Punkte sind z.B. der Anfang „moderner" Förderung und der Wendepunkt der Kurve, an dem die Krümmung aufhört (zu Null wird), d.h. die Steigung der Wachstumskurve nicht mehr zunimmt; die Kurve wird in der Umgebung dieses Punktes annähernd eine Gerade: gleich bleibt das *absolute* jährliche Wachstum der Förderung (etwa in Tonnen), *nicht mehr das relative*, d.h. prozentuale, bzw. exponentielle: der prozentuale Zuwachs nimmt ab. Eine graphische Darstellung hilft, Zeitverschiebung, Breite und Amplitude im Energieverbrauch ungefähr zu erkennen. Dann berechnet man mit den Schätzwerten eine vorläufige Kurve und vergleicht sie mit den Daten. Die Abweichungen weisen auf Verbesserungen der Schätzwerte hin; mit den verbesserten Werten wird der Vorgang wiederholt, und das mehrmals, bis die Anpassung an die Daten zufriedenstellend ist.

Erneuerbare Energieströme: Wachstumsreichweiten
Wir müssen uns schließlich noch um die Wachstumsgrenzen der Nutzung der Energieströme kümmern. Sie haben eine annähernd konstante Stärke, welche letztlich ihre Nutzung limitieren wird. Wachsen ist nur unterhalb der gegebenen Energiestromstärke möglich. Daher ist der Begriff „*lineare Wachstumsreichweite*" sinnlos, denn „linear" impliziert „kein Wachstum". Entweder ist der konstante Verbrauch kleiner als der gegebene Energiestrom, der dann ausreicht, oder er ist größer und kann vom Energiestrom nie gedeckt werden. *Dynamische Wachstumsreichweiten* dagegen existieren für jede Wachstumsrate >1. Sie sind durch die Zeit bis zum Erreichen der Grenze gegeben. Nicht das Ende der Versorgung, sondern nur das Ende weiteren Wachstums der Versorgung wird erreicht – man vergesse aber nicht die Verluste bei jeder Energieumwandlung und -übertragung, letztlich in Form von Abwärme. Der regenerative Nutzstrom an Energie wird daher prinzipiell immer unter dem gegebenen natürlichen Primärenergie-Strom bleiben.

Machen wir uns dynamische Wachstumsreichweiten bei „erneuerbaren Vorräten" wiederum an einem praktischen Beispiel klar. Wir könnten z.B. einen Garten anlegen und uns mit nachwachsendem Gemüse und Obst versorgen (in schlechten Zeiten hat man sich so über Wasser gehalten).Wir wollen im Laufe des Jahres so viel produzieren, wie wir verbrauchen. Wie hoch können die Erträge sein? Das sollten wir für jedes Produkt schätzen: die Jahresmenge und die Produktivität pro Quadratmeter Garten. Die Gleichung $n = M/m$, die wir für Küchenvorräte, Verbrauchsrate und Verbrauchsreichweite definiert hatten, verwenden wir jetzt „sinngemäß" für die Gesamtmenge M [kg], die Anzahl der Quadratmeter n, d.h. die Fläche [m^2] und die Menge m, die pro Quadratmeter wächst, also die Flächendichte oder die Produktivität des Bodens [kg/m^2]. Sie ist für Pflanzen und Böden spezifisch. Zu bedenken ist aber auch, dass wir Speicher anlegen müssen um die Produkte zeitweilig zu lagern. Wir müssen ferner mit guten und schlechten Ernten rechnen. Seit es Landwirtschaft gibt, funktionierte die Wirtschaft auf diese Weise. Dabei spielt die Sonnenenergie, der ständige Energiestrom der Sonnenstrahlung, die entscheidende Rolle.

Wie lange kann eine auf erneuerbaren Energien basierende Wirtschaft wachsen, bis ihr Energieumsatz den angelieferten Energiestrom voll ausnutzt? Das ist eine absolute Grenze, wenn es nicht noch irgendwo andere Vorräte gibt und Effizienzsteigerungen nicht mehr möglich sind. Wir nehmen wieder das exponentielle (jährlich prozentuale) Wachstum des Verbrauchs (Gl. 6) und erhalten die Zahl der Jahre, n, als den Logarithmus zur Basis P. Wenn wir wiederum von beiden Seiten der Gl. (6) z.B. den natürlichen Logarithmus bilden, bekommen wir $\ln E_n = \ln(E_o P^n)$. Mithilfe der Rechenregeln formen wir diesen Ausdruck um zu $\ln(E_n/E_o) = n \ln P$ – und daraus folgt weiter die dynamische Wachstumsreichweite

$n = \ln(E_n/E_o)/\ln P.$ (9)

Für die Berechnung idealisieren wir das Wachstum durch eine über die Zeit konstante jährliche Zuwachsrate in Prozent. Diese stellt keine konkrete Vorhersage dar. Vielmehr demonstriert sie, etwa wie lange mit genau diesem prozentualen Wachstum die Nutzung eines Energiestroms wie Sonnenenergie und Erdwärme exponentiell gesteigert werden könnte. Es geht hier um Projektionen von Möglichkeiten und Gefahren sowie darum, die Grenzen aufzuzeigen. Auch hier tritt Stagnation vermutlich früher ein als die restlose Ausnutzung des natürlichen Energiestromes. Vertreter der erneuerbaren Energien machen häufig viel zu optimistische Voraussagen über deren Möglichkeiten, so als ob sie unbegrenzt wären. Das sind sie nicht, auch wenn es noch große Potenziale gibt, besonders bei der Sonnenenergie, die wir abschätzen wollen (Kap. 7).

Physikalische Grundlagen
Einige Grundbegriffe
In den vorangehenden Kapiteln haben wir schon die physikalischen Begriffe Energie und Leistung verwendet, auch die dazugehörigen physikalischen Größen mit den entsprechenden Einheiten. Dies ist heutzutage zumeist kein Problem, denn mit Größenangaben in Joule (J) oder Kilowattstunde (kWh) für Energie bzw. Watt (W) für die Leistung werden wir im Alltagsleben ständig konfrontiert – sei es in der Nährwerttabelle der täglichen Speisen, als Kenngröße für den

Konsum elektrischer Energie im Privathaushalt oder als Aufdruck der Verpackung einer Glüh- oder Energiesparlampe.

Erfahrungsgemäß resultiert jedoch aus der Anwendung dieser Begriffe im Alltagsleben und im Sprachgebrauch noch nicht diejenige naturwissenschaftliche Exaktheit, die wir gerade auf den folgenden Seiten dieses Buches benötigen werden. Beispielsweise verwechseln oder trennen viele Menschen nicht scharf genug die Begriffe Energie, Wärme, Arbeit und Leistung. Hier wollen wir zunächst grundlegende Klarheit schaffen. Für weitere Details, etwa zu speziellen Energieformen, verweisen wir auf den Anhang.

Arbeit und Energie
Unserer Anschauung am nächsten steht vielleicht der Begriff der mechanischen Arbeit. Wir verrichten diese Arbeit, wenn wir eine Last unter Einsatz unserer Muskelkraft in die Höhe heben, einen Gegenstand auf dem Erdboden um eine gewisse Strecke verschieben oder einen Körper verformen. Wichtig ist dabei – und auch das stimmt mit unserem Alltagverständnis von mechanischer Arbeit überein – der Vorgang an und für sich. Es muss etwas passieren, wenn Arbeit verrichtet wird, es muss ein Prozess ablaufen. Folgerichtig nennt man die Arbeit in der Physik eine Prozessgröße.

Zum Energiebegriff führt uns die Frage, warum ein Mensch oder allgemeiner ein physikalisches System eigentlich mechanische Arbeit verrichten kann. Viele Leser kennen sicher den saloppen Ausspruch: „Du hast aber heute viel Energie." Man meint damit einen Menschen, der gerade intensiv am „Arbeiten" ist. Auch hier ist in der Umgangssprache ein Kern physikalisch exakten Denkens enthalten. Wir bezeichnen in der Physik ganz allgemein die *Fähigkeit* eines Objektes oder Systems Arbeit zu verrichten als Energie.

Ein einfaches Beispiel: Hat man ein Spielzeugauto auf einer schrägen Fahrbahn noch oben gestellt, dann kann es offenbar herunter rollen und durch seine Bewegung Arbeit verrichten. Es könnte z.B. gegen ein anderes Spielzeugauto prallen und dabei Verformungsarbeit leisten. Die Fähigkeit, dies zu tun, bleibt bestehen, solange das Auto am oberen Ende der Fahrbahn steht. Sie ist permanent vorhanden. Das Auto verfügt über – in diesem Fall mechanische – Energie.

Bleiben wir noch etwas bei unserem Modellauto. Wie wir alle aus unserer Kindheit wissen, gibt es noch jede Menge anderer Möglichkeiten, das Auto mit der Fähigkeit auszustatten, mechanische Arbeit zu verrichten. Man könnte eine Spannfeder aufziehen, die das Auto antreibt. Dann hätte das noch ruhende Auto Federspannenergie. Man könnte in ein ferngesteuertes Spielzeugmodell Benzin einfüllen, dann hätte es chemische Energie, Batterien einklemmen (elektrische Energie) oder das Auto mit einer kleinen Dampfmaschine betreiben (thermische Energie).

In der Geschichte der Naturwissenschaft war es ein recht langer Weg, all diese Energieformen überhaupt zu entdecken und technisch nutzbar zu machen. Immer deutlicher wurde im Laufe der Zeit, dass man einzelne Energieformen grundsätzlich ineinander umwandeln kann, beispielsweise elektrische Energie in mechanische Energie oder thermische Energie in elektrische Energie usw. Energie beherrscht das tägliche Leben und ist ein grundlegender Begriff der Physik geworden. Erst im 19. Jh. hat man diesen Begriff richtig verstanden. Wesentlich dafür war die Einsicht in die zentrale Gesetzmäßigkeit, die allen Energieumwandlungen zugrunde liegt – der allgemeine *Energieerhaltungssatz*. Dieser sagt aus, dass Energie weder erzeugt noch vernichtet werden kann, sondern dass man Energieformen lediglich ineinander umwandeln kann. In einem abgeschlossenen System muss dabei aber stets die Summe aller Teilenergien konstant sein.

Wir verwenden zwar alltagssprachlich häufig Wörter wie „Energieerzeugung" oder „Energiegewinnung" (auch im vorliegenden Buch!), aber wir sollten dabei stets im Auge behalten, dass genau dies eben nicht geht!

Wärme und erster Hauptsatz der Thermodynamik

Wenn Sie in einer kalten Winternacht frieren und Sie sich an einen Heizkörper oder Ofen stellen, dann wird Ihnen sicher schlagartig deutlich, dass es neben Energie und Arbeit noch etwas anderes gibt: Wärme! Sie mögen sich vielleicht fragen, weshalb man neben der bereits erwähnten thermischen Energie begrifflich überhaupt noch die Wärme benötigt. Die Antwort auf diese Frage ist eigentlich nicht schwierig. Die im Heizkörper steckende thermische Energie nützt

Ihnen nur dann etwas, wenn sie aus diesem Heizkörper herauskommt, wenn Sie herausfließt. Nur dann werden Sie im wahrsten Sinne des Wortes „gewärmt"! Wärme verhält sich gegenüber der thermischen Energie ebenso wie mechanische Arbeit zur mechanischen Energie. Wärme ist wie die Arbeit immer mit einem Prozess verknüpft. Es hat überhaupt nur dann einen Sinn von Wärme zu sprechen, wenn diese gerade zwischen zwei Körpern ausgetauscht wird!

Man kann den weiter oben bereits formulierten Energieerhaltungssatz, der lediglich Energien miteinander vergleicht, so erweitern, dass auch Arbeit und Wärme einbezogen werden. Er lautet dann: In einem abgeschlossenen System kann sich die (thermische) Energie ändern, indem Wärme abgegeben (oder aufgenommen) wird bzw. mechanische Arbeit verrichtet wird. Die Summe aus Wärme und Arbeit muss dabei immer gleich der Änderung der Energie sein. Diese Aussage wird in der Physik als *erster Hauptsatz der Thermodynamik* bezeichnet. Eigentlich sollte man auf der Grundlage des ersten Hauptsatzes eine riesige Fülle von Maschinen bauen können, die nach Belieben aus Wärme Arbeit, aus Arbeit Wärme machen oder eine Erhöhung der Energie durch Umwandlung von Wärme bewirken. Aber leider hat die Natur dieser grenzenlosen Phantasie einen einschränkenden Riegel vorgeschoben. Wie all unsere Naturerfahrung zeigt, geht Wärme von selbst immer nur von einem Körper mit höherer Temperatur auf einen Körper mit niedrigerer Temperatur über.

Will man aus thermischer Energie mechanische Arbeit machen, benötigt man etwas, das heißer als die Umgebung ist. Die Abbildung 5.4 (oben) zeigt ein einfaches Beispiel: In einem Zylinder mit beweglichem Kolben befindet sich ein kühles Gas – sagen wir Luft. Hält man den Zylinder an ein Gefäß mit höherer Temperatur, dann fließt Wärme vom Gefäß in den Zylinder. Die Luft dehnt sich aus, der Kolben bewegt sich, es wird Arbeit verrichtet. Wenn etwas später das Gefäß und der Zylinder dann die gleiche Temperatur besitzen, passiert nichts mehr! Nichts kann die Wärme nun noch dazu bringen, aus dem Gefäß in den Zylinder zu strömen.

Der Wirkungsgrad
Die oben beschriebene Maschine hätte keinen praktischen Nutzen – man könnte sie genau einmal verwenden. Um den Zylinder wieder „arbeitsbereit" zu machen, muss man ihn abkühlen. Nach dem, was wir gerade gelernt haben, geht dies nur, indem man ihn mit einem kühleren Becken in Kontakt bringt, sodass Wärme herausfließen kann. Anschließend könnte man den Zylinder dann wieder an das heiße Becken bringen und der Prozess der Umwandlung von Wärme in Arbeit könnte erneut beginnen, siehe Abbildung 5.4. Das ist das Prinzip einer sogenannten Wärme-Kraft-Maschine.

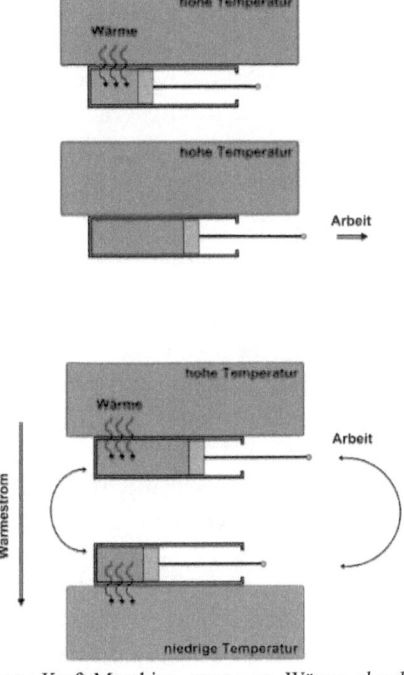

Abb. 5.4: Eine Wärme-Kraft-Maschine muss von Wärme *durchströmt* werden, damit sie permanent (periodisch) arbeitet.

Wärme-Kraft-Maschinen treiben unsere Zivilisation an, sie halten all die wichtigen und unwichtigen Dinge unseres wirtschaftlichen und privaten Lebens am Laufen.

Insgesamt kann man festhalten, dass die gesamte Maschine – damit sie nach diesem Prinzip dauerhaft Arbeit verrichten kann – beständig von Wärme durchflossen werden muss. Ein Teil der anfangs in den Zylinder gesteckten Wärme muss wieder aus der Maschine herauskommen. Man kann deshalb niemals sämtliche Wärme in Arbeit umwandeln, immer nur einem gewissen Anteil. Diesen Anteil bezeichnet man als Wirkungsgrad η. Ist Q die in den Zylinder geflossene Wärme und ist W die von der Maschine verrichtet Arbeit, so gilt:

$$\eta = W/Q < 1. \qquad (10)$$

Anders als viele Menschen irrtümlich glauben, ist der Wirkungsgrad von Maschinen nicht deshalb kleiner als 1, weil diese Maschinen noch nicht gut genug gebaut wären. Theoretisch kann man den maximal überhaupt erreichbaren Wirkungsgrad einer Wärme-Kraft-Maschine aus den Temperaturen des heißen *(T_1)* und des kalten *(T_2)* Beckens bestimmen. Die Formel lautet:

$$\eta = (T_1 - T_2)/T_1 = \Delta T/T_1. \qquad (11)$$

Der Wirkungsgrad ist umso höher, je größer die Temperaturdifferenz ΔT ist. Aus diesem Grund spricht man davon, dass thermische Energie bei einer sehr hohen Temperatur auch besonders hochwertig sei.

Bei allen Formen der technischen Energienutzung und -bereitstellung, aber auch bei natürlichen Energieumsätzen, kommt es zu einer Kette aufeinanderfolgender Schritte der *Energieentwertung*. Bei der Nutzung von fossilen oder nuklearen Energieträgern wird diese Energieentwertungskette bereits am Startpunkt technisch gesteuert und ausgelöst: Man „erzeugt" mit dem jeweiligen Energieträger thermische Energie, die man mit möglichst hoher Temperatur in ein Reservoir (z.B. einen Behälter mit heißem Wasser, Dampf usw.) einspeist. Aus diesem Reservoir lässt man dann Wärme herausströmen. Während diese Wärme strömt – *und nur dann* – lässt sich eine gewisse Menge an mechanischer Nutzenergie abzweigen, die man dann ihrerseits in andere Energieformen, etwa elektrische Energie, umwandeln kann. Da es aber unabdingbar ist, den Wärmestrom aufrecht zu erhalten und da man grundsätzlich aus diesem Wärmestrom immer nur einen gewissen Anteil in andere Energieformen überführen kann, kommt es zu Verlusten. Ein großer Teil der strömenden Wärme wird in die Umgebung abgegeben und dissipiert dort. Aber auch die geschöpfte mechanische Arbeit, gleich ob man sie direkt nutzt oder in elektrische Energie umwandelt und erst dann verwendet, wird am Ende einer beliebigen Prozesskette wieder als Wärme in die Umgebung entweichen. Immer steht am Ende thermische Energie bei relativ niedriger Temperatur, die man kaum oder gar nicht mehr in Wärme-Kraft-Maschinen nutzen kann.

Prinzipiell ebenso verhält es sich mit den in den Geosystemen ablaufenden Energieumsätzen: Die von der Sonne zur Erdoberfläche gelangende Wärmestrahlung, die aufgrund ihrer großen Strahlungstemperatur von 6000K unter thermodynamischen Gesichtspunkten sehr hochwertig ist, wird über natürliche Schritte der Energieentwertung in relativ geringwertige thermische Energie der Temperatur 288K (die mittlere Temperatur der Erde in Bodennähe) umgewandelt. Doch dazu werden wir mehr im Kapitel 7 erfahren.

An dieser Stelle bleibt noch, zwei weitere Begriffe nachzutragen: Primärenergie und Leistung. Als *Primärenergie* bezeichnet man alle Energieformen, die unserer Zivilisation natürlich zur Verfügung stehen, wie etwa die chemische Energie von Erdöl, Erdgas, Kohle, die thermische Energie der Sonne oder die mechanische Energie des Windes. Die Primärenergie steht immer am Anfang von zivilisatorischen Energieumwandlungen. Letztlich wird jede Form der Primärenergie am Ende einer technischen Verwertungskette als Wärme bei niedriger Temperatur in die Umgebung abgegeben. Die Erde strahlt diese Wärme dann ins Weltall ab. Die Energie bleibt dabei natürlich erhalten, aber sie ist unwiederbringlich für den Planeten Erde verloren.

Oftmals ist nicht die absolute Menge an Energie von Bedeutung, sondern vor allem die Zeit, innerhalb der die Energie umgesetzt werden kann oder muss. Es ist bekanntlich ein gewaltiger Unterschied, ob man in einer Stunde oder in einem Tag auf einen hohen Berg laufen soll. Um dieses Phänomen zu beschreiben, hat man den Begriff der *Leistung* eingeführt. Die Leistung gibt an, wie schnell eine gewisse Energie- oder Arbeitsmenge umgesetzt wird. Leistung ist Energie (oder Arbeit) pro Zeit: $P = E/t$.

Geologie und geophysikalische Grundlagen

Grundlage für ein Verständnis der Grenzen der Energierohstoffe ist die Geologie. Ihre Lagerstätten sind in unvorstellbar lang dauernden Prozessen im Laufe der Erdgeschichte entstanden; dagegen ist die Menschheitsgeschichte und besonders die Zeit der Industrialisierung winzig kurz. Eine gründliche und detailliertere Einführung bietet die „Allgemeine Geologie" von Press & Siever (1995). Hier kann nur ein sehr unvollständiger Einblick gegeben werden.

Die Natur der Lagerstätten

Die fossilen Energieträger und die Kernbrennstoffe sind in der Erdkruste im Verhältnis zu ihrer Gesamtmasse nur in geringen Mengen vorhanden, als begrenzte Lagerstätten oder sehr „verdünnt" verteilt in großen Gesteinskomplexen und auch im Meerwasser. Die Erdkruste ist geophysikalisch und geologisch heute so weit erforscht, dass mehr oder weniger sichere Schätzungen der vorhandenen und oberflächennah abbaubaren Lagerstätten möglich sind und auch vorliegen. Fachleute nennen sie *„Reserven"*. Darüber hinaus kennt man Lagerstätten, die mit heutiger Technologie noch nicht, in der Zukunft jedoch vielleicht abbaubar werden könnten oder die aufgrund allgemeiner geologischer Kenntnisse nur vermutet werden, jedoch mengenmäßig noch nicht konkret erfasst sind. Diese beiden Gruppen fassen die Fachleute unter der Bezeichnung *„Ressourcen"* zusammen. Reserven und Ressourcen zusammen nennen wir hier *„Vorräte"*. Im allgemeinen Sprachgebrauch macht man diese Unterscheidungen nicht. Fast unbegrenzt vorhanden ist der Rohstoff der Kernfusion, vor allem der schwere Wasserstoff (Deuterium), wobei auch fast unbegrenzt Energie „gewonnen" werden kann, jedoch ist ihre Nutzung noch in weiter Ferne.

Fossil sind Kohle, Erdöl, Erdgas und die „unkonventionellen Kohlenwasserstoffe" wie Schiefergas, Ölschiefer, Ölsande sowie die Methanhydrate (Gashydrate) im Meeresboden und in Permafrostböden. Sie alle repräsentieren letztlich chemisch gespeicherte Sonnenenergie, die durch Verbrennung in Wärme umgewandelt und weiter genutzt werden kann. Darüber hinaus sind sie auch Rohstoffe für die chemische Industrie.

Kohle entsteht unter Druck und erhöhter Temperatur vor allem aus Wäldern oder Mooren (Torf) etc., also pflanzlichen Kohlehydraten, die von Sedimenten begraben werden. Die Pflanzen wuchsen mithilfe der Sonnenenergie, wobei die Kohlehydrate durch Photosynthese aus Wasser und Kohlendioxyd gebildet wurden. Dieser Prozess ist im Grunde ineffizient: weniger als 1% der eingestrahlten Energie wird chemisch gespeichert. Bei zunehmender Überdeckung, Versenkung und Erwärmung werden unter Luftabschluss Wasserstoff und Sauerstoff als Wasser, Kohlendioxyd und Methan abgespalten, wobei schließlich fast reiner Kohlenstoff zurückbleibt, allerdings verunreinigt durch Schwefel und andere Elemente. Bei dieser Inkohlung entsteht zunächst Braunkohle, dann Steinkohle und schließlich Anthrazit. Der spezifische Energiegehalt („Brennwert") nimmt dabei zu. Das produktivste Erdzeitalter nennt man entsprechend Karbon – das „Kohlezeitalter" – etwa 350-280 Millionen Jahre vor heute. Aber auch zu anderen Zeiten entstand Kohle. Kohlelagerstätten sind im Wesentlichen die ursprünglichen Ablagerungen in ihrer vorgegebenen sedimentären Umgebung, die sich damals gebildet hat, jedoch sind sie teilweise tektonisch gefaltet und/oder bruchhaft deformiert worden. Sie liegen heute innerhalb der Oberkruste in Form von Flözen vor, das sind Lagen von bis zu mehreren Metern mächtiger Dicke in Tiefen bis zu etlichen Kilometern.

Öl und Gas sind Kohlehydrate, also Kohlenstoff-Wasserstoff Moleküle, die aus Ketten von Kohlenstoffatomen bestehen, an die sich Wasserstoffatome angelagert haben. Methan, die einfachste Kohlenwasserstoffverbindung (CH_4), ist eingliedrig. Je länger die Kette aus Kohlenstoffatomen, desto zäher flüssig sind diese Kohlehydrate. Man unterscheidet Rohöl, Schweröl und Schwerstöle nach Dichte und Viskosität, sowie Flüssiggase (Propan, Butan und schwerere), die sich bei geringem Druck verflüssigen, und „trockenes" Erdgas, das sich erst unter hohem Druck und tiefen Temperaturen verflüssigt. Unser „landläufiges" Erdgas besteht zum überwiegenden Teil aus Methan.

Während relativ kurzen Perioden der Erdgeschichte kam es zu Algenblüte und massenhafter Einlagerung abgestorbener Organismen ins Sediment. Bei Sauerstoffmangel entsteht dabei Faulschlamm (Sapropel) oder Halbfaulschlamm (Gyttja) und damit Kerogen, das polymere organische Material, das nur aus einem Teil der biogenen Materie gebildet wird und fein im Erdölmuttergestein verteilt ist, die häufigste Form organisch gebundenen Kohlenstoffs in der Erdkruste. Daraus wird (ähnlich wie bei der Kohle) bei Zunahme von Druck und Temperatur Erdöl (Ölfenster 50° bis 150° in etwa 1.5 bis 4 km Tiefe), bei noch höherer Temperatur (und tieferer Versenkung) Erdgas, überwiegend Methan, indem die Kohlenstoff-Ketten aufbrechen. Die entstehenden Kohlenwasserstoffe, Öl und/oder Gas, werden im Muttergestein (Sandstein, Kalkstein) mobil und migrieren durch permeable Sedimente nach oben, getrieben durch nachdrückendes Porenwasser bzw. durch den eigenen Auftrieb (zwei Sichtweisen derselben Sache) auch über große horizontale Entfernungen, und sammeln und stauen sich unter impermeablen Tonschichten oder in anderen „Ölfallen". So bilden sich bei normaler Entwicklung aus einem Teil des ursprünglich eingelagerten organischen Materials lokalisierte Lagerstätten in porösem und/oder geklüftetem Speichergestein, häufig in ehemaligen Korallenriffen. Es sind Stauungen im langsamen Aufstrom mit längeren oder kürzeren Lebensdauern. Es gibt aber auch Kohlenwasserstoffe, die im Sediment fein verteilt verblieben sind.

Solche *nicht-konventionellen Kohlehydrate* entstehen z.B., wenn der Druck der Überdeckung und die Temperatur relativ niedrig bleiben. Dann ist die Ölbildung unvollständig. Öl bleibt im *„Ölschiefer"* bzw. im oft laminierten bituminösen Sediment in tiefen Seen, welche den jahreszeitlichen Wechsel im Wachstum der Organismen wiederspiegeln; ein Beispiel ist die Grube Messel bei Darmstadt. *Schiefergas* (engl. shale gas) ist in impermeablen Tonsteinen gespeichertes Erdgas, das wegen der Feinkörnigkeit nicht entweicht. In diesen brüchigen Gesteinen mit 0.5 bis 25% organischem Material ist erst Öl und dann Gas entstanden. Die voluminösen Lagerstätten von „Ölschiefern" und Schiefergas sind schwer und aufwändig zu erschließen, und zwar durch Aufbrechen („fracking") oder im Tagebau, was aber beides wegen der Umweltstörung umstritten ist. Die weltweiten

Vorräte sind wahrscheinlich größer als beim konventionellen Öl. Diese nicht-konventionellen Ölschiefer werden zunehmend abgebaut.

Schwerstöle, Öl- oder Teersande und Naturasphalte sind aus konventionellem Erdöl entstanden. Auch „ausgereifte" Öle können durch geeignete tektonische Prozesse in oberflächennahe Schichte migrieren, „degenerieren", mit sauerstoffreichem zirkulierendem Grundwasser in Kontakt kommen, Bakterien Zugang verschaffen, verstärkt oxidieren, leicht flüchtige Bestandteile verlieren und zähflüssig, immobil und damit selbst zur Ölfalle werden. Es entstehen die nicht-konventionellen Schwerstöle, Öl- oder Teersande und Naturasphalte. Eine Abtragung der Deckschichten bringt die Lagerstätte noch näher an die Oberfläche. Sehr große Lagerstätten solcher Ölsande befinden sich im Vorland der Rocky Mountains in der kanadischen Provinz Alberta und im Orinoco-Becken im Vorland der nördlichen Anden in Venezuela. Sie galten bis vor kurzen noch als unkonventionelle Kohlenhydrate.

Zu den nicht-konventionellen Vorkommen gehört auch das *Tiefseeöl*, dessen Entstehung meist an Flussdeltas gebunden ist, denn dort wird Sediment bis in große Wassertiefen transportiert und relativ schnell zugeschüttet, wodurch das „Ölfenster" relativ zur Flachsee in größere Tiefen verschoben wird. Tiefseebohrungen stellen eine besonders schwierige und riskante technische Herausforderung dar, wie das Unglück der Bohrinsel Deepwater Horizon deutlich machte. Bei den generell abnehmenden Ölvorräten wird die Tiefsee-Exploration und Förderung zukünftig wohl noch deutlich ausgebaut werden.

Gashydrate sind eisartige immobile Verbindungen von Wasser- und Methanmolekülen in einem wenig stabilen Kristallgitter (Klathrat). Sie werden unter bestimmten Bedingungen von Temperatur und Druck im Meeresboden und in Permafrost-Böden gebildet, überall dort, wo aus den unterliegenden Sedimenten Erdgas aufsteigt und wo es genug Wasser gibt. Wenn sich das Meerwasser geringfügig erwärmt, kann das Hydrat zerfallen und in unkontrollierter Weise als Methan in die Atmosphäre ausgasen. Da Methan ein hochwirksames, wenn auch kurzlebiges Treibhausgas ist, kann die Klimaerwärmung positiv rückgekoppelt und dadurch rasant verstärkt werden.

Weder ihre Menge, noch ihr Abbau oder die Risiken und möglichen Konsequenzen für die Umwelt sind bisher absehbar, aber über mögliche Ausbeutung wird geforscht.

Die „*Kernbrennstoffe*" Uran (U) und Thorium (Th) wurden schon bei ihrer Entstehung in die Erde mit aufgenommen und sind natürlich ebenfalls endlich. U und Th bestehen aus jeweils verschiedenen Isotopen, d.h. Atomkernen mit identischer Protonenanzahl aber unterschiedlicher Neutronen- und damit Massenzahl. Die aus den Zerfallsketten hinterlassenen verschiedenen Blei-Isotope (Pb) sind Zeugen früher existierender U- und Th-Atome und erlauben auch Altersbestimmungen von Gesteinen. Seit der Entstehung der Erde vor etwa 4.6 Milliarden Jahren sind U und Th zum Teil zerfallen. Gleichzeitig aber wurden sie zur Oberfläche hin angereichert, vor allem in der oberen Kruste; das geschieht, indem Gestein im konvektierenden Erdmantel gelegentlich schmilzt, wobei U und Th vorrangig in die Schmelze gehen (sie passen schlecht in die vorhandenen Kristallgitter); die Schmelze steigt durch Auftrieb tendenziell nach oben auf. U und Th sind nahe der Erdoberfläche überall in feinster Verteilung vorhanden, wandern aber in der Kruste mit wasserreichen Restschmelzen durch Spalten in höher liegende Gesteine und werden dort als Pegmatit-Gänge abgelagert. Ähnlich wirkt hydrothermale Konvektion in klüftigem Gestein. Bei der Verwitterung entsteht das Oxid Uranit bzw. Pechblende (U_3O_8), das bei der Erosion transportiert und zu „Seifen" sortiert, angereichert und sedimentiert wird (das Mineral ist sehr schwer). An der Oberfläche wird Pechblende zu dem wasserlöslichen Stoff UO_2 (Uraninit) oxidiert und gelöst mit Flüssen ins Meer transportiert; Meerwasser enthält etwa 4.5×10^9 t Uran, zu deren Gewinnung es Ansätze gibt.

Kristalline Gänge und sedimentäre Lagerstätten bilden ein breites Spektrum von U- und Th- Konzentrationen. Das erschwert Schätzungen. In der Tat hängt die Menge abbaubarer und nutzbarer Uran- und Thorium-Mengen hochgradig von ihrer Konzentration ab und damit von den Kosten, die bei der Gewinnung entstehen. Vor allem ^{235}U und potentiell auch ^{232}Th werden als Kernbrennstoffe zur Gewinnung von Nutzenergie verwendet. Daneben gibt es in Technik und Medizin viele andere Verwendungen. Genannt werden muss (leider) auch die Verwendung von Uran in Kernwaffen und in Urangeschossen (wegen der hohen Dichte).

Erdrotation und Erdwärme

Auch die meist übersehenen, aber doch teilweise nutzbaren Vorräte an kinetischer Energie der *Erdrotation* und an *Erdwärme* gehören natürlich in den Bereich Geologie und Geophysik. Es sind globale Phänomene, die aber nur unter besonderen geologisch-geographischen Umständen ausgebeutet werden können, an geeigneten Küsten und geothermischen Anomalien vulkanischer und plattentektonischer Natur. Geologische Kenntnis ist hier also ebenso Voraussetzung wie physikalische.

Im Gegensatz zu den geologischen Energievorräten sind die genannten geophysikalisch gespeicherten Vorräte relativ gut bekannt. Hier seien nur Größenordnungen genannt. Die *kinetische Energie des rotierenden Erdkörpers* ist 2.2×10^{29} J, d.h. das 4.4×10^{8}-fache des gegenwärtigen heutigen Verbrauchs an Primärenergie der Menschheit (s. Kap. 6). Die scheinbar unerschöpflichen Erdgezeiten verbrauchen Rotationsenergie; deren Nutzung in der Praxis allerdings erscheint wie das Anzapfen einer nahezu unversiegbaren Quelle.

Die Größenordnung des gesamten *Reservoirs an thermischer Energie* ist $\sim 10^{31}$ J und nach Kertz (1974) 10^{30} J, wobei man aber sagen müsste, bis zu welcher Temperatur die ganze Erde herabgekühlt werden müsste. Jedenfalls ist es mehr als die Rotationsenergie. Diese beiden riesenhaften Vorräte können aber nicht oder nur sehr geringfügig abgebaut werden. In Kap. 6 werden wir aus dem Temperaturgradienten in den oberen 5 km der Erdkruste den Wärmevorrat zu $W_{th} \approx 1.4 \cdot 10^{26}$ J abschätzen. Kaum zu beziffern ist, wie viel davon wirklich nutzbar ist. Jedoch ist mit vertretbarem Aufwand (mit Netto-Nutzeffekt) sicher nur ein kleiner Anteil der gespeicherten Wärme zu „gewinnen".

Die nutzbaren geologisch erneuerbaren Energieströme werden in den Kapiteln 6 und 7 tiefgehender erläutert, jedoch erfordert ihre Nutzung geologisches Verständnis. Daher hier einige Fakten. Aus dem Inneren der Erde dringt ein beständiger Wärmestrom zur Oberfläche. Nahe der Erdoberfläche überwiegt die Wärmeleitung bei einem mittleren Temperaturgradienten von etwa 30K/km, lokal verstärkt durch Vulkanismus und hydrothermale Konvektion und generell unterstützt durch radiogene Wärme aus den hier angereicherten instabilen Elementen (Isotopen). Im Mittel ist die Wärmestromdichte durch viele Messungen relativ gut bekannt; dazu bestimmt man den Temperaturgradienten, dT/dz (z = Tiefe), und die Wärmeleitfähigkeit λ. In Ozeanregionen nimmt die Wärmestromdichte im Altersbereich von 0 bis 150 Ma von >250 auf ~50 mW/m^2 ab, in Kontinenten von jungen nach alten Gebieten von ~100 auf ~50 mW/m^2. Der gesamte Wärmestrom der Erde ist Q=4.6± 0.2×10^{13} W; durch Division durch die Erdoberfläche F = 5.1×10^{14} m^2 erhält man die mittlere Wärmestromdichte zu 90mW/m^2 (~0.1 W/m^2).

Die Erde hat seit ihrer Entstehung ständig Wärme in den Raum abgestrahlt aber auch radiogene Wärme durch Kernzerfall hinzubekommen. Heute gibt die Erde durch den ständigen Wärmestrom mehr ab, als sie gewinnt. Die heutige Erdwärme stammt zu vergleichbaren Anteilen von der Erdentstehung und aus dem Zerfall instabiler Atomkerne von Uran, Thorium und Kalium40 (^{238}U und ^{232}Th: zusammen ~20 TW, ^{40}K: ~4 TW) und wird in verschiedenen Tiefen durch Wärmestrahlung, thermische Konvektion und Wärmeleitung aus dem Erdinneren bis an die Oberfläche transportiert. Der Temperaturgradient dT/dz ist an der Oberfläche am höchsten und im Mantel und Kern geringer, am Erdmittelpunkt null; dort erreicht die Temperatur mindestens 6000°C. Die obere kalte, schwere, harte mechanisch-thermische Grenzschicht der Mantelkonvektion ist die Lithosphäre (Kruste und oberster Mantel), ihre untere heiße, leichte und fließfähige Grenzschicht ist die sog. D"-Schicht oberhalb der Mantel-Kern-Grenze. Strahlung hat früh in der Erdgeschichte eine große Rolle gespielt und schnell zur Abkühlung der Erdoberfläche geführt. An der Oberfläche wird die Wärme advektiv und durch Evaporation von Wasser an vorbeiströmende Luft abgegeben. Im Gleichgewicht wird von der Atmosphäre ebenso viel im Infrarotbereich in den Weltraum abgestrahlt. Der normale Wärmestrom ist in der Regel nur unter günstigen Bedingungen zu nutzen.

Die geologische Zeit
Zeit spielt bei allen hier behandelten geologischen Sachverhalten eine entscheidende Rolle. Die Erde ist mit dem gesamten Sonnensystem etwa 4.6 Milliarden Jahre alt – eine unvorstellbar lange Zeit. Es gibt, z.B. im Internet viele anschauliche Darstellungen, die versuchen, Menschen ein Gefühl für diesen Zeitraum zu geben. Von mythischen Bildern ausgehend gab es bis ins letzte Jahrhundert kaum Klarheit über das Alter der Erde. Wenn die Veränderungen an der Erdoberfläche und auch in der Tiefe so langsam ablaufen, wie wir sie heute beobachten, muss die Erde „uralt" sein; mancher dachte, sie sei ewig. Andererseits lehrte die Bibel die Schöpfung, Theologen rechneten aus der Genealogie im Alten Testament ein Alter der Erde von 6000 Jahren aus. Geologen begannen vor gut 200 Jahren, die zeitliche Aufeinanderfolge geologischer Ablagerungen und Umwälzungen zu erforschen, aber erst zu Beginn des 20. Jahrhunderts war mit der Entdeckung der Radioaktivität die physikalische Basis für präzise Datierung von Gesteinen gegeben (Hahn, 1926)

Jedenfalls sind die Lagerstätten unserer Vorräte im Allgemeinen viel älter als eine Million Jahre – oft Hunderte von Millionen Jahren – aber außer bei den Kernbrennstoffen viel jünger als der Erdkörper. In solchen Zeiträumen sind auch die Vorräte erneuerbar, aber das ist für uns völlig irrelevant, denn sie erneuern sich sehr, sehr langsam – so langsam, dass auch langsamer Abbau sie in jedem Fall für uns Menschen erschöpft.

Zusammenfassung

Was haben wir in diesem Kapitel gelernt? Wir haben versucht, die mathematischen und naturwissenschaftlichen Grundlagen unserer Schätzungen zu erläutern, um besser zu verstehen, wie lange die Energievorräte reichen könnten. Dazu haben wir zunächst Zahlen, Daten und Genauigkeiten besprochen. Es ging darum, etwas bewusst zu machen, was wir oft intuitiv tun, und darüber hinaus auf Fallstricke und bewusst gestellte Fallen aufmerksam zu machen, die uns in der Energie- und Wachstumsdebatte oft gestellt werden. Wir haben Formeln für die Berechnung von Reichweiten vorgestellt, sie erläutert und ihre Ableitung skizziert. Um niemanden abzuschrecken, haben wir die mathematischen Ableitungen kurz gehalten oder in den

Anhang verbannt. Ähnliches gilt auch für die Erläuterungen zur Physik der Energievorräte und Energieströme. Wenn wir über die Energieversorgung nachdenken, sollten wir zweifellos die Begriffe möglichst gut verstehen, und wahrscheinlich brauchen manche Leser eine Auffrischung ihrer Schulkenntnisse oder auch eine Einführung in einige der Konzepte. Es soll uns helfen, uns vor vorschnellen Schlüssen zu hüten. Dazu brauchen wir Grundkenntnisse der Erde, besonders von den Lagerstätten und von den geologischen Zeiträumen.

Literatur

Bartlett, A.A.: The Forgotten fundamentals of the energy crisis. *Proc. Third UMR-MEC Conference on Energy*, Univ. Missouri at Rolla, Oct. 12-14, 1976.
Hahn, O.: *Was lehrt uns die Radioaktivität über die Geschichte der Erde?* Berlin, Springer, 64 S., 1926.
King Hubbert, M.: Nuclear Energy and the Fossil Fuels, *Presented before the Spring Meeting of the Southern District,* American Petroleum Institute, Plaza Hotel, San Antonio, Texas, March 7–8-9, 1956.
King Hubbert, M.: Resources and Man, *National Academy of Sciences and National Research Council*, Chapter 8. Freeman, San Francisco, 1969.
King Hubbert, M.: Energy Resources of the Earth. *Scientific American*, Sept. 1971, p. 60., Reprinted as a book. Freeman, San Francisco, 1971.
King Hubbert, M.: Techniques of Prediction as Applied to Production of Oil and Gas, US Department of Commerce, *NBS Special Publication* 631, May 1982.
Press, F., Siever, R.: *Allgemeine Geologie, eine Einführung*. Spektrum Akademischer Verlag, Heidelberg, 1995
Smil, V.: Future of oil: trends and surprises. *OPEC Rev.*, 22, 253-276, 1998.

6 Wachstumsgrenzen bei den klassischen Energierohstoffen – Daten, Rohstoffe, Verbrauch

Überblick über die Situation

Es geht in diesem Kapitel um Daten – Zahlenangaben – über die nicht-erneuerbaren Energien, über die verfügbaren Energiequellen, deren geologische und physikalische Grundlagen in Kap. 5 behandelt wurden. Genauer gesagt, reden wir hier von endlichen Energiereservoiren. Die erneuerbaren, dauerhaften Energieströme werden im nächsten Kapitel (Kap. 7) untersucht. Irgendwie dazwischen liegen die sehr großen Reservoire Fusionsenergie, Rotationsenergie und Wärmeinhalt der Erde, die aufgrund ihrer Größe aus der Sicht heutiger Verbrauchsraten als nahezu „unendlich" erscheinen aber letztlich natürlich ebenfalls endlich sind und die gegenwärtig nur in geringem Umfang oder noch gar nicht (Kernfusion) technisch genutzt werden können. Überwiegend ausgebeutet werden heute die zweifellos endlichen fossilen und nuklearen Reservoire (Uran zur Kernspaltung). In diesem Kapitel werden die verschiedenen Vorräte sowie deren Reichweiten unter verschiedenen Annahmen für Verbrauch und Wachstum quantitativ abgeschätzt und die Auswirkungen ihrer Nutzung auf die Erde und unseren Lebensraum diskutiert.

Es wird eingewendet, dass Grenzen und Reichweiten nie genau festgelegt werden können, weil die menschliche Kreativität sie immer ausweitet oder Ersatz findet, wenn der Bedarf besteht (Wellmer, 2012). Mit diesem Argument müssen wir uns auseinandersetzen, denn es gibt viele Beispiele in der Menschheitsgeschichte, bei denen es im Prinzip gerade auf diese Weise abgelaufen ist. Ob es allerdings auch in der Zukunft so funktionieren kann, werden wir am Schluss diskutieren. Wir werden uns fragen müssen, welche Konsequenzen wir heute aus den Grenzen ziehen sollten: Ruhig auf die kreativen Lösungen warten oder uns und die Gesellschaft auf intelligentere Optionen und materielle Einschränkungen einstellen.

Die endlichen fossilen Energierohstoffe Kohle, Öl, Gas, Ölsande, Ölschiefer und Methanhydrate stellen Kohlenstoff-basierte chemisch gespeicherte Sonnenenergie dar. Die nuklearen Vorräte Uran (U) und Thorium (Th) sowie Fusionsenergie, Rotationsenergie und Erdwärme gehören zum Erbe der Erdentstehung vor 4.6 Milliarden Jahren und noch älteren kosmischen Prozessen. Die technische Nutzung des quasi-unendlichen Vorrats an Wasserstoff (H) mit den Isotopen Deuterium (D) und Tritium (T) zur Kernfusion liegt allerdings noch in weiter Ferne. Die Reservoire der kinetischen Energie der Erdrotation und des Wärmeinhalts des Erdkörpers können geringfügig abgebaut werden (Gezeiten- und Geothermiekraftwerke) und erscheinen fast wie „erneuerbare Energien". Rotationsenergie wird durch Gezeitenreibung sehr langsam vermindert, und die durch Abstrahlung verringerte Erdwärme wird durch Kernzerfall tief im Innern der Erde teilweise wieder „aufgefüllt", denn von Kernenergie zur Erdwärme gibt es ständig einen Energietransfer. Dass der Wärmeinhalt des Erdkörpers, die kinetische Rotationsenergie und das theoretische Potential an Fusionsenergie auch endlich sind, wird meist vergessen.

Kohle, Öl und Gas werden seit langem konventionell ausgebeutet. Ölsande, Ölschiefer, Schiefergas und Methanhydrate gelten als „unkonventionelle Kohlehydrate", deren Abbau jedoch gerade beginnt oder für die nahe Zukunft geplant wird. Schiefergas wird derzeit vor allem in den USA zunehmend mit der Fracking-Methode abgebaut und macht viele Leute glauben, dass das Energieproblem damit gelöst wäre. Jedoch wird das Fracking den globalen Energiemarkt nur für relativ kurze Zeit entlasten. Uran und Thorium liefern Energie bei ihrem spontanen Zerfall und werden seit über 60 Jahren als „Kernbrennstoffe" in Kernkraftwerken eingesetzt.

Die obere für den Bergbau erreichbare Erdkruste ist geophysikalisch und geologisch so weit erforscht, dass Schätzungen vorhandener und abbaubarer *Reserven* möglich sind. *Reserven* sind also relativ sicher geschätzte Mengen. Trotzdem ist Vorsicht geboten, denn die öffentlich zugänglichen Angaben sind nicht immer zuverlässig. Nur vermutete Mengen sind noch weniger gut geschätzt; sie werden *Ressourcen* genannt; zu ihnen werden auch bekannte aber noch nicht abbaubare Mengen gezählt (s. Kap. 5). Wie gesagt, fassen wir bei der unten folgenden Aufstellung der Energierohstoffe Reserven und

Ressourcen (vermutete und noch nicht abbaubare) unter dem Begriff *Vorräte* zusammen. Die Ressourcen überwiegen die Reserven bei den meisten Rohstoffen, hängen aber auch vom Aufwand bei Exploration und Abbau und damit von den Preisen ab. Am besten kennt man die Reserven von Öl, Gas und Kohle, weniger gut die unkonventionellen Kohlehydrate und sehr schlecht die Kernbrennstoffe, bei denen die Konzentration und damit die Gewinnungskosten die entscheidende Rolle spielen. Erdwärme und Rotationsenergie können recht genau angegeben werden, sind aber größtenteils nicht nutzbar. Die kontrollierte Verfügbarkeit von Fusionsenergie steht gegenwärtig noch in den Sternen.

Im Folgenden wird zunächst die Nutzung der Vorräte behandelt, danach die Daten über verfügbare Vorräte tabellarisch zusammengefasst, schließlich in demselben Schema die Verbrauchsdaten. Aus beiden berechnen sich die Verbrauchsreichweiten, welche jedoch nur ein grobes und vorläufiges Maß sind. Der nächste Schritt ist die Frage, wie viel Energie die Menschheit tatsächlich benötigt. Das ist keinesfalls ein fester Posten, im Gegenteil, er muss sich dem Angebot anpassen. Es schließt sich eine realistischere Betrachtung der zeitlichen Entwicklung des Rohstoffabbaus an, welche anfängliches Wachstum, Stagnation und Schrumpfung berücksichtigt.

Endliche Reservoire
Kohle und Kohlehydrate

Genutzt werden Kohle und Kohlehydrate überwiegend durch Umwandlung in Wärme mittels Verbrennung. Ein Teil dieser Wärme wird dann weiter in elektrische Energie umgewandelt. Sie sind aber auch wichtige Rohstoffe für die chemische Industrie. Ein Teil der Energie geht durch Verluste bei jedem Nutzungsschritt „verloren". Schließlich endet die gesamte geförderte Energie als nutzlose Abwärme in der Umwelt, wie im Zusammenhang mit Thermodynamik und Wirkungsgraden in Abschnitt Physik (Kap. 5) bereits behandelt. Bei Schätzungen darf die vorhandene chemische Gesamtenergie nicht mit der Nutzenergie gleich gesetzt werden. Allgemein kann man davon ausgehen, dass sich Primärenergie zu Endenergie zu Nutzenergie etwa wie 3:2:1 verhalten (Heinloth, 2003). Leider tendieren die Datenquellen zu Überschätzungen. Bei unserer Zielsetzung ist das aber insofern akzeptabel, als wir Unterschätzungen vermeiden wollen.

Wie beschrieben, bildet *Kohle* Lagerstätten umgewandelter, in organischer Substanz chemisch gespeicherter Sonnenenergie: eingelagerte Wälder und Moore, entwickelt zu Braunkohle bzw. Lignit und weiter zu Steinkohle bis zum Anthrazit. Braunkohle wird in der Regel im Tagebau gewonnen, wobei oft große Mengen von überlagernden sandigen Sedimenten zu bewegen sind und sehr viel Grundwasser abgepumpt werden muss. Flöze von Steinkohle und Anthrazit werden meist untertage in Bergwerken abgebaut und durch Schächte heraufbefördert.

Kohlenwasserstoffe, Erdöl und Erdgas (konventionelle und unkonventionelle) sind meist mobile Kohlehydrate, die sich zu räumlich begrenzten, „kompakten" Lagerstätten in porösen Gesteinen (Sandstein, Kalkstein) angesammelt haben, welche von undurchlässigen (impermeablen) Tonschichten gedeckt sind. Nur so kommen sie in ökonomisch abbaubaren Lagerstätten vor. Sie werden durch Bohrlöcher gefördert. Schiefergas ist kaum mobil und wird neuerdings durch Aufbrechen („fracking") mobil gemacht, eine an sich alte Methode zur Erhöhung der Ausbeute konventioneller Lagerstätten durch Druck und Einpressung von Fluiden und CO_2-Gas. In letzterem kann man sogar einen gewissen Vorteil sehen. Kohlenstoffdioxid wird, statt es in die Atmosphäre zu pusten, im Gestein gespeichert oder noch optimistischer, sogar der Atmosphäre entzogen (Carbon Capture and Storage – CCS).

Man findet im Internet verschiedenste Angaben über Vorräte, die stark schwanken und meist unzureichend dokumentiert sind. Unterschiedliche Angaben dürfen bei den Unsicherheiten und der schieren Quantität der Daten sowie den widerstreitenden Interessenlagen nicht verwundern. Die Angaben im Internet sind problematisch auch, weil kurzlebig und daher oft ungeeignet als Quellen für zuverlässige Daten: Wir versuchen hier, Internet-Zitate zu vermeiden außer in Fällen, in denen sie konkret und kritisch behandelt werden. Einige wichtige Web-Seiten werden im Anschluss an die Literaturliste genannt.

Generell ist festzustellen, dass die Sorge um ausreichende Energieversorgung und Klimaauswirkungen durch CO_2 in den letzten Jahren überall zugenommen hat. Fundierte Urteile über die wahrscheinlichen globalen Vorräte und ihre Unsicherheiten erfordern eine gründliche Analyse. Die kenntnisreiche Darstellung von Zittel & Schindler (2009) ist eine gute Basis für das Verstehen der Situation. Die folgenden Betrachtungen basieren auf dieser Arbeit. Reserven und Ressourcen sind keine wirklich „festen" Größen. Aufgrund unterschiedlicher Absichten und Definitionen erhält man unterschiedliche Angaben über die weltweiten *Ölreserven*. *„Oil in place"* („vorhandenes Öl") bedeutet die in einer Lagerstätte vermutete Ölmenge; *„proved reserve"* („nachgewiesene Reserve") ist die bei heutigen Bedingungen mit 80-90% Wahrscheinlichkeit förderbare Ölmenge; *„probable reserve"* („wahrscheinliche Reserve") ist die mit 50% Wahrscheinlichkeit unter denselben Bedingungen förderbare Menge; *„possible reserve"* („mögliche Reserve") ist zusätzlich die Menge bei 5% Wahrscheinlichkeit; *„estimated ultimate recovery"* („geschätzte äußerste Ausbeute") ist in der Regel die Summe der nachgewiesenen und der wahrscheinlichen Anfangsreserve eines Ölfeldes über ihre gesamte Lebensdauer. Angaben über *Ressourcen* können sehr spekulativ sein und sagen nichts darüber aus, ob das Öl gefördert werden kann oder überhaupt existiert.

Wenn ein neues Ölfeld aufgemacht wird, schätzt man zunächst aufgrund der geologischen Angaben Wahrscheinlichkeiten und Unsicherheiten der Förderung ab. Die Angabe der „nachgewiesenen und wahrscheinlichen Reserve" hat 50% Wahrscheinlichkeit; sie ist die beste Basis für die Schätzung der noch verfügbaren weltweiten Ölmengen, denn hier dürften sich die statistischen Fehler am ehesten ausgleichen (±50%). Die Angaben sind immer im Fluss; Veränderungen von Jahr zu Jahr spiegeln weniger Abbau und Neufunde wider als neue Bewertungen oder Interessen. Auch gehen Unsicherheiten in die Einordnung als „konventionelle" und „nichtkonventionelle" Kohlenwasserstoffe ein. Ferner muss man feststellen, dass die Angaben der Industrie nicht unbedingt den besten Kenntnisstand wiedergeben, sondern durch markt-strategische und politische Ziele beeinflusst sind. So musste Shell 2004 nach einer externen Prüfung seine Reservenangaben um etwa 25 % nach unten korrigieren. „Die Reserven der meisten OPEC-Staaten sind sehr zweifelhaft" (Zittel & Schindler, 2009; S. 44-56); sie wurden lange Zeit gesteigert, obwohl es keine entsprechenden Ölfunde gab. Kritiker sprechen von „politischen Reserven". Man darf vermuten, dass die Überschätzung der Reserven der OPEC etwa 20 % der globalen Gesamtschätzung ausmacht.

Es gibt etwa 600 Sedimentbecken, und in etwa der Hälfte wurden Öl und Gas gefunden, davon das meiste in nur wenigen extrem großen Feldern (Zittel & Schindler, 2009; Brink, 2012). Allgemein können maximal 40% des im Gestein befindlichen Öls gefördert werden. In der Neuzeit fand man Öl zunächst per Zufall, dann aufgrund immer besserer geologischer Kenntnisse, schließlich mit gezielt eingesetzter geophysikalischer Exploration. Bohrlokationen werden auf der Basis von Ergebnissen geophysikalischer, vor allem reflexionsseismischer Exploration festgelegt. Man entwickelt immer erst die großen Felder, in denen reichlich Öl mit relativ wenig Aufwand an Exploration und Bohrungen gefördert werden kann. Jedes Feld hat irgendwann sein eigenes „oil peak" und erschöpft sich dann trotz erhöhter Anstrengungen. Dasselbe spielt sich auch in großem Maßstab regional und global ab. Auf dem Festland der USA hatte das Auffinden sein Maximum gegen 1930, die Förderung gegen 1970, wie 1956 von King Hubbert (1956, 1969, 1971, 1982) vorausgesagt. Weltweit sind fast alle großen Ölfelder bereits gefunden, und der Niedergang der Förderung beginnt; global ist der „oil peak" erreicht. Technischer Fortschritt kann fehlendes Öl nicht ersetzen. Optimistische Hoffnungen zu wecken, ist Augenwischerei.

Verschiedene Organisationen haben verschiedene Aufgaben und Interessen, wie von Zittel & Schindler (2009, S. 50-53, 81-86) kritisch analysiert:

- *OPEC*, die Organisation erdölproduzierender und exportierender Länder, hängt heute vom Ölexport ab, was zur Angabe von „politischen Reserven" verführt; inzwischen allerdings äußern sogar offizielle OPEC-Vertreter Zweifel an den langfristigen Prognosen; der Ölboom sei vorbei und die Erwartung, Saudi-Arabien werde seine Förderung bis 2030 deutlich ausweiten, sei „unrealistisch".
- *IEA*, die Internationale Energieagentur, Paris, wurde 1973/4 als Antwort auf die Ölkrise gegründet, um gemeinsam den ökonomischen Störungen entgegenzuwirken und eine zuverlässige Versorgung zu sichern. Die IEA hat das Ziel, die Interessen der

28 ölimportierenden Mitgliedsländer zu wahren und den Wohlstand zu sichern. Das kann dazu führen, die Augen vor zurückgehender Ölförderung zu verschließen und zu optimistische Prognosen zu publizieren.

- *WEO*, World Energy Outlook, ist eine jährliche Publikation der IEA, die immer ein extra Kapitel zu den erneuerbaren Energien enthält und normalerweise im Herbst erscheint, üblicherweise im Internet (s. am Ende der Literaturliste). Jedoch wurden die „Regenerativen" bisher nicht ausreichend betont.
- *WEC*, der World Energy Council, London, wurde 1923 gegründet, von den UN akkreditiert und fasst 93 Nationalkomitees und über 3000 Organisationen zusammen (Regierungen, Industrie und Fachinstitutionen) mit dem Ziel, ein erschwingliches, stabiles und schonendes Energie-System zu ermöglichen (s. am Ende), Energie-Informationen unparteiisch zu sammeln und global, regional und national zu verbreiten, basierend auf Berichten nationaler Mitglieder und geologischer Dienste. Die Interessenlage ist ähnlich wie bei der IEA (s. am Ende) und schließt die Erhaltung der Energiesysteme ein und damit zunehmend auch Erneuerbare.
- *BGR* (Bundesanstalt für Geowissenschaften und Rohstoffe, Hannover): Diese untersteht dem Bundeswirtschaftsministerium und ist weisungsgebunden. Ihre Deutsche Rohstoffagentur (*DERA*) übernimmt im Wesentlichen die Angaben der IEA und WEC, wenn auch zunehmend kritisch und offener für die Grenzen der Versorgung, und sie macht zusätzlich eigene Erhebungen; Wertungen werden nur äußerst zurückhaltend geäußert. Wir verwenden hauptsächlich die Angaben der DERA, wie im Bericht „Energierohstoffe 2009" (BGR, 2009) publiziert und jährlich aktualisiert in den „DERA Rohstoffinformationen, Kurzstudie – Reserven, Ressourcen und Verfügbarkeit von Energierohstoffen" 2011" (BGR, 2011).
- *BPSR* ("BP Statistical Review of World Energy"): BP und andere Ölfirmen veröffentlichen jährliche Daten zu Ölförderung und Reserven. BPSR ist die viel zitierte BP-Datensammlung, von Ökonomen des Konzerns mithilfe von Regierungsstellen mancher Länder jährlich zusammengestellt, nicht immer aktuell und in Gefahr, durch Wirtschaftsinteressen gefärbt zu sein.

- Eine Reihe von kommerziellen Instituten und Organisationen (*EWI*: Energiewirtschaftliches Institut Köln, *DIW*: Deutsches Institut für Wirtschaftsforschung, Berlin, *Prognos*: Internationales Beratungsunternehmen, *IHS*: globales Wirtschaftsinformationsunternehmen, USA) liefern staatlich und privat beauftragt Energiestudien auf der Basis der IEA-Daten. Diese Unternehmen haben kaum fachliche Expertise und exponieren sich nicht mit eigener kritischer Meinung. Es gibt weitere sekundäre Datensammlungen, die sich oft auf BPSR berufen und mit Vorsicht zu verwenden sind. Die Skepsis wird durch widersprüchliche Angaben über die Vorräte und die Nutzbarkeit bestärkt. Sucht man im Internet z. B. nach „*coal reserves*", findet man die Datenquelle „*NATIONMASTER*" für alle möglichen Rohstoffe mit Themen wie „Coal consumption (most recent)". Eine Überprüfung zeigte z.T. veraltete Daten (2004), fehlerhafte Einheiten (z.B. bei Gas: „cubic feet" statt „cu m"; s. unten).
- *ASPO* (Association for the Study of Oil Peak): Diese Institution wurde von langjährig erfahrenen Ölgeologen initiiert, die 1995 publizierten, dass das Maximum der Ölförderung zwischen 2000 und 2010 zu erwarten wäre. Das Netzwerk wurde 2000 gegründet. In Deutschland wurden ähnliche Analysen vom Geologieprofessor W. Blendinger, sowie von W. Zittel und J. Schindler veröffentlicht und dem Büro für Technikfolgenabschätzung des Deutschen Bundestages mitgeteilt.
- *LBST* (Ludwig-Bölkow Systemtechnik GmbH): Sie stellt Daten zusammen und wertet diese im Hinblick auf die zukünftigen Aussichten aus und zieht Schlussfolgerungen daraus.
- *EWG*, die Energy Watch Group, wurde vom Bundestagsabgeordneten H.-J. Fell gegründet und umfasst auch ASPO-Mitglieder.

Es sei nochmals daran erinnert: für die Berechnungen in diesem Kapitel werden vor allem die Daten der DERA-BGR benutzt und mit den Analysen und Wertungen von Zittel & Schindler (2009) abgestimmt. Die Unsicherheiten der Angaben haben bei starkem Wachstum wegen der Eigenschaften der Exponentialfunktion keinen so großen Einfluss auf die dynamischen Reichweiten, dass sich die Prognosen drastisch ändern würden. Es würde in jedem Fall für unsere Enkel sehr eng werden. Das ist beunruhigend.

Nicht-konventionelle Kohlehydrate sind (1) Gashydrate unter dem Meeresboden und in Permafrostböden, (2) Schiefergas und Ölschiefer sowie (3) Schwerstöle, Öl- oder Teersande und Naturasphalte. Ihre Bildung wurde in Kap. 5 behandelt.

(1) Die *Gashydrate* im Meeresboden und in Permafrost-Böden werden zur Zeit intensiv erforscht, und weder ihre Menge, noch ihr submariner Abbau oder dessen Risiken und mögliche Konsequenzen für die Umwelt sind bisher absehbar. Außerdem würden sie bei anhaltendem exponentiellem Wachstum die Versorgung nicht so sehr verlängern, wie die meisten denken, selbst wenn ihre Menge den höchsten Schätzungen entspräche. Ganz unabhängig von ihrem Nutzungspotential stellen sie eine Gefahrenquelle für das Weltklima dar, denn ihre Instabilität bei Klimaerwärmung kann zu vermehrter Zersetzung und damit Freisetzung von Methan (CH_4) und unkontrollierbarer Rückkopplung mit weiterer Klimaerwärmung führen. Eine solche Klimaerwärmung von dramatischen Ausmaßen vor 55 Millionen Jahren ist in Schelfsedimenten dokumentiert (Lovell, 2010). Folgen können auch die Aufweichung instabiler Sedimente an den submarinen Kontinentalhängen und gewaltige, Tsunamis auslösende Hang-rutschungen sein.

(2) *Ölschiefer* entstehen zum Beispiel, wenn der Druck der Überdeckung und die Temperatur relativ niedrig bleiben (s. Kap. 5). Öl bleibt im „*Ölschiefer*" und kann wegen der Impermeabilität nicht entweichen, ebenso *Schiefergas*, das bei höheren Temperaturen und Drücken entstanden ist. Die Schichten sind geklüftet und lassen sich durch Einpressen von Wasser und Chemikalien aufbrechen („fracking") oder im Tagebau ausbeuten, was aber wegen der Umweltstörung und -zerstörung problematisch ist. Angesichts des Energiehungers der Welt steht zu befürchten, dass man die Risiken ignoriert. Die Vorräte besonders von Schiefergas sind möglicherweise größer als die an konventionellem Öl. Sie werden seit einigen Jahren mit Nachdruck abgebaut (USA, Australien, China, Russland), dürften aber schneller „versiegen" als die konventionellen.

(3) *Schwerstöle, Öl- oder Teersande und Naturasphalte* sind aus konventionellem Erdöl entstanden, wie in Kap. 5 beschrieben. Abtragung der Deckschichten hat die Lagerstätten näher an die Oberfläche gebracht. Sehr große Lagerstätten solcher Ölsande befinden sich

im Vorland der Rocky Mountains in der kanadischen Provinz Alberta und im Orinoco-Becken im Vorland der nördlichen Anden in Venezuela. Bis vor kurzem noch als unkonventionelle Kohlehydrate betrachtet, hat ihre Ausbeutung jedoch längst begonnen, so dass sie heute zum Teil den Ölreserven zugerechnet werden. In der Regel geschieht die Förderung im Tagebau, oder das Öl wird durch Heißwasser in situ mobilisiert und aus dem Gestein extrahiert. Das sind sehr aufwändige Verfahren der Veredelung, welche bei hohem Einsatz von Energie und Finanzen die Umwelt stark belasten. Auch diese Ressourcen würden bei fortgesetztem Wachstum des Bedarfs die Grenzen der Versorgung nur wenig hinausschieben.

Kernbrennstoffe
Die radioaktive Elemente *Uran (U)* und *Thorium (Th)* sind wichtige Energieträger, da bei der Kernspaltung sehr viel Energie abgegeben wird. Das Vorkommen in kristallinen Gängen und sedimentären Lagerstätten bedeutet ein breites geologisches Spektrum von U- und Th-Konzentrationen, welches Schätzungen erschwert, die hochgradig von ihrer Konzentration und von den Kosten abhängen, die bei der Gewinnung entstehen. Flüsse transportieren wasserlösliche Verbindungen von Uran ins Meer, etwa 32 000 t/a (Tonnen pro Jahr!). Gut bekannt sind die 3.3 mg/m^3 gelösten Urans im Meerwasser, was etwa 4.5×10^9 t (4 ½ Mrd. Tonnen) ausmacht, dessen Gewinnung derzeit erforscht wird. Schätzungen, welcher Ertrag zu erzielen wäre, sind bisher noch nicht möglich.

Die heutige Urangewinnung erfordert in der Regel den Abbau großer Gesteinsmassen, die zerkleinert und in mehreren Stufen in angereichertes Material und Abraum getrennt und schließlich verhüttet werden. Anschließend müssen die Uranisotope voneinander getrennt werden, was die Kosten signifikant erhöht: ^{235}U (0.7 % des Gesamt-Urans) vom ^{238}U, zum Beispiel in Zentrifugen, denn in Kernkraftwerken wird überwiegend ^{235}U genutzt. In Brutreaktoren wird ^{238}U zur Energiegewinnung und gleichzeitig zur Erzeugung weiteren spaltbaren Materials eingesetzt. Man benötigt hierzu den Aufbau einer Plutoniumwirtschaft. Plutonium ist ein giftiges und radioaktives Schwermetall, das selbst in geringsten Konzentrationen eine Gesundheitsgefahr darstellt und militärisch missbraucht werden kann. Offiziell haben sich gegenwärtig die meisten Nationen wegen der extrem hohen sicherheitstechnischen Anforderungen von der Technologie der Plutonium-Brutreaktoren verabschiedet.

Auf andere Weise als Uran ist Thorium im Gestein konzentriert, jedenfalls nie in sehr großen Einzelvorkommen. Es liegt häufig als Oxid (ThO_2) in Pegmatiten vor, vergesellschaftet mit dem Mineral Monazit ($CePO_4$ = Cerphosphat); es wird als „Monazitsand" kommerziell gewonnen. Hier sind die Schätzungen sehr unsicher. Die Verarbeitung und Veredelung von Thorium ähnelt der von Uran, außer der Tatsache, dass keine Isotopentrennung notwendig ist. Thorium kann ebenfalls in Brutreaktoren (s. Internetliste) eingesetzt werden. Es ist etwa dreimal so häufig wie Uran. Thermische Brüter arbeiten mit Thorium als Brutstoff und mit überwiegend thermischen Neutronen. Gewinnung und Zubereitung der Kernbrennstoffe sind aufwändig, jedoch ist der Aufwand gering im Verhältnis zur gewonnenen Nutzenergie.

Schließlich seien noch die Risiken des Betriebs und die Frage der Entsorgung radioaktiver Abfälle erwähnt, obwohl sie nicht Thema dieser Arbeit sind. Die deutsche Öffentlichkeit ist sehr beunruhigt. Wahrscheinlich wird die Versorgung mit Kernbrennstoffen in viel kürzerer Zeit zu Ende gehen, als von den Kernkraftgegnern befürchtet. Heinloth (2003, S. 278) schätzt die „Wahrscheinlichkeit für einen größten anzunehmenden Unfall" (GAU)" für Leichtwasser-Reaktoren (LWR) der 1. Generation in Westeuropa zu etwa 10^{-5} pro Reaktor und Betriebsjahr ein, für moderne LWR noch zehnmal geringer. Eine nüchternere Information und Diskussion wäre angemessener, als eine angsterfüllte Debatte, wie sie in Deutschland gegenwärtig geführt wird. Nüchternheit scheint leider nicht oder nur unter einer Minderheit von Zeitgenossen möglich zu sein.

Nicht-konventionelle Energiereservoire

Auch die *Rotationsenergie*, also die kinetische Energie der rotierenden gesamten Erdmasse, ist ein nur scheinbar unendliches Reservoir, kann aber aus praktischen Gründen nur zu sehr geringem Teil mittels Gezeitenkraftwerken genutzt werden. Dabei würde die Eigendrehung der Erde geringfügig verlangsamt, da am Boden von Gezeitengewässern Reibungsprozesse erhöht würden. Die Nutzungsmöglichkeiten werden weiter unten abgeschätzt.

Das endliche *Wärmereservoir des Erdkörpers* kann ebenfalls nur zu einem sehr kleinen Teil genutzt werden. Ein Teil des Wärmeinhalts der oberen Erdschichten kann „bergbaulich" abgebaut und der Stromerzeugung und Raumheizung zugeführt werden; so kann man der Erdkruste lokal durch zirkulierendes Wasser Erdwärme entziehen und sie kühlen („hot-dry-rock-Verfahren"). Schätzungen hierzu werden weiter unten gegeben. Dieser lokale „Wärmeabbau" darf nicht mit dem mittleren globalen Wärmestrom aus dem Erdinneren verwechselt werden, einem permanenten Wärmeleitungsprozess, der im Rahmen der hier betrachteten Zeiträume erneuerbar ist, dies allerdings nur extrem langsam.

Quantitative Bestandsaufnahme

Unser Ziel besteht darin, Reichweiten zu berechnen, die anschaulicher und instruktiver sind als Mengen- oder Massenangaben in verschiedensten Maßeinheiten. Was Reichweiten sind und wie sie berechnet werden, wurde schon in Kap. 5 erläutert. Kurz rekapituliert: *lineare Verbrauchsreichweiten* sind fiktive Zeiträume, für welche die Vorräte reichen würden, wenn wir sie in genau dem Tempo konsumieren, wie wir es heute tun. Die Annahme gleichbleibenden Verbrauchs ist willkürlich, und auch die Vorräte sind nur geschätzt.

Dynamische Reichweiten gelten bei wachsendem Verbrauch. Sie sind deshalb kürzer. Sie beruhen ebenfalls auf fiktiven Annahmen, meist auf gleichbleibendem exponentiellem Wachstum. Obwohl wir die Zukunft nicht kennen, brauchen wir für die mathematische Berechnung solche Annahmen. Eines ist bei dieser Art von Reichweiten jedoch ganz unrealistisch: Der Abbau von geologischen Rohstoffen wird nie in vollem Tempo bis zur Neige der Lagerstätten ablaufen, sondern allmählich abklingen. Die Zeiten verlängern sich dadurch, aber Mangel tritt sogar früher ein und die Preise steigen. Darauf kommen wir später zurück. Immerhin aber geben die linearen und mehr noch die dynamischen Reichweiten eine Vorstellung, wie lange wir weitermachen können wie bisher mit heutigen Verbrauchsraten oder mit Wachstum, und sie bereiten realistischere Schätzungen vor.

Zunächst jedoch brauchen wir Daten über Vorräte und Verbrauch. Für die quantitative Abschätzung der Reichweiten benutzen wir hauptsächlich die Angaben der Deutschen Rohstoffagentur (DERA) bei der Bundesanstalt für Geowissenschaften und Rohstoffe, Hannover (BGR) „Energierohstoffe 2009" und „DERA Rohstoffinformationen, Kurzstudie – Reserven, Ressourcen und Verfügbarkeit von Energierohstoffen" 2011 (BGR, 2009 und 2011). In BGR 2011 sind die wichtigsten Zahlen in Tabelle 1 (S. 15) zusammengefasst. Die Analysen der Ergebnisse sind etwas „optimistischer" als die von Zittel & Schindler (2009) sowie die der ASPO, stimmen mit ihnen aber im Wesentlichen überein, was die Vorräte betrifft und werden im Vergleich mit ihnen diskutiert.

Die hier gebrauchten physikalischen SI-Einheiten und einige Umrechnungsfaktoren sind im Anhang zusammengestellt. Allgemein herrscht ziemliche Verwirrung über Vorräte und Verbrauch, was auch an den verschiedenen Maßeinheiten liegt, die in Industrie, Wissenschaft oder unterschiedlichen Ländern gebräuchlich sind und die oft auch zur Verschleierung der Fakten eingesetzt und nicht erklärt werden. Umrechnungen sind zeitraubend und oft unsicher, weil die Definitionen nicht dokumentiert sind. Unanschaulich sind die Zahlen allemal, d.h. die Mengen, spezifischen Energieinhalte und die daraus geschätzten unvorstellbaren Größenordnungen der jeweiligen Reserven und Ressourcen. Fast allen Datenquellen muss man vorwerfen, dass sie bezüglich der Maßeinheiten nachlässig sind und es dem Nutzer zumuten sich die korrekten Einheiten selbst zu beschaffen.

Grundsätzlich sind aber nur Größenordnungen bedeutungsvoll. Viele Stellen „hinter dem Komma" sind nicht sinnvoll, da eigentlich unbekannt, zumindest in ständiger Veränderung begriffen und zudem unsicher. Größenordnungen sind völlig ausreichend, denn die Reichweiten haben auch nur als Größenordnungen Sinn. Es kommt auf die richtige Zehnerpotenz und höchstens eine Ziffer an, also zum Beispiel 10 oder 30 oder 500 Jahre statt 11.5 oder 29 oder 486 Jahre. Wir rechnen mit der wahrscheinlich zu hohen Summe der Reserven *und* Ressourcen (Kap. 5), da wir nicht wollen, dass unsere Schätzungen irrtümlich zu kurz sind. Sie sind auch so schon kurz genug.

In den BGR-Berichten werden Mengen und spezifische Energieinhalte in industrie-üblichen Einheiten angegeben, die daraus geschätzten Primärenergiemengen der jeweiligen fossilen und nuklearen Reserven und Ressourcen in Joule (Exajoule, 1 EJ = 10^{18} J). Zusätzlich geben wir die nutzbaren Reservoire an Rotationsenergie und an thermischer Energie in den oberen Erdschichten in der Gesamtbilanz an. Die Berichte BGR 2009 und BGR 2011 diskutieren die Reichweiten ebenfalls, halten sich dabei aber zurück. Wir rechnen die Energievorräte in die „linearen Reichweiten" und die realistischeren „dynamischen Reichweiten" in Jahren um, setzen sie also ins Verhältnis zum gegenwärtigen und zum wachsenden globalen jährlichen Verbrauch E_v. Allerdings nimmt in den Industrieländern das Wachstum ab und mag in Stillstand und Abnahme übergehen. Global ist ein solcher Trend aber nicht zu erkennen (vgl. Kap. 3 und 4).

Kohle
Die Tabelle 6.1 (BGR 2011) gibt die Mengen an Kohle in Milliarden Tonnen Steinkohleeinheiten (10^9 t SKE) und ihre Energieinhalte in Zettajoule (1 ZJ = 10^{21} J) an. Eine Tonne SKE ist als die Energiemenge definiert, die beim Verbrennen von 1 t einer (hypothetischen) Steinkohle mit einem Heizwert von exakt 7 000 kcal/kg frei wird (s. Internet-Liste).

Rohstoff	10^9 t SKE	10^{21} J
	(Reserven + Ressourcen = Vorräte)	
Hartkohle[1]	615 + 14 561 = 15 176	18.0 + 426.8 = 444.8
Änderung 2011–2009 (%)[1)]	–0.2	+10 +10%
Weichbraunkohle	109 + 1 684 = 1 793	3.2 + 49.4 = 52.6
Änderung 2011–2009 (%)	+2.8	+1 +1%
Kohle gesamt	724 + 16 245 = 16 969	21.2 + 476.2 = 497.4
Änderung 2011–2009 (%)	+0.0	+9 +9%

1) Hartkohle mit einem Energieinhalt von > 16.500 kJ/kg umfasst Hartbraunkohle, Steinkohle und Anthrazit.

Tabelle 6.1: Kohle (Reserven und Ressourcen).

Ohne die Normierung der Vorratsmengen auf einen gemeinsamen Nutzwert, würde die Summierung der Einzelwerte ein verzerrtes Gesamtbild ergeben; allerdings muss man bedenken, dass die Umrechnungen nur angenähert gültig sind und Fehlerquellen in sich bergen. Nach den jeweiligen Angaben für Mengen und Energieinhalte (Reserven + Ressourcen = Vorräte) folgt eine Zeile mit den Änderungen der Energievorräte, angegeben ist die prozentuale Änderung für 2011 bezogen auf das Jahr 2009. Es sollen damit eher die Unsicherheiten als wirkliche Änderungen demonstriert werden!

In der BGR-Kurzstudie finden sich folgende *Erläuterungen* zu ihren Zahlen, hier kurz zusammengefasst und frei zitiert: *„Unter den Energierohstoffen weist Kohle die bei weitem größten Reserven und Ressourcen auf und trug im Jahr 2010 fast 30 % des weltweiten Primärenergieverbrauchs. [Es] ergaben sich sowohl bei den Reserven als auch bei den Ressourcen gegenüber dem vorherigen Jahr keine gravierenden Veränderungen. Das verbleibende Potenzial an Hartkohle und Weichbraunkohle ist ausreichend, um den absehbaren Bedarf **für viele Jahrzehnte zu decken**. Kohle verfügt von allen nicht-erneuerbaren Energierohstoffen mit einem Anteil von rund 54 % (724 Gt SKE) an den Reserven und rund 81 % (16 246 Gt SKE) an den Ressourcen über das größte Potenzial."*

Bemerkungen: Es sei dahingestellt, ob der Ausdruck „viele Jahrzehnte" ungebremstes Wachstum rechtfertigen kann. Wir betrachten „viele Jahrzehnte" als eine sehr kurze Zeit für den notwendigen Umbau der Wirtschaft für die Zeit danach (s. Kap. 8)

Die Energiereserven haben sich von 2009 bis 2011 wenig geändert; die Ressourcen haben leicht zugenommen. Die prozentualen Änderungen bei der Energie über 2 Jahre zeigen, dass die Inventur der Vorräte im Fluss ist: Bei Fehlern von ± 10 % sind Korrekturen dieser Größenordnung zu erwarten. Uns interessiert hier allerdings nur das +Zeichen, um, wie gesagt, die Reichweiten nicht zu unterschätzen. Für die Erkennung von Trends ist der Zeitraum wegen der großen Schwierigkeiten der globalen Erfassung der Daten deutlich zu kurz.

Zum Vergleich: das BMWi, Abt. III (Bundes-Wirtschaftsministerium), das sich auf die BGR stützt, gibt für 2006 größere Reserven aber sehr viel kleinere Ressourcen bei Steinkohle an als BGR 2011. Bei Braunkohle waren 2006 die Unterschiede zu 2011 noch größer. Das spiegelt weniger den zwischenzeitlichen Verbrauch als die veränderten Einschätzungen wieder. World Energy Council – Survey of Energy Resources 2010 (Internet-Liste Kohle) gibt „Proved Recoverable Coal Reserves" für drei Kohlequalitäten wieder (nicht identisch mit der Einteilung der BGR und nicht ersichtlich, ob die Steinkohle-Einheit (SKE) benutzt wird). Darauf bezieht sich die kommerzielle Datenquelle „Nationmaster" und gibt als Gesamtsumme der Reserven aller Qualitäten zu 861×10^9 t an. Das sind 137×10^9 t oder fast 20 % mehr als bei der BGR. Grund könnte die oben diskutierte Interessenlage sein. Wikipedia gibt für 2010 die Kohlereserven (Bituminous & Anthracite, SubBituminous, Lignite) ebenfalls mit 861×10^9 t an und dürfte dieselbe Datenquelle benutzt haben (siehe Internetliste).

Kohlehydrate: Öl und Gas
Kohlehydrate, also Erdöl und Erdgas, werden in konventionelle und nicht-konventionelle Formen unterteilt. Bisher wurden überwiegend konventionelle Kohlehydrate gefördert, jedoch hat man begonnen, unkonventionelle Vorkommen abzubauen, welche in verschiedensten Formen vorliegen.

Rohstoff	10^9 t			10^{21} J		
	(Reserven + Ressourcen = Vorräte)					
Erdöl	169 +	143 =	312	7.1 +	6.0 =	13.0
Änderung 2011–2009 (%)				+7	+55	+25%
Ölsand	27 +	94 =	121	1.1 +	3.9 =	5.1
Schwerstöl	21 +	61 =	82	0.9 +	2.5 =	3.4
Ölsand+Schwerstöl	48 +	155 =	203	2.0 +	6.4 =	8.5
Änderung 2011–2009 (%)				−8	−18	−16%
Ölschiefer	-	112 =	112	-	4.7 =	4.7
Änderung 2011–2009 (%)					−6	−6
Öle gesamt	217 +	410 =	627	+9.1 +	17.1 =	26.2
Änderung 2011–2009 (%)				−4	+0	−1%

Tabelle 6.2: Öl, konventionell und nicht-konventionell (Reserven und Ressourcen).

Erdöl: Bisher wird noch überwiegend konventionelles Öl gefördert, aber daneben gibt es nicht-konventionelle Ölsande, Schwerstöle, und Ölschiefer. Ihre Reserven und Ressourcen werden der Tab. 1 (BGR 2011) entnommen, ergänzt mit Angaben über die Veränderungen gegenüber Tab. 1.1 (BGR 2009), wo Ölsand und Schwerstöl noch zusammengefasst sind.

In der BGR-Kurzstudie finden sich folgende *Erläuterungen* zu den Zahlen, frei zitiert und zusammengefasst: *„Nach dem Rückgang der*

Erdölförderung während der Finanz- und Wirtschaftskrise 2008/2009 zogen sowohl die Förderung als auch der Verbrauch von Erdöl in 2010 mit dem Wirtschaftsaufschwung wieder deutlich an. Die Förderung [stieg an] (+3.3 %), während der Verbrauch von Erdölprodukten moderat anstieg (+1.4 %). Damit hat die Erdölförderung 2010 den bisherigen Höchststand von 2008 in Höhe von 3894Mt um über 40Mt übertroffen.

„*Für die nächsten Jahre kann aus geologischer Sicht bei einem moderaten Anstieg des Erdölverbrauchs die Versorgung mit Erdöl gewährleistet werden. ...[Es]* **könnte die globale Erdölförderung bis etwa 2036 gesteigert werden** *und 4.6 Mrd. t/a erreichen. Erdöl wird weiterhin der weltweit wichtigste Energielieferant bleiben. Der Marktanteil von Öl aus Ölsanden insbesondere aus Kanada sowie an Kondensat (NGL) wird weiter zunehmen ....Langfristig [wird] der Anteil [von Erdöl] am Primärenergieverbrauch auf unter 30 % fallen...[Es] ist der einzige nicht erneuerbare Energierohstoff, bei dem* **in den kommenden Jahrzehnten eine steigende Nachfrage nicht mehr gedeckt** *werden kann. Angesichts der langen Zeiträume, die für eine Umstellung auf dem Energiesektor erforderlich sind, ist deshalb die ...* **Entwicklung alternativer Energiesysteme notwendig***... Die Entwicklung des Ölpreises ist nicht vorhersagbar. Wichtige Einflussfaktoren werden ... die Entwicklung der Weltwirtschaft und des Erdölverbrauchs, das Verhalten der OPEC und politische Ereignisse sein. [Eine Rolle spielen] Verknappung beziehungsweise Ausweitung an Förder- und Raffineriekapazitäten, höhere Sicherheitsauflagen bei der Tiefwasserförderung und ein wachsender Anteil von nichtkonventionellem Erdöl. Sie lassen die Gewinnungskosten von Erdöl weiter ansteigen*"

Bemerkungen: Was sind „die nächsten Jahre"? Für eine vorausschauende Politik eine kurze Zeit! Auch wird nicht einmal eine gleich bleibende Nachfrage gedeckt werden können. Die „optimistische" Sicht, dass die „globale Erdölförderung bis etwa 2036 gesteigert werden" *könnte* (Konjunktiv!), spiegelt wohl die politisch motivierte Darstellung der IEA wieder (s. oben). Das sagen aktuell (Frühjahr 2013) auch die Experten der Energy Watch Group. Dass „die Entwicklung des Ölpreises nicht vorhersagbar" sei, klingt im Hinblick auf die Gründe für Preissteigerungen eher wie eine Beschwichtigung.

Es fällt vor allem auf, dass die Ressourcen konventionellen Erdöls von 2009 bis 2011 beträchtlich zugenommen, die von Ölsand und Schwerstöl beträchtlich abgenommen haben. Das liegt hauptsächlich daran, dass insbesondere Ölsande in Kanada den Reserven zugeordnet worden sind, teilweise auch daran, dass die Schätzungen 2009 nach unten korrigiert werden mussten. Die Änderungen kompensieren sich fast und wirken sich auf die Gesamtsumme der Öle kaum aus, auch wenn sich eine gewisse Abnahme andeutet.

2006 gibt das BMWi folgende Zahlen an: konventionelle Ölreserven global 160×10^9 t, Ressourcen 82×10^9 t; die Reserven sind mit BGR 2011 vergleichbar, die Ressourcen deutlich kleiner. Bei unkonventionellen Ölen waren 2006 Reserven mit 66×10^9 t und Ressourcen mit 250×10^9 t angegeben, größer bzw. kleiner als bei BGR 2011. Die Gründe liegen, ähnlich wie bei Kohle, auch in den Definitionen der Sorten. Nationmaster, Energy Statistics (WEC, IEA) gibt „oil reserves (most recent)" zu 1.35×10^{12} barrels (bbl) an (1bbl=0.1364t), also zu 184×10^9 t. Das ist dieselbe Größenordnung, 9 % mehr als bei der BGR 2011, basiert auf denselben Datenquellen und bleibt im Rahmen der Unsicherheiten dieser Angaben.

Erdgas wird konventionell ganz ähnlich wie Erdöl gefördert. Nicht-konventionelles Erdgas, das als Schiefergas, Kohleflözgas, Aquifergas und Methan in Gashydraten vorkommt, beginnt erst jetzt, praktische Bedeutung zu bekommen, insbesondere das Schiefergas in den USA. Wiederum werden die Veränderungen von 2009 nach 2011 angegeben, um die Unsicherheiten zu verdeutlichen.

In der BGR-Kurzstudie finden sich folgende *Erläuterungen* zu den Zahlen, hier kurz zusammengefasst und frei zitiert:

„*Erdgas war in 2010 mit einem Anteil von gut 24 % am globalen Primärenergieverbrauch (ohne Biomasse) hinter Erdöl und Hartkohle wieder drittwichtigster Energieträger. Während die Erdgasförderung in 2009 nachfragebedingt zurückgegangen war, stieg sie in 2010 um fast 200 Mrd. m³ auf den höchsten bisher erreichten Wert von 3.2 Bill. m³ an. Der globale Erdgasverbrauch ... lag im Jahr 2010 sehr deutlich über dem Wert des Vorjahres.*"

Rohstoff	10^{12} m³			10^{21} J		
	(Reserven+Ressourcen=Vorräte)					
Erdgas (konv.)	189 +	312 =	501	7.2 + 11.9	=	19.0
Änderung 2011-2009 (%)				+3 +31		+19%
Nicht-konv. Erdgas [1]	5 +	2018 =	2023	0.2 + 76.7	=	76.9
Änderung 2011-2009 (%)				0 −26		−26%
Erdgas gesamt	194 +	2330 =	2524	7.4 + 88.6	=	96.0
Änderung 2011-2009 (%)				+3 −21		−20%

[1] Gashydrat, Schiefergas (unvollständig); Angaben schwanken um ±50% (Internet-Liste)

Tabelle 6.3: Erdgas, konventionell und nicht-konventionell (Reserven und Ressourcen).

Bemerkungen: Der Zuwachs wird von der Wirtschaft mit großer Erleichterung begrüßt. Zittel& Schindler (2009) vermuten, dass auch hier politische Interessen zu optimistischeren Prognosen verführt haben. Es wäre besser Krisen zum Umdenken und Umsteuern zu nutzen.

Beim konventionellen Erdgas überwiegen die Ressourcen die Reserven deutlich, und beide haben zugenommen, die Ressourcen zehnmal so stark wie die Reserven. Das spricht für erfolgreiche Exploration und optimistischere Schätzungen. Bei den nicht-konventionellen Gasen ist die Situation durch sehr geringe nachgewiesene Reserven aber enorm hohe geschätzte Ressourcen gekennzeichnet; welche die Reserven 400-fach überwiegen. Das liegt an den Erwartungen an das Schiefergas und die Fracking-Methode, jedoch ist die Situation hier noch unklar. Die Reserven haben sich nicht geändert, aber die Ressourcen sind um ein Viertel heruntergestuft worden, wahrscheinlich aufgrund besserer Kenntnisse der Situation und größerer Vorsicht. Gashydrate gehören zu den kaum abzuschätzenden Vorräten; die Schätzungen schwanken um Größenordnungen, jedoch fällt das bei exponentiellem Wachstum weniger stark ins Gewicht. Bei gedrosseltem Wachstum jedoch könnte ihr Potential bedeutend sein.

Die BMWi-Angaben 2006 zeigen, dass die konventionellen Erdgas-Reserven weltweit (176×10^{12} m³) und die Ressourcen (207×10^{12}m³) bei BGR 2011 zugenommen haben, aus ähnlichen Gründen wie bei Kohle und Öl. Unkonventionelles Gas wurde 2006 nicht angegeben. Nationmaster, Energy Statistics, „Natural gas reserves (most recent)" (siehe Internet Liste) gibt die globale Summe mit 135.1×10^{12} cubic feet an (1 ft^3 = 0.0283 m^3), also zu 3.83×10^{12}m^3; das ist 2 % der von der BGR angegebenen Menge (189×10^{12} m^3). Hier liegt offensichtlich ein Fehler in den angegebenen Einheiten (ft^3) oder Zehnerpotenzen vor, denn dieselbe Quelle gibt für „Natural gas consumption (most recent") „Total: 3.084×10^{12}m^3"an – fast ebenso viel wie die Reserven. Wenn die Reserven irrtümlich als „cubic feet" gelistet aber in m^3 gemeint sind, hätte 135.1×10^{12} m^3 dieselbe Größenordnung wie die BGR-Angabe.

Kernbrennstoffe

Uran und Thorium sind sehr ungleichmäßig in der Erdkruste verteilt, was Angaben über die Reserven und Ressourcen hochgradig von den antizipierten Produktionskosten abhängig macht. Gleichmäßig verteilt ist nur das gelöste Uran im Meer, das aber in den offiziellen Schätzungen bisher nicht berücksichtigt wird.

Rohstoff	10^6 t	(im Meer)	10^{21} J	(im Meer)
	(Reserven + Ressourcen = Vorräte)			
Uran[1]	2.8[3] + 11[4] = 14	(+4 500)	1.4[3] + 5.7[4] = 7.1	(+2 250)
Änderung 2011-2009 (%)		+40	+50±	+50±%
Thorium[2]	0.83 + 5.0 = 6		0.4 + 2.5 = 3	
Änderung 2011-2009 (%)		–60	+150	+50%
Kernbrennstoffe[2]	3.6 + 16 = 20		1.8 + 8.2 = 10	(+2 250)
Änderung 2011-2009 (%)		+10	+120	+90%

[1] 1 t U entspricht 14 000 t SKE gerechnet; 1 t U → 5×10^{14} J
[2] 1 t Th wird wie 1 t U gerechnet
[3] RAR (*reasonable assured resources*), gewinnbar bis 80 US$/kg U
[4] Summe aus RAR gewinnbar bis 80-260 US$/kg U und IR (*insecure resources*) sowie unentdeckt bei <260 US$/kg U

Tabelle 6.4: Uran und Thorium (Reserven und Ressourcen).

Kommentar der BGR 2011: *„Die globalen Uranvorräte sind sehr umfangreich und liegen derzeit bei 2.8 Mt Reserven (Kostenkategorie <80 USD/kg U) und 11.4 Mt Ressourcen. [Damit] steht ... aus geologischer Sicht auch bei einem absehbar steigenden Bedarf für die nächsten Jahrzehnte ein ausreichendes Potenzial zur weltweiten Versorgung zur Verfügung.... Aus geologischer Sicht ist in absehba-*

rer Zeit kein Engpass bei der Versorgung mit Kernbrennstoffen zu erwarten."

Bemerkungen: Wiederum ist die Rede von einem Potential von Jahrzehnten. Ob das viel oder wenig Zeit ist, sollte der Leser entscheiden. Ähnlich gelagert ist die Frage, wie 2.8 Mt Uran zu bewerten sind, reichlich oder knapp. Die Abhängigkeit von den Produktionskosten führt dazu, dass die angegebenen Reserven und Ressourcen von 2009 nach 2011 drastische Veränderungen zeigen, ein Hinweis auf die große Unsicherheit der Schätzungen. Aber wenn wir die Ressourcen nur von „billig" abbaubarem U und Th berücksichtigen, sind die nuklearen Energiereserven kleiner als die der fossilen Vorräte. Teurer abbaubares Uran ist reichlicher vorhanden; in der Tat nimmt die Menge etwa exponentiell mit den notwendigen Abbaukosten zu. Nicht berücksichtigt werden bei Uran allerdings die im Meerwasser gelösten 4.5×10^9 t und die jährlich von Flüssen ins Meer transportierten 32 000 t, deren Extraktion und Nutzung heute noch nicht einmal gründlich untersucht wird. Nebenbei bemerkt, spülen Flüsse in 100 000 Jahren mehr Uran von den Kontinenten ins Meer, als die heute bergbaulich gewinnbaren Reserven ausmachen.

Mit der Brütertechnologie (s. Brutreaktor: Internetliste), bei der neben der Energiegewinnung weiteres spaltbares Material erzeugt wird, kann der Energieertrag der Kernbrennstoffe erheblich gesteigert werden. *„[In einer] Verbundwirtschaft aus Brutreaktoren, Wiederaufarbeitung und Leichtwasserreaktoren könnte der Uranvorrat der Erde etwa 60-mal so viel Energie liefern, als wenn nur das ^{235}U gespalten würde. Die Nutzung von ^{232}Th, das als Brutstoff von 1983 bis 1989 bereits verwendet wurde und den Brennstoff ^{233}U ergibt, würde die Ressourcen-Lage der Kernkraft nochmals bedeutend verbessern, da die natürlichen Thorium-Vorkommen die des Urans übersteigen. Jedoch sind die Sicherheitsvorkehrungen aufwändiger, zumal wenn vor allem das sehr giftige Plutonium als Kernbrennstoff genutzt würde. Die Angst vor den Risiken führte zum Abbruch des Projekts Schneller Brüter Kalkar. Jedoch laufen international noch einige Testreaktoren, und es ist nicht auszuschließen, dass die Technologie in Zukunft verbessert wird und zum Einsatz kommt. Das würde die Reichweiten der Kernbrennstoffe deutlich verlängern, allerdings mit erhöhten Kosten "*, so Heinloth 2003, S. 246-247.

Nicht-konventionelle Energiereservoire
Gashydrate, bzw. Methanhydrate sind in vieler Hinsicht unsicher: Abbaumöglichkeiten, Risiken, Mengenschätzungen. Maximalschätzungen sind doppelt so hoch, wie die in Tabelle 6.3 angegebenen Werte, und die Risiken eines nennenswerten Abbaus sind unbekannt, wahrscheinlich sehr hoch. In Kap. 5 wurde Gashydrat besprochen und auf die vielen ungelösten Probleme bei Klimaerwärmung und massiver Entgasung hingewiesen, wie sie bei Abbauversuchen entstehen könnten. Zumindest würde es eine lange Entwicklungsarbeit erfordern, den Abbau dieser großen Energiequelle zu erschließen. Trotzdem wird Gashydrat in den zusammenfassenden Tabellen 6.5 und 6.6 über die Energievorräte aufgeführt, um möglichst das Maximum dessen zu erfassen, was theoretisch vielleicht genutzt werden könnte.

Rotationsenergie des Erdkörpers wird in der Regel nicht zu den endlichen Vorräten gezählt. Ihre Größe erscheint fast „unendlich", mittels Gezeitenkraftwerken beliebig anzapfbar, quasi-erneuerbar. Wirklich beliebig anzapfbar aber ist dieses Reservoir nicht, da die kinetische Energie der Erdrotation endlich ist. Die Umdrehungszahl bzw. Winkelgeschwindigkeit der Erde würde sich bei einer signifikanten Nutzung der Erdrotation verkleinern. Das geht sicher nur bis zu einem gewissen Maße, denn die unmittelbare Folge davon wäre die Erhöhung der Tageslänge. Wo genau die Grenzen der Nutzung dieses Energiereservoirs liegen, ist nicht objektiv angebbar und unterliegt einer gewissen Willkür. Eine quantitative Diskussion ist an dieser Stelle angebracht – siehe die Zusatzinformation 1 am Ende dieses Kapitels.

Wir könnten nur einen kleinen Teil dieses Energievorrats verbrauchen und nehmen willkürlich 1% als nutzbare Reserve an, also 2×10^{27} J; 1 % der Rotationsenergie entspricht einer Tagesverlängerung von etwa 7 Minuten, die am Ende der Nutzung eingetreten sein werden. Das Zeitsystem müsste darauf eingestellt werden. Wenn der gesamte heutige Bedarf damit gedeckt werden soll (1.6×10^{13} W, bzw. 5×10^{20} J/a), würden die genannten 2×10^{27} J für 4 Millionen Jahre reichen (lineare Reichweite), bei exponentiellem jährlichem Wachstum von 1, 2, 3 oder 4% nur etwa für 1200, 600, 400 oder 300 Jahre. Das ist immer noch eine lange Zeit, aber die praktische Realisierung dürfte ein großes technisches Problem darstellen. Die realisierbaren Standorte für Gezeitenkraftwerke sind durch die geographischen Bedingungen der Küsten (Gezeitenbecken, Kanäle) limitiert. Für das in dieser Hinsicht begünstigte Großbritannien (und Irland) hat MacKay (2009) die konkreten Möglichkeiten von Gezeitenkraftwerken abgeschätzt: ein Potential von $\sim 2.4\times 10^9$ W oder $\sim 8\times 10^{16}$ J/a (40 W/EW oder 11 kWh/d/EW [Kilowattstunden pro Tag und Einwohner] oder gut 6 % aller Erneuerbaren). Verglichen mit dem heutigen Welt-Energieumsatz von 5×10^{20} J/a ist das etwa ein Sechstausendstel. Ob es gelingen würde, das gut Sechstausendfache des britischen Gezeitenpotentials an allen Küsten global zu mobilisieren, scheint zweifelhaft, somit auch die Annahme von 1 % nutzbarer Rotationsenergie. Ein Zehntel davon wäre realistischer.

Geothermische Energie wird – wie Gezeitenenergie – generell nicht zu den endlichen Reservoiren gezählt, jedoch ist der terrestrische Wärmefluss so „langsam erneuerbar", dass er im Allgemeinen nicht effektiv genutzt werden kann, außer an Stellen, wo er hoch konzentriert ist (s. unten). Die Geothermie mag regenerativ erscheinen. Ihr Potential gilt als unerschöpflich, doch dieser Anschein trügt (s. Geothermie Internet-Liste). Der geothermische Wärmefluss ist abschätzbar und kann bis zu angenommenen Tiefen für die heißen Gesteine „abgebaut" werden. Man nutzt entweder natürlichen konvektiven Wärmetransport (hydrothermale Konvektion) oder pumpt kaltes Wasser durch eine Bohrung in das heiße trockene Gestein hinunter und dort aufgeheiztes durch eine zweite wieder herauf (Hot Dry Rock-Verfahren: HDR). Das Gestein wird dabei abgekühlt. Bei anomal erhöhten Temperaturen funktioniert das, die Klüftigkeit muss meist aber durch Frac-Verfahren künstlich verstärkt werden. Für begrenzte Zeit übersteigt dann die „geförderte" Energie den ständigen erneuerbaren geothermischen Strom um ein Vielfaches (Kertz, 1974). Anschließend wird der Bereich durch den irdischen Wärmestrom sehr langsam wieder aufgeheizt.

Uns interessiert, wie viel Wärme wir abbauen können und wie lange es dauert, bis sie wieder nachgeliefert würde. Betrachten wir anhand eines idealisierten Modells ein *hypothetisches geothermisches HDR-Kraftwerk* in einer Region normalen Wärmeflusses. Durchschnittlich steigt die Temperatur mit der Tiefe z um 30°C (bzw. 30 K) pro Kilometer (Gradient dT/dz ≈ 30 K/km). Die mittlere Temperatur in einer 5-km-Gesteinssäule beträgt 75 K über der Temperatur an der Oberfläche (20°C). Das Wärmereservoir, W_{th}, das man maximal abbauen könnte, ergibt sich aus der Formel:

$$W_{th} = C \, \Delta T \, m. \tag{12}$$

(C = Wärmekapazität des Gesteins, ΔT = mittlere Exzesstemperatur, m = Masse des Reservoirs); die 5-km-Gesteinssäule habe eine Oberfläche F = 1 km^2, mithin ein Volumen V von 5 km^3 mit der Dichte ρ≈2500 kg/m^3, also eine Masse von 1.25×10^{13} kg. Mit der spezifischen Wärmekapazität C ≈ 1000 J/(K·kg) und ΔT = 75 K ergibt die Formel W_{th} ≈ 10^{18} J (knapp 3×10^{11} kWh). Das ist erstaunlich viel, etwa die Hälfte des gesamten deutschen Jahresbedarfs an elektrischer Energie; diese Energiemenge könnte theoretisch viel mehr als alle deutschen Haushalte ein Jahr lang mit Elektrizität versorgen (Haushaltsbedarf im Mittel etwa 4000 kWh/a). Ein Kraftwerk hätte theoretisch einen maximal möglichen Wirkungsgrad η, der nach dem Zweiten Hauptsatz der Thermodynamik 1 − T_o/T_m ist; T_o ist die tiefere absolute Temperatur (an der Oberfläche: 20+273=293 K), T_m die hohe „Arbeitstemperatur": 20+75+273=368 K): damit ist η ≈ 0.20 (20%). Tatsächlich aber verringern weitere Verluste den Wirkungsgrad noch weiter, und in der Praxis wird der Aufwand (Bohrungen, Netz, Kraftwerkbau) den Gewinn übersteigen, so dass der betreffende Energievorrat überhaupt nicht genutzt werden kann (außer mit Wärmepumpen, s. unten). Sollte so ein Verfahren durch großindustriellen Serieneinsatz ökonomisch werden, ergäben sich vielleicht praktische Möglichkeiten für die Versorgung mit Wärme und Strom. Allerdings hätte sich das Reservoir bei normalem Wärmestrom (80 mW/m^2 × 10^6 m^2 ≈ 10^5 W) erst nach 300 000 Jahren wieder aufgeheizt, in Wirklichkeit noch später, da ja auch während des Aufheizens Wärme nach außen abgegeben wird.

Realistisch funktionieren solche Kraftwerke nur dort, wo z.B. durch anomale Wärmequellen in der Tiefe und natürliche hydrothermale Konvektion im permeablen Sedimentgestein bereits erhöhte Temperaturgradienten nahe der Oberfläche existieren, z.B. im Geothermalgebiet Landau (Pfalz), wo ein HDR-Kraftwerk in Betrieb gegangen ist. Es fördert 150°C heißes Wasser aus 3 km Tiefe und produziert mit einem sog. Kalina-Verfahren etwa 3 MW elektrische Leistung; das Verfahren setzt einen Stoff wie Ammoniak mit niedrigem Siedepunkt ein und erzeugt so den Druck, der Turbinen antreibt. Das immer noch warme Abwasser pumpt man wieder nach unten und erhöht so die thermische Effizienz des Wasserkreislaufs. Schon länger entwickelt man ein ähnliches Projekt im elsässischen Soultz sous Forêt, wo man 175°C heißes Wasser aus 5 km Tiefe heraufpumpt und 1.5 MW elektrische Leistung produziert; außerdem besteht das Potential von 30 MW thermischer Leistung (Kraft-Wärme-Kopplung: KWK). In beiden Fällen nutzt man die im Rheingraben-Sedimentkörper regional auftretende hydrothermale Konvektion. Die geothermischen Kraftwerke, die in aktiven Vulkangebieten hydrothermale Konvektion quasi-erneuerbar ausnutzen, werden bei den erneuerbaren Energieströmen behandelt (s. Kap. 7).

Schätzen wir schließlich noch den hypothetischen globalen Wärmevorrat der oberen 5 km der kontinentalen Erdkruste ab. Er kann relativ gut ermittelt werden. Wir verwenden dieselben thermischen Parameter und brauchen nur die Masse des Speichers zu skalieren. Das Volumen der kontinentalen 5-km-Schicht (30 % der Erdoberfläche F (= 5.1×10^{14} m^2) × 5 km Dicke, multipliziert mit der Dichte von 2500 kg/m^3, ergibt die Masse, knapp 2×10^{21} kg. Damit erhalten wir $W_{th} \approx 1.4 \times 10^{26}$ J (4×10^{19} kWh, also etwa 200mal die geschätzte Menge fossiler und nuklearer Energie; s. Tab. 6). Kaum zu schätzen ist, wie viel davon wirklich nutzbar wäre. Jedoch ist mit vertretbarem Aufwand (mit Netto-Nutzeffekt) sicher nur ein kleiner Anteil der gespeicherten Wärme zu „gewinnen". Bei einer „theoretischen Effizienz" von 20% ist eine „effektive Effizienz" von 1% bis 10% wahrscheinlicher, und der nutzbare Vorrat würde von der Größenordnung 10^{25} J (3×10^{17} kWh) sein und könnte also den gegenwärtigen jährlichen Energiebedarf 20 000-fach decken. Bei einer „effektiven Effizienz" von 1 % würde diese Quelle größenordnungsmäßig nur ein paar hundert Jahre den gegenwärtigen jährlichen Energiebedarf decken können. All diese Schätzungen sind jedoch weit ab von der Realität und übersehen jeden Kosten-Nutzen-Gesichtspunkt. Zum Vergleich sei frei zitiert aus Wikipedia (s. Internet-Liste): *„Mit den Vorräten,* *die in den oberen 3 km der Erdkruste gespeichert sind, könnte im Prinzip rechnerisch ... der derzeitige weltweite Energiebedarf für über 100.000 Jahre gedeckt werden. Allerdings ist nur ein kleiner Teil dieser Energie technisch nutzbar und die Auswirkungen ... bei umfangreichem Wärmeabbau sind noch unklar."* Kommentar: Auch in diesem Fall sind Schätzungen von Potentialen und Reichweiten subjektiv gefärbt und spiegeln Wünsche und Ziele der Autoren.

Die Erfahrungen mit laufenden HDR-Projekte sind dabei nicht gerade ermutigend, aber groß-technische Entwicklungen könnten das Potential verbessern; Bohrungen und Frac-Verfahren würden sich verbilligen, effektivere Turbinen würden bereitgestellt werden. Die Förderung von 150°C heißem Wasser aus 1 km^3 Gestein in 5 km Tiefe würde 40% des oben geschätzten Reservoirs mit höherem Wirkungsgrad (theoretisch 0.44) anzapfen. Dieses Schema ist realistischer, aber ähnlich effektiv wie das oben beschriebene für 5-km-Säulen. Allerdings würde die sehr langsam erneuerbare Wärme abgebaut. Durch Kombination mit Fernwärme würde sich die Nutzung des Reservoirs deutlich erhöhen. Eine gründliche Kosten-Nutzen-Bilanz wird hier nicht vorgelegt. Fragwürdig ist der *Arbeitsbericht 84 des Büros für Technikfolgenabschätzung beim Deutschen Bundestag*, der 2003 ein jährliches Angebotspotential geothermischer „Stromerzeugung von ~300 TWh/a [= 34.2 MW] für Deutschland ermittelte, etwa die Hälfte der damaligen Bruttostromerzeugung mit einem Nutzungszeitraum von 1000 Jahren für diese anteilige geothermische Stromerzeugung. Wird dabei dem Untergrund Wärme im großen Maßstab entzogen, regional also mehr, als durch den natürlichen Wärmestrom zunächst „nachfließen" kann, es würden sich jedoch die natürlichen Temperaturverhältnisse nach einer gewissen Zeit wieder einstellen. So der Arbeitsbericht, jedoch, wie oben berechnet, wäre die „gewisse Zeit" sehr lang!

Der Abbau des krustalen Wärmereservoirs soll nicht mit geothermischen Kraftwerken verwechselt werden, welche langfristig aktiven Wärmetransport zur Oberfläche (z.B. über Magmakammern) „erneuerbar" nutzen (s. Kap. 7). Auch Wärmepumpen – inzwischen in vielen Einfamilienhäusern als „Energiequelle" anzutreffen – nutzen vor allem die Sonnenenergie, kaum den geothermischen Wärmestrom aus dem Erdinneren.

Zusammenschau der Rohstoff- und Energievorräte

Die beträchtlichen Veränderungen in den Mengen an Reserven und Ressourcen von 2009 bis 2011 dürften manchen Leser erstaunen. Die Deutsche Rohstoffagentur gibt in BGR 2011 einleitend zum Jahresrückblick 2010 folgende Erklärung: *„Angesichts des anhaltenden weltweiten Wirtschaftswachstums ... und ... steigender Rohstoffpreise zeigte sich ... eine rege Explorationstätigkeit ... Diese Aktivitäten ... bewirkten ... ein Anwachsen der Ressourcen- und Reservenzahlen [und es kam] zu einer Revision der Ressourcenangaben insbesondere beim nicht-konventionellen Erdgas ...Eine vermeintliche Verringerung des Potenzials ging hier daher durch die Anwendung von Ausbringfaktoren einher mit einem Gewinn an Exaktheit ... Die fortschreitende Technologieentwicklung ... hat die Trennung in konventionelle und nicht-konventionelle Vorkommen unschärfer werden lassen."*

Tabelle 6.5 ist eine Zusammenschau der verschiedenen globalen Rohstoff-*Mengenangaben* der Tabellen 6.1 bis 6.4. Tabelle 6.6 fasst die *Energieangaben* über dieselben Rohstoff-Summen zusammen und gibt die Gesamtsumme aller nachgewiesenen Energiereserven und unsicheren Ressourcen wieder. Die Zahlen vermitteln erst bei Berücksichtigung der Energiedichten einen Überblick über die gesamte Versorgung der Menschheit mit Energie. Die globalen Energievorräte (Reserven und Ressourcen Ende 2010) sind in Tabelle 6.6 in der Einheit Zettajoule (1 ZJ = 10^{21} J) angegeben.

Sorten	Kohle	Erdöl	Erdgas[1]	U&Th	Gshydr$_{max}$	U(Meer)	$W_{th}+W_{rot}$
Einheiten	10^9 t SKE	10^9 t	10^{12} m^3	10^6 t	10^{12} m^3	10^6 t	relativ
Vorräte	16970	627	2524	3.6	2000	4500	5km$_{crust}$ 1%

[1] aufgerundet

Tabelle 6.5: Vergleich der globalen Rohstoffvorräte (Reserven und Ressourcen).

	Kohle Hart/Braun	Öl konv/unk	Gas	U&Th	Total	Meer$_{(GsH+U)}$	W_{rot}	W_{th}
Reserven	18/3	7/2	7/8	2	40			
Ressourc.	427/49	6/12	12/77	8	591	2300?	2·10^6?	10^6?
Vorräte	445/53	13/14	19/77	10	632	---?---		
R + R$^{(1)}$	500	27	100	10	648	2300?	2·10^6?	10^6?

Tabelle 6.6: Vergleich der globalen Energievorräte in 10^{21} J nach Rohstoffen.

Uran im Meer stellt ein großes Reservoir dar, das bisher kaum beachtet, geschweige denn, genutzt wird. Außerdem zeigt das „+" bei Erdgas, dass Gashydrate möglicherweise ein größeres Potential haben, als hier (wie bei BGR 2011) angezeigt. Die Zahlen aus den Tabellen 6.1 – 6.4 sind mit BGR 2011 (Tabellen 1 – 3) abgestimmt. Die Angaben über Ressourcen nicht-konventioneller Öle und Gase unterscheiden sich aber von BGR 2011 durch Einschluss von Ölschiefer, Aquifergas und Gashydraten (bei BGR 2011 nur in Tab.1 angegeben). Die Vorräte (Reserven + Ressourcen!) an Energie bei den fossilen und nuklearen Rohstoffen Kohle / Erdöl / Erdgas / Uran und Thorium verhalten sich zueinander wie 50 / 3 / 10+ / 1. Der geringe Anteil der Kernenergie bei den relativ geringen Gestehungskosten mag überraschend sein (wenn man von Uran im Meer in Klammern absieht). Maximalschätzungen bei den Gashydraten (nicht-konventionelles Erdgas) sind sehr unsicher. Kommentare zu den drei letzten Spalten folgen am Ende dieses Abschnitts.

Zum Vergleich gibt EIA (US Energy Information Administration, International Energy Outlook 2009, s. IEA Verbrauch Internet-Liste) für 2008 an: "*The estimates of remaining non-renewable worldwide energy resources vary, with the remaining fossil fuels totalling an estimated 0.4 YJ (1 YJ = 10^{24} J) ... Fossil fuels range from 0.6 – 3 YJ if estimates of reserves of methane clathrates are accurate and become technically extractable*" [Die Berechnungen der verbleibenden globalen Energie-Ressourcen variieren, wobei die fossilen Brennstoffe geschätzt 0.4 YJ (1 YJ = 10^{24} J) ausmachen ... Fossile Brennstoffe liegen im Bereich von 0.6 – 3 YJ, wenn die Vorräte an Methanhydraten richtig geschätzt sind und technisch abgebaut werden können.] Unklar ist, wie die „gesamten verbleibenden ... fossilen Brennstoffe" mit 0.4 YJ in die Spanne von 0.6 bis 3 YJ passen sollen und wie der Begriff „Ressourcen" gebraucht wird. Bei den Kernbrennstoffen wird „*the available nuclear fuel such as uranium exceeding 2.5 YJ*" (mehr als 2 500×10^{21} J) angegeben. Somit stimmen die Größenordnungen mit Tabelle 6.6 überein, wenn wir die Maximalschätzungen der Gashydrate und Uran im Meerwasser einbeziehen.

Für die Gesamtsituation der Menschheit gehen wir vom Gesamt-Energievorrat an Reserven und Ressourcen aus, nach Tabelle 6.5

also von 640×10^{21} J. Nicht eingeschlossen sind die bislang nicht abschätzbaren Gashydrate, im Meer gelöstes Uran und die hypothetischen Vorräte an nutzbarer Rotationsenergie und Erdwärme (die letzten drei Spalten von Tabelle 6.5), auch wenn sie nicht verschwiegen werden sollen. Uran im Meer wird in BGR 2011 gar nicht genannt; es kann auf lange Zeit sicher nur zu einem sehr geringen Teil „gehoben" und zur Energieerzeugung verwendet werden, was überdies noch sehr umstritten wäre. Die hypothetische Hinzunahme von 1% der Rotationsenergie (auf Kosten von 7 Minuten Tagesverlängerung) geschieht der Vollständigkeit halber, obwohl 1% der Gesamtrotationsenergie als vermutlich zu hoch zu bezeichnen ist. Dasselbe gilt für die Hinzunahme von 1 bis 10 % der Wärme in den oberen 5 km Erdkruste. Die Beträge dieser „Vorräte" übersteigen diejenigen der fossilen und nuklearen um ein Vielfaches bis zu einigen Zehnerpotenzen. Daher sind auch die linearen Reichweiten zu hoch, bei den dynamischen Reichweiten ist dieser Effekt viel geringer.

Der Nutzenergiestrom: jährliche Verbrauchsraten

Um zu Reichweiten zu kommen, brauchen wir den globalen „Energieverbrauch". Uns interessiert primär, wie lange die *Gesamtheit* der Vorräte reicht, aber auch Reichweiten einzelner Sorten sind von Bedeutung. Dazu benötigen wir außer den Verbrauchsraten auch deren zeitliche Veränderung.

Hartkohle	Braunk. (10^9 t/a)	Erdöl (10^9 t/a)	Erdgas (10^{12} m³/a)	U[1] (10^3 t/a)
6.35	1.0	3.9	3.25	69
		Energie in 10^{18} J/a		
155	10	165	124	34
			Summe in 10^{18} J/a:	490

[1] Beim Verbrauch kommt Thorium nicht vor, da es heute nicht eingesetzt wird.

Tabelle 6.7: Globaler jährlicher Verbrauch von Kohle, Öl, Gas und Kernenergie 2010.

Tabelle 6.7 fasst die Verbrauchsraten 2010 für die gegebenen Vorräte zusammen sowohl als Mengen in 10^9 Tonnen pro Jahr (Kohle, Öl und Uran) bzw. in 10^{12} m³ pro Jahr (Gas) als auch in ihrem Energieinhalt in 10^{21} J (ZJ). Die Mengen sind der Kurzstudie BGR 2011 (Tabellen 10, 17, 24, 31, 36) entnommen, die Energieinhalte (in EJ) den Tabellen 6.4 und 6.5. Wir gehen hier davon aus, dass sich die Angaben auf die abgebaute Primärenergie beziehen, nicht auf die Endnutzenergie. In diesem Fall würden sich die später berechneten Reichweiten verkürzen, im linearen Fall auf etwa 1/3 im dynamischen Fall nicht ganz so stark.

Kommentare der BGR 2011: „*Als Basis für einen Vergleich wurde der projizierte Verbrauch nach dem New Policies Scenario herangezogen. Danach ergibt sich für die Energieträger Uran, Kohle und Erdgas eine aus geologischer Sicht komfortable Situation. Der projizierte Bedarf kann hier voraussichtlich gedeckt werden. Diese Ressourcenzahlen enthalten jedoch auch Aquifergas und Erdgas aus Gashydrat, deren wirtschaftliche Nutzung zur Energieerzeugung bislang noch nicht nachgewiesen ist. Kritisch ist offensichtlich die Lage beim Erdöl, da die Produktion aus technischer Sicht bereits zu einem Zeitpunkt abzusinken beginnt, zu dem noch große Vorräte vorhanden sind. Nach dem IEA Szenario wäre bis 2035 der größere Teil der heute ausgewiesenen Erdölreserven verbraucht.*

„*Auch wenn für den Verbraucher keine Versorgungsengpässe [infolge der Finanzkrise] spürbar waren, so geriet die Abhängigkeit von fossilen Energieträgern und von den produzierenden Ländern erneut ins Bewusstsein. Wie ... die zukünftige Entwicklung des globalen Primärenergieverbrauchs und die einzelnen Anteile ... aussehen werden, lässt sich nicht exakt vorhersehen. Im weltweiten Vergleich der noch vorhandenen Rohstoffmengen und der bereits verbrauchten Energierohstoffe zeigen sich ... noch erhebliche bis riesige Potenziale.*"

Im Detail, BGR 2011: „*Während der globale Verbrauch an Weichbraunkohle ... stagnierte, erhöhte sich der Verbrauch an Hartkohle um 7 %. ... Bei der Stromerzeugung war Kohle 2009 mit einem Anteil von rund 40 % weltweit der wichtigste Energierohstoff. Seit dem Beginn des Millenniums erhöhte sich der globale Kohlebedarf um etwa 49 % und somit wesentlich stärker als bei Erdgas und Erdöl ... Die Welt-Kohleförderung steigerte sich 2010 um fast 5 %. – Seit Beginn der industriellen Erdölförderung wurden weltweit fast 163 Mrd. t Erdöl gefördert und damit etwa 43 % der ursprünglichen*

Erdölreserven ...von rund 380 Mrd. t verbraucht. – Ende 2010 befanden sich 62 Kernkraftanlagen in 15 Länder im Bau. Global besteht ein wachsendes Interesse an Kernenergie. Von den weltweit 443 in Betrieb befindlichen Kernkraftwerken mit einer Gesamt-Bruttoleistung von 396,2 GW_e ... wurden rund 68 971 t Natururan verbraucht. Insgesamt ist die Weltproduktion um 6 % von 50.773 t U (2009) auf 53.671 t U (2010) gestiegen."

Bemerkungen: Man kann die Rohstoffsituation bei Kohle, Erdgas und Uran als „aus geologischer Sicht komfortabel" bezeichnen, aber auch aus der Sicht unserer Enkel? Einige Formulierungen wie „der projizierte Bedarf voraussichtlich gedeckt" oder „erhebliche bis riesige Potenziale" sind rein qualitativ, irreführend und wohl politisch motiviert. Dasselbe dürfte für die Aussage gelten, dass *nur* „etwa 43% der ursprünglichen Erdölreserven verbraucht" sein dürften; „43%" impliziert genauere Kenntnis als realistisch anzunehmen ist, „etwa die Hälfte" wäre der Realität näher gekommen. Halb quantitativ wird von „Jahrzehnten" gesprochen. Das ist wirklich nicht viel, jedenfalls nicht für die zukünftigen Generationen und nicht im Hinblick auf verantwortungsvolle Planung. Es ist eine Binsenweisheit, dass sich die zukünftige Entwicklung des globalen Primärenergieverbrauchs nicht exakt voraussehen lässt. Man darf sich nicht hinter der Unmöglichkeit exakter Vorhersagen verstecken. Die Zukunft lässt sich nie exakt voraussehen, aber es wäre fatal für die Wissenschaft, die Augen vor dem zu verschließen, was sich abzuzeichnen beginnt.

Bei den Daten von BGR 2011, die als zuverlässig gelten können, darf man nicht vergessen, dass die chemisch oder nuklear gespeicherte Energie eines Rohstoffes nur zum Teil in „Nutzenergie" umgewandelt werden kann. Leider weiß man nicht bei allen Angaben, was genau gemeint ist, z.B. wie viel von den Verlusten „unterwegs" mitgerechnet wird. Laut Wikipedia, Verbrauch (Internet-Liste) 2008 belief sich 2008 der Energieverlust, der durch die Wasserkühlungssysteme verursacht wird, auf 67% der Kernenergie. Für 2008 wird von derselben Quelle ein Bedarf von 4.74×10^{20} J/a angegeben, für 2010 ein Bedarf von 5.05×10^{20} J/a = 14×10^{14} kWh/a; der Gesamtenergieverbrauch werde derzeit ganz überwiegend (88 %) aus fossilen Energieträgern gedeckt und schließe auch die „erneuerbaren"

Energien ein, die nur ein paar Prozent ausmachen. Für die einzelnen Rohstoffe wird die Kohleproduktion mit 7.3×10^9 t für 2010 angegeben, was der Angabe von BGR 2011 (für 2010 „Hartkohle" 6.35, Braukohle 1.0; Verbrauch und Produktion) entspricht. Die problematische Quelle „Nationmaster" nennt den neuesten Kohle-Verbrauch 4.6×10^9t, die Produktion 5.0×10^9 t. Bei Erdöl sieht der Vergleich folgendermaßen aus: 4.1 statt 3.9×10^{20} t (BGR 2011), bei Erdgas: 3.1 statt 3.25×10^{12} m^3. Die Angabe bei Uran von 9.7×10^{18} J/a liegt weit unter den 34×10^{18} J/a (BGR 2011), die aus 69×10^3 t/a Verbrauch und dem Umrechnungsfaktor 5×10^{14} J/t (Tab. 4) folgen. Jedoch gibt BGR 2011 an, dass die „weltweit 443 in Betrieb befindlichen Kernkraftwerke" eine „Gesamt-Bruttoleistung von 396 GW$_e$" haben, was mit 3.2×10^7 multipliziert, etwa 10^{19} J/a ergibt, wie bei „Nationmaster". Die tatsächlich gewinnbare Nutzleistung muss also vom nuklearen Energievorrat unterschieden werden. Bei den verschiedenen Datenquellen ist immer Vorsicht geboten.

Der Energieverbrauch hat von 1990 bis 2008 um 10% pro Kopf zugenommen, und steigt derzeit stark an. Bis 2030 wird eine Bedarfssteigerung um etwa die Hälfte auf 160 500 Mrd. kWh bis 2060 in etwa eine weitere Verdoppelung auf 321 000 Mrd. kWh prognostiziert. Das wären etwa 10^{21} J/a. Infolge der begrenzten fossilen Ressourcen kann der wachsende Energiebedarf nicht annähernd gedeckt werden ... jedoch können erneuerbare Energien selbst bei Fortsetzung der bisherigen Wachstumsraten nicht gleichzeitig die Abnahme fossiler Energieträger ersetzen und die weitere Steigerung der verfügbaren Energiemenge bewirken (wörtlich Wikipedia, Verbrauch, s. Internet-Liste).

BGR 2011 weist darauf hin, dass in den OECD-Ländern das Wirtschaftswachstum vom Energieverbrauch weitgehend entkoppelt ist aber in anderen Ländern mit „rasant steigendem Energieverbrauch" einhergeht. Global bleibe ein absehbar wachsender Energiehunger. Jackson (2009) weist nach, dass eine völlige Entkopplung von Energieverbrauch und Wachstum nicht möglich ist. Zittel (2008) und Tertzakian & Hollihan (2009) betonen, dass die reichen Länder ihren Energieverbrauch teilweise in rohstoffreiche und billig produzierende arme Länder auslagern. Wenn man den externalisierten und importierten Energieverbrauch einrechnet, wächst er auch in den meisten OECD-Ländern weiter.

Bei der Abschätzung der umfassenden Reichweite der Energierohstoffe stellen wir dem Energievorrat 640×10^{21} J (plus hypothetisch einige Tausend mal 10^{21} J aus dem Meer) den gesamten (jährlichen) Verbrauch bzw. Bedarf an Primärenergie gegenüber, der aktuell etwa 5×10^{20} J/a bzw. 1.6×10^{13} W ausmacht.

Verbrauchsreichweiten nutzbarer Energievorräte

Wie groß sind nun die Reichweiten der Energieversorgung? Die Begriffe wurden in Kap. 5 erläutert. Die Basis der Berechnung sind die vorgestellten Schätzungen der endlichen Vorräte und der gegenwärtigen Verbrauchsraten, die wir für einigermaßen zuverlässig halten. Wir betrachten zunächst das Modell der linearen Reichweiten, die bei Wachstum unrealistisch sind, dann das Modell dynamischer Reichweiten, die bei exponentiellem Wachstum gelten. Diese Modelle geben ein handlungsweisendes Gefühl für die Versorgungszeiträume, wenn man sich ihrer Einschränkungen bewusst ist. Immerhin haben solche Überlegungen dazu geführt, dass ein Umdenken zum Wirtschaftswachstum begonnen hat (z.B. Miegel, 2010; Jackson, 2009).

Erinnert sei an die Beispiele aus dem täglichen Leben aus Kap. 5. Anhand verschiedener praktischer Beispiele waren die Wahrscheinlichkeiten erläutert worden, welche die linearen und die dynamischen Reichweiten ausdrücken. Realistischere Schätzungen als Reichweiten basieren auf Wachstum, Stagnation und Rückgang (Zittel & Schindler, 2009) und werden im Anschluss an die Reichweiten besprochen.

Lineare Verbrauchsreichweiten bei gleichbleibendem Verbrauch

Die lineare Reichweite von n Jahren (na) ist das Verhältnis von Vorrat W [J] und heutiger Verbrauchsrate E_o [J/a], d.h. Gl. (2) aus Kap. 5: $W/E_o = na$. Wir setzen nun die obigen Zahlenpaare in die Formel ein (mit den korrekten Einheiten) und berechnen die jeweiligen Unbekannten. Nehmen wir den gesamten nutzbaren Energievorrat, $W = 640 \times 10^{21}$ J und die heutige totale Verbrauchsrate pro Jahr

$E_o \approx 5 \times 10^{20}$ J/a, erhalten wir eine lineare Reichweite $na \approx 1300$ a. Für die einzelnen Rohstoffe gehen wir entsprechend vor und berechnen nach Gl. (2) das jeweilige Verhältnis des Vorrats (W) der Tabelle 6.6 und des jährlichen Verbrauchs (E_o) der Tabelle 6.7. Wir beschränken uns auf gerundete Zahlen und nehmen daher die letzte Zeile der Tabelle 6.6, fassen Hartkohle und Braunkohle zusammen und benutzen die Summe aus Uran und Thorium, obwohl Thorium heute nicht benutzt wird. Die Ergebnisse geben wir in Tabelle 6.8 pauschal wieder. Die Resultate demonstrieren ohnehin nur die Begrenztheit der Vorräte. Für die fiktiven Mengen an Gashydraten und Uran im Meerwasser, das eine Prozent der Rotationsenergie W_{rot} und den Wärmevorrat W_{th} in der obersten kontinentalen Kruste gibt es keine Verbrauchsraten; wir nehmen ersatzweise die heutige Gesamt-Verbrauchsrate zur Berechnung der Reichweiten. Das würde dann bedeuten, dass der gesamte Energiebedarf jeweils ausschließlich von diesen Energiequellen gedeckt würde. Die linearen Reichweiten kann man aber einfach addieren, wenn man die Gesamtreichweite wissen will, da sie alle auf derselben Verbrauchsrate basieren.

Kohle	Erdöl	Erdgas	U & Th	Gesamt	N-K: Gah+U(Meer)	W_{rot}	W_{th}
3000	164	>800	300	1300	4600	4×10^6	2×10^4

Tabelle 6.8: Lineare Verbrauchsreichweiten W/E_0 der Energierohstoffe in Jahren.

Die Zahlen sind absichtlich aufgerundet, denn mehr als zwei signifikante Ziffern anzugeben, erscheint sinnlos. Interessanterweise wird die pauschale lineare Reichweite des gesamten Energievorrats von 1300 Jahren nur von der Kohle übertroffen, alle anderen Rohstoffe haben deutlich kürzere lineare Reichweiten. Im Hinblick auf den starken CO_2-Ausstoß ist die Dominanz der Kohle problematisch. Abgesehen davon, sehen 1300 Jahre gesicherter Energieversorgung doch recht „komfortabel" aus.

Die hinzugenommenen fiktiven Energievorräte sind gewaltig und hätten theoretische lineare Reichweiten von Tausenden bis Millionen von Jahren. Gegenüber dem Hundertstel (1%) der Rotationsenergie fallen alle anderen Reichweiten gar nicht ins Gewicht, wir haben aber schon gezeigt, dass es sich um eine zu hohe Schätzung handelt. Trotzdem: könnte die Menschheit nicht beruhigt auf Wachstum setzen? Als Antwort auf diese Frage erneuern wir hier noch einmal die bereits vorgetragenen (Kap. 5) kritischen Argumente: Fiktive Vorräte sind ohne weitere Prüfung keine Lösung. Ferner kann man nicht mit linearen Reichweiten für Wachstum argumentieren, ohne auf den inneren Widerspruch ausdrücklich hinzuweisen. Das hat vor allem Bartlett (1976) schon vor fast 40 Jahren betont, denn die dynamischen Reichweiten sind bei Wachstum immer kürzer als die linearen. Außerdem ist die Annahme, man könne die Vorräte bis zur Neige in gleich bleibendem Tempo abbauen bei Rohstoffen völlig unrealistisch, da ihr Verbrauch immer kleinere Reste übrig lässt, die sich viel schwerer, aufwändiger und teurer finden und heben lassen.

Dynamische Verbrauchsreichweiten

Dynamische Reichweiten sind wie die linearen auch nur eine „Idealisierung". Sie wurden in Kap. 5 am praktischen Beispiel eines Brunnens eingeführt, dessen mögliches Versiegen der heutigen globalen Versorgungssituation verwandt und bei zunehmendem Verbrauch besonders kritisch ist. In jedem Fall erfordert die Situation Vorsicht und Überwachung, beginnt doch die Versorgung mit Energie und anderen Gütern aus der Erde schon vor deren Erschöpfung zu schrumpfen und teuer zu werden.

Wir verwenden die Formeln für exponentielles Wachstum aus mehreren Gründen: (1) um den vorherrschenden Glauben an fortgesetztes Wachstum infrage zu stellen, (2) weil Wachstum als gleichbleibend empfunden wird, wenn die relative (prozentuale) Zuwachsrate gleich bleibt (während bei linearem Wachstum absolut konstante Zuwachsraten bei höherem Vorjahreswert immer unbedeutender werden), (3) weil die Eigenschaften der Exponentialfunktion (vorher verschwindend klein und langsam, nachher immer rasanter wachsend) lehrreich sind und (4) weil das Modell durch die Wahl geeigneter Parameter (Zahlenwerte) an die tatsächliche Entwicklung angepasst werden kann.

Die Grundformeln der Exponentialfunktion, Gl. (5) und (6) wurden in Kap. 5 eingeführt und auf wachsenden Energieverbrauch angewandt. Die jährlichen Verbrauchsraten und der kumulative Verbrauch endlicher Vorräte wachsen beide exponentiell. Für die praktische Rechnung gehen wir vom jährlichen „Wachstumsfaktor" aus:

$P=1 + p/100$ (p = Prozentsatz per annum) und nehmen die jährliche Verbrauchsrate $E = E_o P_t$ (6) mit E_o als Ausgangspunkt des wachsenden Nutz-Energiestroms, der aus den *endlichen Vorräten* gespeist wird. Am Ende, nach n Jahren (na), ist der Vorrat verbraucht: n Jahre sind die gesuchte dynamische Reichweite. Der kumulative Verbrauch, W [J], ist die Summe bzw. das Integral der jährlichen Verbräuche. In Kap. 5 wurde das Integral der Formel (6) abgeleitet und nach der Zeit aufgelöst (Gleichung (7)).

Die dynamischen Reichweiten basieren auf den Daten über die Vorräte (Tabellen 6.1 bis 6.6) und über die laufenden Jahresverbräuche (Tabelle 6.7). Bei den hypothetischen Energievorräten nehmen wir für die Berechnung den laufenden Gesamtjahresverbrauch an. Da die Rohstoffverknappung tatsächlich bald eine Abnahme des Wachstums erzwingen wird, rechnen wir mit verschiedenen jährlichen Wachstumsraten: p = 4%, 3%, 2%, 1%, 0.5% (ln$P$ = 1.0392, 1,0296, 1.0198, 1.0100, 1.0050). Die Ergebnisse sind in Tabelle 6.9 aufgelistet, in der letzten Spalte sind die linearen Reichweiten für 0% angefügt.

Rohstoff	$W[10^{21}J]$	$E_o[10^{18}J]$	$W/E_o[10^3]$	4%	3%	2%	1%	0.5%	0%
Kohle[1]	500	165	3 000	122	152	207	343	540	3000
Erdöl	27	165	164	51	60	73	97	120	164
Erdgas	100	123	813	89	109	143	223	320	800
U & Th	10	34	294	65	77	97	139	180	300
Total[2]	640	500	1280	100	124	165	265	395	1300
(U&G)[3]	2300	500	4600	140	166	230	385	636	4600
W_{rot}	2×10^6	500	4×10^6	305	395	570	1060	1980	4×10^6
W_{th}	10^4	500	2×10^4	170	215	302	530	923	2×10^4

[1] Hartkohle und Weichbraunkohle; [2] Nach Tabelle 6.6; Zahlen aufgerundet; [3] Uran im Meer und Gashydrate optimistisch geschätzt.

Tabelle 6.9: Exponentiell-dynamischen Reichweiten der Energievorräte (konventionell, nichtkonventionell, Reserven, Ressourcen) für verschiedene angenommene jährliche Wachstumsraten.

Zunächst sind das hypothetische Zahlen, die nicht wörtlich zu nehmen sind, besonders auch hier wieder die in den letzten drei Zeilen der Tabelle. Könnte man alle Vorräte exponentiell zunehmend aufbrauchen, würden die Zahlen besonders für das letzte Jahr sehr hohe

Verbrauchsraten implizieren, zum Beispiel würde bei 3 % Wachstum und den hypothetischen marinen Quellen der letzte jährliche Verbrauch der 165-fache des heutigen sein (1.03^{166}=165-fach $E_o \approx 10^{23}$J/a). Ohne Anschlussversorgung aufgebaut zu haben, käme danach der totale Kollaps. Die recht unterschiedlichen Reichweiten (wie auch die Tatsache, dass die Gesamt-Reichweite aller Energierohstoffe zusammen kürzer ist als die von Kohle, aber länger als die von Öl, Gas und Uran) zeigen auch, dass es starke Umschichtungen in der Verwertung der unterschiedlichen Rohstoffe geben müsste. Gerade beim Öl wird das heute schon evident (auch im Preisanstieg), und die Medien verbreiten diese Botschaft inzwischen mit zunehmendem Nachdruck. Kohle könnte Lücken füllen, falls die CO_2-Problematik gelöst würde, Gas kann nur begrenzt aushelfen, Kernbrennstoffe noch weniger, was vielen Menschen wohl nicht unrecht ist. Die hypothetischen Energievorräte der letzten drei Zeilen würden die Vorräte vervielfachen, jedoch erwarten wir von ihnen keine realistische Lösung, wie oben bereits mehrfach erläutert.

Je höher die Wachstumsraten, desto rapider verringern sich die Reichweiten. Schon bei geringen Wachstumsraten aber sind die Reichweiten gegenüber den linearen stark verkürzt, wenn die Vorräte groß sind, weil sich die in der Zukunft steigenden Verbrauchsraten dann stark auswirken. Wenn andererseits die Vorräte wie bei Öl sowieso nicht mehr lange reichen, machen die Wachstumsraten weniger aus. Die Zahlen der Tabelle 6.9 bei den höheren Wachstumsraten geben nur wenigen Generationen die Aussicht, „noch einmal davonzukommen". Dabei bedenke man, dass die Reichweiten unrealistisch „großzügig" berechnet wurden, jedenfalls, wenn man nicht für Ersatz durch andere Energien gesorgt hat. Andauernd 4% pro Jahr ist ganz unrealistisch hoch, 3 % wie im 20. Jahrhundert wahrscheinlich auch. 2% könnten für die nächste Zukunft eher zutreffen, auf die fernere Zukunft vielleicht nur 1% oder 0.5%. J. Randers (2012) sagt schon für die Mitte des 21. Jahrhunderts Nullwachstum (0%) und den Beginn einer Schrumpfung voraus. Im Hinblick auf unsere Zahlen scheint das durchaus plausibel.

Wie gesagt, geologische Vorräte werden nicht plötzlich erschöpft, sondern enden nach Stagnation und Abnahme des Abbaus effektiv, wenn Aufwand und Kosten den Gewinn übersteigen, also vor allem, wenn mehr Energie hineingesteckt werden muss, als herauskommt. Aber das bedeutet, dass die Verknappung früher eintritt als die Erschöpfung. Die Zahlen können also nur ein Gefühl der Zeiträume geben, in denen uns die Rohstoffe noch ausreichend zur Verfügung stehen. Sie zeigen, dass fortlaufendes Wachstum nicht möglich ist und dass Politik, Wirtschaft und Finanzwelt die Gier zügeln und aufhören müssen zu glauben, dass man das System nur mit Wachstum aufrechterhalten kann. Rohstoffknappheit wird uns zum Umdenken zwingen und den Handlungsdruck durch Treibhausgase und die Klimaerwärmung verstärken, uns schleunigst nach anderen „Energiequellen" umzusehen: nach Einsparungen und den erneuerbaren Energieströmen, vor allem der Sonnenenergie (s. Kap. 7). Das Umdenken hat begonnen, die Gesellschaft bewegt sich aber zu langsam und zu zögerlich. Die Versprechungen der Verantwortlichen sind nicht immer glaubwürdig. Viele glauben einfach nicht, dass die Zeit drängt. Es fehlt an Durchhaltevermögen, da die Veränderungen für „Normalbürger" zu langsam ablaufen.

Braucht die Menschheit mehr Energie?

Es stellt sich aber auch die Frage, ob es überhaupt Sinn hat, mehr Energie bereitzustellen. Braucht die Menschheit mehr Energie? Die reichen Länder brauchen kein weiteres materielles Wachstum für ihren Wohlstand. Sie sind nur in einem Wachstumssyndrom befangen! Herman Daly (2005) schreibt (frei übertragen aus Randers (2012, S. 73): "*... ökonomisches Wachstum ist noch immer vorrangige Politik praktisch aller Nationen, ... Wachstums-Ökonomen sagen, dass ‚Neo-Malthusianer' einfach unrecht haben und dass wir weiter wachsen sollten wie bisher. Ich denke aber, dass ökonomisches Wachstum bereits geendet hat in dem Sinne, dass Wachstum heute unökonomisch geworden ist; es kostet mehr als es wert ist, es macht uns ärmer, nicht reicher ... Ich behaupte, dass wir die ökonomische Grenze des Wachstums erreicht haben, aber wir wissen es nicht und verdrängen es verzweifelt durch fehlerhafte Buchführung, weil Wachstum heilig und, es nicht anzubeten, Ketzerei ist.*"

Gilt das aber nicht nur für die „reichen" Länder? Gilt es für die armen, wenn wir die Klimaverträglichkeit zunächst ausklammern? Haben wir genug Energie für *alle* Menschen? Wohl kaum. Große zusätzliche Energiemengen müssten eingesetzt werden, um die Ungleichheit zwischen den Menschen auszugleichen (selbst wenn es unrealistisch erscheint). Außerdem werden etliche Rohstoffe immer knapper, und ihr Ersatz durch andere Stoffe erfordert hohe energieintensive Investitionen. Ein starker Anstieg des Süßwasserbedarfs ist zu erwarten, und für Wasserentsalzung wird viel Energie eingesetzt werden müssen. Klimawandel, Meeresspiegelanstieg, Küstenschutzmaßnahmen und auch Urbanisierung oder gar Umsiedlungen von Megastädten dürften den Energiebedarf weiter steigern. Im Einzelnen:

Verteilungsgerechtigkeit: Der weltweit durchschnittliche Energieverbrauch pro Person beträgt etwa 2 kW, nur ein Fünftel des Verbrauchs der USA-Bürger (oder ein Zehntel des Verbrauchs der Wohlhabenderen). Die Lage in den armen Ländern ist noch schlechter. Wir brauchen um der Gerechtigkeit willen mehr Energie, um allen gute Lebensbedingungen zu ermöglichen! Wir können die Ungleichheit auf Dauer nicht dulden. Klimaverträglichkeit erfordert jedoch, dass der globale Durchschnittsverbrauch nicht den amerikanischen oder europäischen Energiekonsum erreichen darf. Trotzdem: wie lange würde es dauern, um von 2 auf 10 oder 20 kW pro Person (global 8 bis 16×10^{13} W, bzw. 2.5 bis 5 10^{21} J/a) zu kommen, wenn wir Wachstumsraten von 4, 3, 2, 1, 0.5% pro Jahr annehmen. Würden die fossilen und nuklearen Vorräte reichen? Gl. (9): $t_n = \ln(E_n/E_o)/\ln P$ (Kap. 5) liefert mit $\ln 5 = 1.61$, $\ln 10 = 2.30$ für 10 kW pro Person: 41, 54, 81, 162, 162, 232 Jahre, und für 20 kW/Person: 59, 78, 116, 230, 460 Jahre. Tabelle 6.9 gibt ähnliche dynamische Verbrauchsreichweiten der gesamten (hypothetischen) Vorräte für dieselben Wachstumsraten an (100, 124, 165, 265, 395 Jahre). Das wirtschaftliche Aufholen der Armen würde die Vorräte weitgehend verbrauchen, selbst wenn der Verbrauch bei den Reichen konstant bliebe, bei jährlich 0.5% Wachstum bis 20 kW/Person wären die Vorräte vorher schon restlos verbraucht (bei unrealistischem Abbau). Man müsste also in jedem Fall dann die erneuerbaren Energien stark ausgebaut haben.

Wenn sich das Wachstum bei den 500 Millionen „Reichen" weiter fortsetzt, z.B. mit 1% pro Jahr, müssten die 6.5 Milliarden Armen auch das durch verstärktes Wachstum noch aufholen. Nehmen wir an, dass der jährliche Konsum pro Person nach t_a = 10 Jahren ausgeglichen sein soll und gehen wir vereinfachend davon aus, dass die 6,5 Milliarden Armen schon jetzt den globalen Durchschnittswert von etwa 2KW pro Person, also den mittleren Energiekonsum pro Erdbewohner, umsetzten könnten. Die Rechnung wäre dann $E_{10}=E_oP_1^{10} = cE_oP_2^{10}$, wobei c = 0.2 oder 0.1 (E_o=10 kW des US-Bürgers oder 20 kW des Wohlhabenden, P_1=1.01, also 1% pro Jahr, P_2 ist die gesuchte Größe). Der Energiekonsum der Armen muss mit $P_2 > P_1$ schneller wachsen; aus E_{10} = 0.2 E_o P_2^{10} und der obigen Gleichung folgt: $P_2 = c^{-1/10}P_1$. Tabelle 6.10 listet P_2 für die betrachteten Fälle (t_a = 10, 30, 100 Jahre) auf: links für Nullwachstum bei den „Reichen", rechts für 1% Wachstum bei ihnen. Die Zahlen sind approximativ (wenige Dezimalstellen).

(P_1=1.00)	t_a=10	30	100 a	(P_1=1.01)	t_a=10	30	100 a
Wachstum 5-fach	1.17	1.06	1.016		1.18	1.07	1.026
Wachstum 10-fach	1.26	1.08	1.023		1.27	1.09	1.033

Tabelle 6.10: Aufholwachstum der Armen P_2 als Funktion von P_1, c und t_a.

Die Zahlen sagen aus, dass die Wachstumsrate z.B. für 100 Jahre 1.6% bei den „Armen" sein müsste, wenn sie bei den „Reichen" 0 % ist, 2.6% bei den „Armen", wenn 1% bei den „Reichen". Würden die Vorräte dafür überhaupt reichen? Die Berechnung des kumulativen Verbrauchs ist komplizierter und sei dem Leser hier erspart. In 100 Jahren würde danach etwa die Hälfte der gesamten Energievorräte von 6.4 $\times 10^{23}$ J verbraucht sein. Die Zahlen geben einen groben Anhaltspunkt für die Versorgungssituation. Schlussfolgerung: *Es ist geboten, den Konsum für alle in Richtung auf 2 kWh pro Person hin anzupassen, statt ihn auf 10 oder 20 kW für alle Erdbewohner zu steigern.*

Meerwasserentsalzung wird in der Zukunft an Bedeutung gewinnen, da die Versorgung aller Menschen mit sauberem Wasser durch Mangel oder Verschmutzung des vorhandenen Süßwassers immer schwieriger wird. In 15 Jahren wird der Wasserverbrauch weltweit um bis zu 40 Prozent ansteigen. Man setzt in Wüstenstaaten auf die sehr teure Meerwasserentsalzung mittels Destillation (~10 kWh/m^3). Auch bei Einsatz von ökonomischeren Verfahren wie Umkehrosmose (~4 kWh/m^3) oder Elektrodialyse (~1,5 kWh/m^3) werden die Kosten sehr hoch bleiben (Quelle: Siemens, s. Meerwasserentsalzung, Internetliste). Die Abschätzung des zukünftigen Bedarfs ist schwierig. Der AQUA-CSP Zusammenfassung (2007) ist zu entnehmen, dass dem Nahen Osten und Nord-Afrika ein zusätzlicher Bedarf von 2 10^{11}m^3/a entstehen wird. Rechnet man mit günstigen 2 kWh/m^3 Energieaufwand, wird man zusätzlich etwa >1×10^{18} J/a benötigen. Effizienzsteigerungen könnten diesen Bedarf verringern, andererseits dürfte der globale Bedarf wesentlich höher sein (10- bis 100-fach?). Damit kämen wir dem heutigen Gesamtbedarf von 5×10^{20} J/a nah. Die AQUA.CSP-Studie schlägt daher Solarkraftwerke für die Meerwasserentsalzung vor (s. Kap. 7).

Urbanisierung, Klimawandel, Meeresspiegelanstieg: Voraussichtlich wird der Energiebedarf weiter steigen infolge zunehmender Urbanisierung, Klimawandel samt Meeresspiegelanstieg und notwendiger Küstenschutzmaßnahmen und Umsiedlungen von Megastädten (Pollack, 2009). Randers (2012) rechnet für die 40 Jahre bis 2052 mit beträchtlichen Belastungen dieser Art, hofft aber auf Effizienzsteigerungen bei der Energieausbeute der vorhandenen Rohstoffe und auf die erneuerbaren Energien. Andererseits lässt sich Effizienzabnahme bei Annäherung an die Erschöpfung der Rohstoffe trotz technischer Verbesserungen nicht vermeiden. Dies nicht zu erwarten, wäre illusorisch. Obwohl quantitative Schätzungen hier kaum möglich sind, ist zu vermuten, dass die Vorräte dadurch weiter unter Druck geraten.

Abschließend sei noch einmal betont, dass Reichweiten, ob lineare oder dynamische, selbstverständlich nur grobe Richtwerte sein können. Prognosen müssen realistischer, wenn auch aufwändiger, konstruiert werden, und man wird die erneuerbaren Energieströme berücksichtigen müssen. Das bedeutet Perspektiven von Wachstum, Stagnation und Schrumpfung der Förderung der Vorräte und den zunehmenden Einsatz von Sonne, Wind und anderen Formen der Erneuerbaren. Diese sollen also unser nächster Punkt (im Kapitel 7) sein, bevor wir abschließend die realistischen Perspektiven von Vorräten und Energieströmen besprechen.

Wachstum, Stagnation, Schrumpfung

Abschließend versuchen wir, die Verbrauchsreichweiten der endlichen Vorräte zusammenzufassen. Für sich genommen, sind die Verbrauchsreichweiten, ob linear oder dynamisch, unbefriedigend, weil sie nur einen groben Anhalt dafür geben können, wie lange Vorräte reichen, da sie die Schlussphase des Abbaus und der Versorgung nicht korrekt beschreiben. Wir wenden uns daher realistischeren Szenarien zu, bei denen die Vorräte abnehmen und die Erneuerbaren zunehmend gebraucht werden.

Es sei noch einmal in Erinnerung gerufen, dass die natürlichen Vorräte an Energie-Rohstoffen als geologische Lagerstätten vorliegen und im Tagebau oder untertage abgebaut werden, entweder als kompakte Gesteinskörper (Kohle) oder mehr oder weniger fein verteilt im „Muttergestein" (engl. „host rock") (Öl, Gas, Uran, Thorium). Das Auffinden der Lagerstätten erfordert geologische Vorkenntnisse und gezielte Exploration, und der Abbau setzt aufwändige Aufschlussarbeiten voraus. Der Abbau wächst an und steigert den Bedarf und das Wirtschaftswachstum. Es kommt immer erst zur Ausbeutung der ergiebigsten Lagerstätten, doch geht dort die Förderung irgendwann zurück, weil die Vorräte spürbar zu schrumpfen beginnen. Der Abbau wird immer aufwändiger und langsamer, denn er benötigt immer mehr Energie und bringt zuletzt gar keinen Nettogewinn mehr. Der Verlauf ähnelt einer Glockenkurve mit Anstiegs-, Stagnations- und Schrumpfungsphase. Die Glockenkurve kann man auch als Exponentialfunktion schreiben (Gaußsche Fehlerfunktion, Kap. 5). Sie erlaubt, für praktische Berechnungen das zeitliche Verhalten des Abbaus idealisiert zu approximieren, d.h. die Abbaudaten durch Optimierung der Parameter anzupassen sowie sie in die Zukunft zu extrapolieren.

Die erste entsprechende Darstellung stammt von King-Hubbert (1956, 1969, 1971), auf den das Wort von "peak oil" zurückgeht (s. Kap. 1), die Verbrauchsspitze oder das Maximum der Förderung. Neue gründliche Studien der Ludwig-Bölkow Systemtechnik GmbH (LBST) unter dem Motto „Energieversorgung am Wendpunkt" liegen von Zittel & Schindler (2006, 2009), Zittel, (2008), Schindler (2008) vor. Ihr Schwerpunkt ist Erdöl und Erdgas. Ihre wichtigsten Datenquellen sind die oben genannten: World Energy Council

(WEC), Deutsche Rohstoffagentur (DERA) bei der BGR, und BP Statistical Review of World Energy (BPSR). Wie beschrieben, verfolgen die verschiedenen Organisationen verschiedene Zielrichtungen und Aufgaben, welche die Datenangaben beeinflussen, so dass sie kritisch gewertet werden müssen. Das tut die LBST und schließt auf die Zukunftsaussichten. Wir halten sie für sehr sorgfältig und vertrauenswürdig. Im Folgenden stützen wir uns hauptsächlich auf diese und geben sie zum Teil direkt wieder.

Die Glockenkurve der „weltweiten denkbaren *Kohleförderung*" (Zittel, 2008) steigt von 1950 bis 1990 monoton auf das Dreifache an, gefolgt von Einbrüchen um 1990 und 2000 und einem steilen Anstieg bis 2005. Es werden zwei Extrapolationen gezeigt, die auf „WEO 2006 Szenarien" (World Energy Outlook) zurückgehen: eine ansteigende und eine sich abflachende „alternativ-politische". Sie hängen stark von den Einschätzungen der Klimagefahren und wirtschaftlichen Ziele ab und sind daher besonders unsicher. Die Kurve basiert also nicht nur auf den Kohle-Reserven und Ressourcen, sondern auch auf den für die Zukunft erwarteten politischen Entscheidungen, den CO_2-Ausstoß zu reduzieren. Zittel (2008) extrapoliert sie, etwa dem alternativen Szenarium folgend, allerdings abgeschwächt bis gegen 2025, wonach die Förderung von Kohle allmählich immer steiler abnehmen könnte. 2100 würde der Verbrauch auf denjenigen von etwa 1975 fallen. Extrapolationen sind aber keine sicheren Prognosen, wenn hier auch relativ wahrscheinliche. Jedenfalls müsste der Energieverbrauch abnehmen oder durch erneuerbare Energien ergänzt werden.

Beim *Erdöl* (siehe Abbildung 6.1) zeigt sich (Abb. 1, nach Zittel, 2008: „Erdölförderung weltweit – Analyse und Szenario"), dass die Öl*funde* von 1920 bis etwa 1970 tendenziell zunahmen und seitdem bis 2005 ständig abnahmen; die *Ölförderung* nahm bis 2005 noch leicht zu.

Bei der weltweiten Ölförderung, extrapoliert bis 2030, setzt die maximale Förderung („Oil peak") gegen 2006 ein; von 2010 bis 2030 wird mit einer Abnahme um 50% gerechnet. Wie bei der Kohle ist auch das WEO 2006 „Referenzszenarium" eingetragen, das die jährliche Zunahme der Förderraten zwischen 1980 und 2005 bis 2030 fast unverändert fortsetzt – Zweckoptimismus?

Nicht berücksichtigt sind allerdings die nicht-konventionellen Ölsande (s. Tabelle 6.2), die von Wachstumsbefürwortern zwar als „riesig" bezeichnet werden, die aber problematisch sind und für das Wachstum auch nicht sehr stark ins Gewicht fallen. Die Entwicklung des Rohölpreises (Zittel, 2008) war mehrfach sprunghaft (erste Ölkrise, 1974 und gegen 1980) und verzeichnet, seit etwa 2004 bis heute eine Vervierfachung, denn die Kosten pro Barrel hängen neben Technologie und Ölverknappung auch von politischen Konflikten, Wirtschaft und Weltpolitik ab. Ein Ende des steigenden Preis-Trends ist trotz kurzfristiger Schwankungen nicht zu erkennen und aufgrund der Ölverknappung auch nicht zu erwarten.

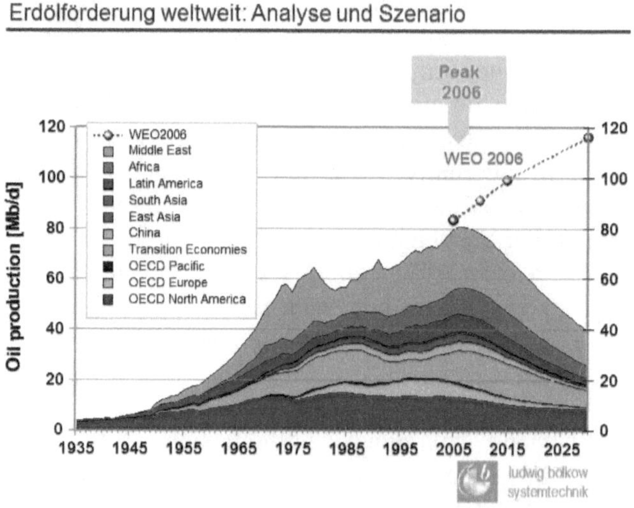

Abb. 6.1: Die Entwicklung der Ölproduktion bis 2030 nach Zittel (2008).

Erdgas: Bei Erdgas ist die Situation etwas günstiger als bei Erdöl, wie schon die Reichweiten (Tabelle 6.9) zeigen: bei 3% jährlicher Verbrauchszunahme reicht Gas 50 Jahre länger als Öl, bei konstantem Verbrauch sogar etwa 5mal so lange (800 Jahre). Das Verbrauchsdiagramm von Gas (Zittel, 2008) zeigt einen recht regelmäßigen Anstieg der jährlichen Förderraten von 1940 bis etwa 2020 und würde dann sein Maximum erreichen, wonach es bis 2080 wieder etwa auf das Niveau von 1970 sinken würde. Auch bei Gas unterliegt die Förderung politischen Entscheidungen. Unkonventionelles Schiefergas hat ein zusätzliches Potential, das laut DERA (BGR) jedoch relativ zum konventionellen Gas quantitativ nicht so stark ins Gewicht fällt, wie man oft meint; andere sind optimistischer. Gas hat den Vorteil, dass es bei gleichem Energieumsatz weniger CO_2 hinterlässt, aber das Frac-Verfahren zur Förderung des Schiefergases ist, gelinde ausgedrückt, umstritten (s. Kap. 5).

Bei den *Kernbrennstoffen* Uran und Thorium (ohne das im Meerwasser gelöste Uran) ist die Situation aus verschiedenen Gründen komplizierter. Die unkalkulierbaren Risiken und der öffentliche Widerstand gegen Kernkraft haben die Entwicklung in einigen Ländern unterbrochen. Andererseits führt die Vermeidung der CO_2-Produktion zunehmend zu erneuter Befürwortung der Kernenergie durch die Politik. Im Vergleich zu den fossilen Energierohstoffen spielt Uran eher eine untergeordnete Rolle; seine Reichweiten (bei Gestellungskosten von 80 $/kg) sind nicht viel größer als die von Erdöl. Die Problematik der Kernenergie wird nach Zittel (2008) besonders augenfällig, wenn man die IEA-Vorhersagen von 1975, 1977, 1980, 1985 mit der tatsächlichen Nutzung vergleicht; das Verhältnis ‚Vorhersage zu Ergebnis' ist von anfänglichem politischen Optimismus kontinuierlich realistischer geworden: von 3.3 über 2.3 und 1.7 auf 1.2. Heute zu sagen, dass eine Renaissance der Kernenergie bevorsteht, ist kaum möglich, zumal hier Vor- und Nachteile nicht streng sachlich gegeneinander aufzuwiegen sind. Insbesondere ist zu betonen, dass sogenannte Brutreaktoren, bei denen neben Energie auch noch spaltbares Material erzeugt wird, hier nicht berücksichtigt wurden. Durch eine forcierte Nutzung der Brütertechnologie könnten sich die Reichweiten für Kernbrennstoffe deutlich vergrößern. Doch haben sich sehr viele Nationen (vielleicht mit Ausnahme von China und Indien) von den technisch riskanten Reaktortypen verabschiedet – eine Renaissance ist aber auch hier keineswegs ausgeschlossen.

Eine *Zusammenschau* des realistischen Rohstoffabbaus der endlichen Energievorräte muss den Übergang zu den erneuerbaren Energieströmen mit einbeziehen. Das haben die obigen Ausführungen unmissverständlich gezeigt. Die Erneuerbaren werden im nächsten Kapitel besprochen. Dennoch geben wir schon hier in Abb. 6.2 nach Zittel (2008) das Szenarium „Weltenergieversorgung" 1920-2100 wieder, welche die Verbrauchsgeschichte und Perspektive bis etwa 2100 extrapoliert.

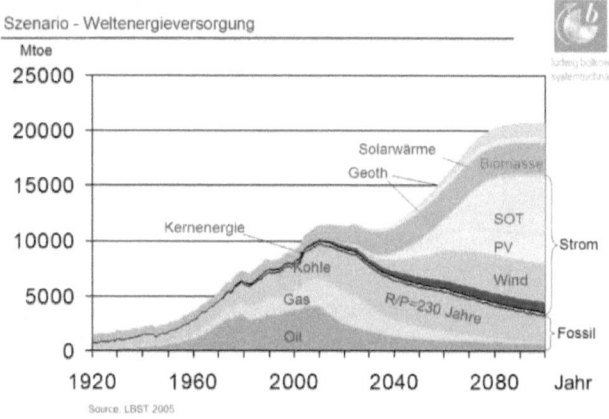

Abb. 6.2: Die Entwicklung der Weltenergieversorgung bis 2100 nach Zittel (2008).

Dieses Zukunftsszenarium ist nicht eindeutig berechenbar und nur eine von vielen Möglichkeiten. Die gezeigte zusammengesetzte Glockenkurve ist nicht so einfach begründbar wie "peak oil", hat aber eine realistische Wahrscheinlichkeit und berücksichtigt politische Entscheidungen und Maßnahmen zur Begrenzung der Klimaerwärmung.

Zwar würde das Wirtschafts*wachstum* seinen „Betriebsstoff", die fossilen und nuklearen Energiequellen, noch nicht so bald völlig verlieren, aber ohne die erneuerbaren Energien würden die Klima- und Umweltprobleme katastrophale Ausmaße erreichen. Versiegen des Kraftstoffs der Wirtschaft bzw. seine Verknappung und noch mehr seine Klima-Gefährlichkeit werden das Ende des materiellen

Wachstums einleiten. Häufiger Einwand gegen diesen Schluss ist die in den Industrieländern zu beobachtende Entkopplung von Energieverbrauch und Wirtschaftswachstum. Jedoch wird übersehen, dass die „Entkopplung von BSP [Bruttosozialprodukt] und Energieverbrauch durch die Verlagerung energieintensiver Rohstoffgewinnung ins Ausland" erreicht wird (Zittel, 2008), und dass die Globalisierung der Produktion von Massengütern den Energieverbrauch von den reichen Ländern hin zu den billig produzierenden armen Ländern verschiebt, die zudem einen steigenden Eigenbedarf haben (Tertzakian & Hollihan, 2009). Da die Probleme aber globaler Natur sind, müssen auch „Rohstoffländer" energieeffizienter werden. Die hypothetischen Quellen (Uran im Meer, Gashydrate, Rotationsenergie, Wärme in oberen 5 km Erdkruste) diskutieren wir hier nicht weiter. Falls ihre Nutzung in Angriff genommen würde, müssten noch viele Fragen beantwortet und praktische Aufgaben gelöst werden, und die Nutzung würde zu Beginn einen Umfang haben, der die Quellen fast wie erneuerbare aussehen lassen würde.

Wir schließen diese Diskussion ab, indem wir die Zusammenfassung von Zittel (2008) sinngemäß wiedergeben. ‚*Die Weltölförderung ist am Maximum (oil peak ist da). Kein anderer fossiler und nuklearer Energieträger wird das ausgleichen können. Unsere Wirtschaft ist an steigenden, nicht sinkenden Ressourcenverbrauch angepasst. Das Fördermaximum wird einen Strukturbruch einleiten. Je schneller wir beginnen, mit weniger Öl zu leben, desto besser werden wir den Übergang meistern. Erneuerbare Energie ist nach Energieeinsparung die einzige nachhaltige Lösung mit geringem Konfliktpotential.*'

Abwärme von zusätzlicher Energiezufuhr

Schließlich interessiert hier noch ein Aspekt, bei dem es um die Grenzen geht, die uns Abwärme setzt. Am Ende jeglicher Energienutzung verbleibt Abwärme, denn die Energie selbst geht ja nicht verloren. Sie wird lediglich thermisch entwertet (vgl. Kap. 5). Diese in der Nähe der Erdoberfläche anfallende Abwärme, die übrigens global derzeit kein Problem darstellt, die sich insbesondere in den großen Ballungsräumen aber schon jetzt deutlich bemerkbar macht, muss nun „entsorgt" werden. Doch wie wird die Erde diese Wärme wieder los und welche Probleme könnten damit verknüpft sein (vgl. Holdren, 1971)?

Um diese Fragen zu beantworten, müssen wir uns kurz damit vertraut machen, wie die relativ konstante mittlere Temperatur unserer Erde zustande kommt.

Die Erde ist beständig dem Strom der Sonnenstrahlung ausgesetzt. Sie müsste sich deshalb immer weiter erwärmen, wenn sie die einfallende Strahlungsmenge nicht wieder ins Weltall abgeben würde. Eine konstante mittlere Temperatur an der Erdoberfläche bildet sich heraus, weil die Erde genau diejenige Strahlungsenergie, die sie in einer bestimmten Zeit von der Sonne empfängt, in der gleichen Zeit auch wieder abstrahlt. Die Erde befindet sich im sogenannten Strahlungsgleichgewicht (Abb. 6.3).

Grundsätzlich gibt es drei Möglichkeiten, wie ein erhitzter Körper Wärme an die Umgebung abgeben kann: Wärmeleitung, Wärmekonvektion und Wärmestrahlung. Ein einfaches Experiment führt alle Varianten unmittelbar vor Augen.

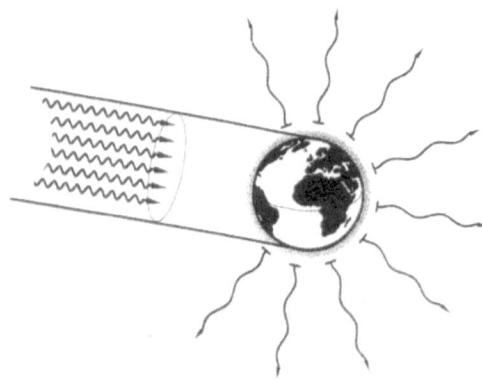

Abb.6.3: Veranschaulichung der einfallenden Sonnenstrahlung und der von der Erde abgegebenen Strahlung.

Man nehme eine heiße Kaffeetasse und umschließe diese mit seinen Händen. Die von den Fingern „gespürte" Wärme ist auf Wärmeleitung durch die Tasse zurückzuführen. Halten Sie die Hände über die Tasse, ohne diese jedoch zu berühren. Dann verspüren Sie die Wärmewirkung der Konvektion: die Luft in der Umgebung der Tasse strömt nach oben weg und umstreicht ihre Hände. Halten Sie nun ihre Hände neben die Tasse, ebenfalls ohne diese zu berühren. Ist der Kaffee heiß genug, dann bemerken Sie die Wärmestrahlung.

Im Vakuum des Weltalls gibt es für die Erde nur eine Möglichkeit, die Wärme der Sonnenstrahlung wieder „los" zu werden – die Wärmestrahlung. Kommt mehr „herein", dann muss auch mehr abgegeben werden. Das Prinzip, nachdem die Erde mehr abstrahlen kann, ist im sogenannten Stefan-Boltzmann-Gesetz festgeschrieben. Es besagt, dass die Intensität der Wärmestrahlung eines bestimmten Körpers nur von seiner Oberflächentemperatur bestimmt wird. Ist diese hoch, dann strahlt der Körper viel Wärme ab (siehe Zusatzinformation 2).

Kommt nun in die Geosysteme ein höherer Energieeintrag zustande, muss dies zwangsläufig zu einer Erhöhung der mittleren globalen Temperatur führen. Das Prinzip verdeutlicht die Abbildung 6.4.
Das soeben Gesagte gilt für jegliche chemisch, fossil oder nuklear gespeicherte, also „schlummernde" Energieform. Es gilt insbesondere für große, grenzenlos erscheinende Energiequellen oder Vorräte wie Kernfusion oder die Erdrotation. Jeder Energieeintrag in das Erdsystem endet „nach getaner Arbeit" als Abwärme, also als thermische Energie auf dem Temperaturniveau der Umwelt. Durch den Eintrag erhöht sich ihre Temperatur, jedoch stellen die Geosysteme ein sehr großes Reservoir dar, und die Temperaturerhöhung ist bislang dementsprechend klein. Alle menschlichen Einträge fossil und nuklear gespeicherter Energie in den letzten Jahrhunderten haben so wenig Abwärme eingebracht, dass sie das Klima nicht signifikant beeinflusst haben. Die Treibhausgase CO_2, CH_4, H_2O etc. erwärmen das Klima auf andere Weise, nämlich durch Veränderung des Strahlungsgleichgewichts innerhalb der Atmosphäre, die hier nicht unser Thema ist.

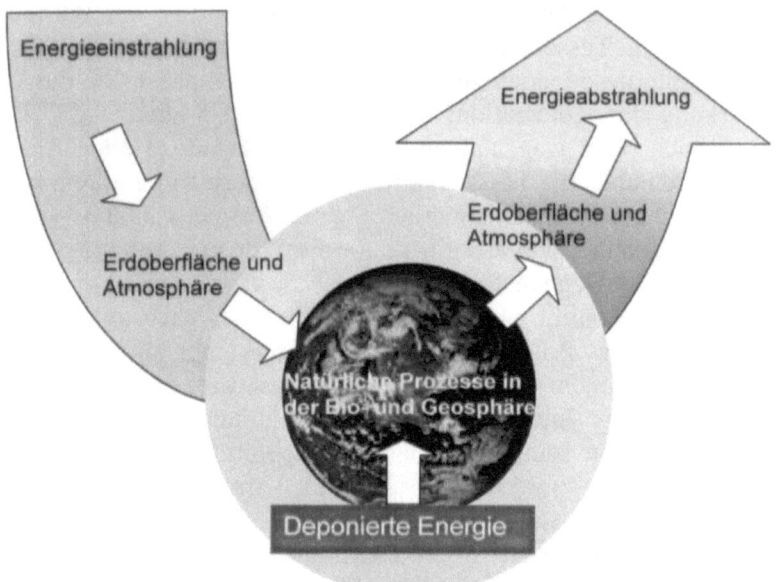

Abb. 6.4: Energieströme bei der Nutzung von im Erdkörper „deponierter Energie".

Wenn der Eintrag exzessiv hoch ist, erhöht sich die Temperatur der Atmosphäre merklich und verändert das Gleichgewicht mit verstärkter Abstrahlung von Energie in den Weltraum (im Infraroten). Das gilt auch in umgekehrter Richtung für jede Form „weggespeicherter" Energie, die zeitweise dem „Umweltsystem" entzogen ist oder aktuell entzogen wird und damit Kühlung bringt. Significant kann Abwärme werden, wenn sehr viel „schlummernde" Energie angezapft wird. Fusionsenergie, die frei wird, wenn Wasserstoff zu Helium fusioniert, wäre so ein Fall. Sie geschieht ständig in der Sonne – Quelle allen Lebens auf der Erde, jedoch in ausreichendem Sicherheitsabstand. Wenn die Zähmung der Fusionsenergie hier gelingt, woran hart gearbeitet wird, und mancher erwartet darin die Lösung aller Energieprobleme der Menschheit, dann könnte die Abwärme ein ernstes Problem werden.

Zusammenfassung

In diesem Kapitel wurde die Datenbasis der klassischen Energierohstoffe für die Schätzung von Zukunftsszenarien vorgestellt, die Vorräte und heutigen Verbrauchsraten dokumentiert und möglichst zuverlässige Verbrauchsreichweiten berechnet. Für die Berechnungen wurden verschiedene Annahmen gemacht, z.B. wie stark die Verbrauchs- oder Gebrauchsraten wachsen mögen. Das zukünftige Wachstum stellt die unsicherste Annahme dar: Politik und Wirtschaft streben mehrere Prozent jährlich an, aber nüchterne Beobachter (Randers, 2012; Heinloth, 2003, Miegel, 2005) sehen schon für dieses Jahrhundert eine Abnahme des Wachstums bis zur Stagnation und Schrumpfung voraus.

Formal ist die lineare Verbrauchsreichweite aller Vorräte bei heutigem Stand des Verbrauchs pro Jahr etwa 1300 Jahre, das sieht beruhigend aus, basiert aber nicht nur auf relativ „sicheren" Reserven, sondern auch auf unsicheren Ressourcen. Die Verbrauchsreichweiten der verschiedenen traditionellen Vorräte sind unterschiedlich, für Öl, Gas und Kernbrennstoffe kürzer, für Kohle länger als für die Summe aller. Die Ergebnisse machen deutlich, dass Einschränkungen der Versorgung und beträchtliche Umsortierungen und Umstellungen im Energiesystem in allernächster Zeit bevorstehen oder bereits begonnen haben. In Tabelle 6.9 wurden die linearen und dynamischen Verbrauchsreichweiten zusammengestellt. Selbst bei nur 0.5 % Wachstum pro Jahr sind die dynamischen deutlich kürzer als die linearen bei gleichbleibendem Verbrauch. So schrumpft die Reichweite der gesamten Vorräte von 1300 auf 400 Jahre zusammen, bei Kohle von 3000 auf 500 Jahre, bei Erdöl von 160 auf 120 Jahre, bei 3 % jährlichem Wachstum sogar auf 125 Jahre (alle Vorräte), bzw. auf 150 Jahre (Kohle) und 60 Jahre (Öl), nota bene inklusive der unbekannten Ressourcen. Teilweise dürften diese reine Phantasie sein. Ohne die sehr unsicheren und optimistisch geschätzten Ressourcen verringert sich die lineare Gesamt-Reichweite auf etwa ein Drittel, die dynamische nicht so stark, allerdings bei geringeren Reichweiten der Reserven. Die hypothetischen Vorräte im Meer (Uran, Gashydrate und Gezeiten aufgrund der Erdrotation), an Erdwärme und Kernfusion wurden nicht eingerechnet, da unklar ist, ob sie je, und wenn ja, wie weit sie überhaupt genutzt werden können.

Schätzungen von Wachstum, Stagnation und Schrumpfung des Abbaus der Vorräte in Form von Glockenkurven zeigen noch nachdrücklicher, dass wir heute am Beginn unvermeidlicher Einschränkungen stehen, da Öl schon knapp und teuer wird. Unsere Ökonomie ist völlig auf Öl und Gas eingestellt. Wir haben nicht mehr Jahrzehnte des scheinbaren Überflusses vor uns. Die Umstellung auf knappe Vorräte und auf erneuerbare Energien beginnt. Es ist zweifellos eine Epochenwende (Miegel, 2005). Der heutige, noch wachsende Energiehunger kann aber nicht mehr wie gewohnt gestillt werden.

Zweifellos kann die Lösung nur in der Besinnung auf die erneuerbaren Energieströme liegen. Aber ist die Lösung einfach? Manche glauben, dass sie sich ganz von selbst ergeben wird. Dass sie nicht so einfach ist, müssen wir nüchtern ins Auge fassen. Auch die erneuerbaren Energieströme haben Grenzen. Sie erlauben kein beliebiges Wirtschaftswachstum Die Umstellung auf erneuerbare Energien hat begonnen, wird aber nicht ausreichen, wenn wir unseren Lebensstil nicht ändern. – Um dies zu verstehen wenden wir uns dem nächsten Kapitel zu.

Zusatzinformation 1: Gezeitenenergie und die Länge eines Tages

Um die Rotationsenergie der Erde zu erhalten, kann man näherungsweise davon ausgehen, dass die Erde eine Kugel ist. Die Rotationsenergie einer Kugel ist ihr halbes Trägheitsmoment (Q), multipliziert mit der Winkelgeschwindigkeit der Rotation (ω) zum Quadrat:

$$W_{rot} = Q\omega^2/2. \tag{13}$$

Das Trägheitsmoment Q der Erde kann aus der Erdmasse M und dem Erdradius R berechnet werden. Mit den Zahlenwerten $M \approx 6\times10^{24}$kg, $R \approx 6371$ km, $\omega = 2\pi/T \approx 7.3 \; 10^{-5}$ s^{-1} (T ist die Periode, d.h. der Sterntag $T = 86\,164$ s) ergibt sich:

$$W_{rot} \approx 1/6 \; MR^2\omega^2 \approx 2.2 \; 10^{29} \text{J}. \tag{14}$$

Der Faktor 1/6 (statt eigentlich 1/5) folgt aus der Verdichtung der Massen mit der Tiefe.

Die Nutzung bzw. der Verbrauch eines Teils dW = dW_{rot} der Rotationsenergie W_{rot} ist mit einer berechenbaren Verlangsamung der Rotation verbunden, die durch Vergrößerung der Gezeitenreibung und Verwirbelung in Wasser bewirkt wird. Die letztlich genutzte Energie ist nur ein Teil des gesamten Energieumsatzes. Am Ende der Nutzungskette bleibt wie überall Abwärme zurück, die sich zunächst aber „im Rahmen hält". Wir schätzen die Effekte aus der Energiebilanz ab.

Ein Beispiel: ein 1-GW-Gezeitenkraftwerk entnimmt dem Reservoir W pro Jahr den Anteil dW≈10^9J/s×3.16×10^7s/a=3.16×10^{16}J/a; das entspricht einer relativen Abnahme der Rotationsenergie um dW/W_{rot} um 1.4×10^{-13} W_{rot}/a (Zehnbillionstel). Mit dieser Rate würde die heutige Rotationsenergie hypothetisch 7×10^{12} Jahre reichen, rund 500mal länger als das Alter des Universums. Die jährliche Abnahme der Winkelgeschwindigkeit wäre dω = ω/2×dW/W_{rot} ≈ 7×10^{-14} ω/a, die Jahreslänge würde sich um ~2 10^{-6}s/a, die Tageslänge dabei um 6×10^{-8} s/d (60 Milliardstel Sekunden pro Tag) vergrößern.

Zusatzinformation 2: Globale Abwärme

Wo ist die Grenze der Fusionsenergie? Nicht in der Verfügbarkeit, wenn die technischen Probleme gelöst sind, sondern darin, wie viel Abwärme wir verkraften können. Diese „Abwärmereichweite" wollen wir abschätzen.

Im Folgenden berechnen wir grob, wie stark die zusätzliche Erwärmung ist, bzw. wann Abwärme zum Problem würde, wenn tatsächlich einmal Kernfusion für die praktische Energiegewinnung gezähmt wird und – wie mancher glaubt – andauerndes Wachstum ermöglicht. Wir gehen in stark vereinfachender Weise vom Strahlungsgleichgewicht aus und schätzen seine Veränderung durch wachsenden Eintrag von Abwärme ab.

Der terrestrische Wärmestrom von unten ist bei der Bilanz vernachlässigbar. Gewöhnlich unterliegt das Gleichgewicht nur geringfügigen Schwankungen variierender Einstrahlung und regionaler wie auch vertikaler Umverteilungs- und Umwandlungsprozesse innerhalb der Atmosphäre. Eine zusätzliche Wärme- bzw. Energie-Quelle M innerhalb der Atmosphäre verändert das Gleichgewicht und erhöht die Temperatur und damit die Abstrahlung in den Weltraum.

Die Strahlungsmenge, die die Erde je Sekunde von der Sonne empfängt und auch wieder abstrahlt, kann berechnet werden. Die auf der Erdquerschnittsfläche πR^2 (R ist wieder der Erdradius.) anlangende Strahlung wird infolge der Erdrotation verteilt und daher im Mittel von der gesamten Erdoberfläche entsprechend dem Stefan-Boltzmann-Gesetz wieder abgestrahlt. Pro Quadratmeter liefert die Sonne eine senkrecht einfallende Strahlungsleistung von 1366Wm^{-2} (S). Davon wird infolge direkter Rückstrahlung der Anteil A=0.3 sofort wieder ins All zurückgestreut. A nennt man die Albedo.

Der ständige Strahlungseintrag ist $(1 - A)F \approx 0.7 \times F$ mit $F = \pi R^2 S$. Die Erdrotation verteilt die Wärme um und sorgt für eine gleichmäßigere Abstrahlung von der gesamten Oberfläche, $F_o = 4\pi R^2$. Die Abstrahlung erfolgt nach dem Stefan-Boltzmann-Gesetz, proportional zur 4. Potenz der Temperatur T des Strahlers, also der äußeren Atmosphäre. Da die Erde kein idealer „schwarzer Körper" ist, muss ein empirischer Korrekturfaktor, $\varepsilon = 0.55$ für die Strahlungstemperatur $T_E \approx 288$ K und die Treibhauseffekte eingefügt werden. Die Bilanz von Ein- und Abstrahlung ist:

$$(1-A)\pi R^2 S + M = 4\pi R^2 \varepsilon \sigma T^4 \qquad (15)$$
Eintrag   Austrag

Für die Temperatur T in Bodennähe folgt dann durch Umstellen:

$$T = [\frac{(1-A)\pi R^2 S + M}{4\pi R^2 \varepsilon \sigma}]^{1/4} \qquad (16)$$

(Strahlungskonstante $\sigma = 5.67 \times 10^{-8}$ Wm^{-2}K^{-4}) oder für den Fall kleiner Einträge M folgt:

$$\Delta T \approx M/[4T^3 (4\pi R^2 \varepsilon \sigma)]. \qquad (17)$$

Mit $\Delta T = 2K$, $M \approx 3 \times 10^{15}$ W $\approx 10^{23}$ J/a erhält man $M/E_o \approx 200$, also folgt für einen 200-fachen jährlichen Energieumsatz gegenüber heute bei 3% jährlichem Wachstum nach Gl. (9) (Kap. 3) $t_n \approx 180$ Jahre (2%: 268, 1%: 530 Jahre). Dann würden M und T immer schneller weiter wachsen. Diese Zeitperspektiven sind viel kürzer als die Zeiträume, die für sichere Lagerung für „Atommüll" gefordert werden, aber von derselben Größenordnung wie die obigen Verbrauchsreichweiten (z.B. Tab. 6.9). Es sei noch einmal betont, dass alle Energieverluste auf dem Nutzungswege zur Abwärme hinzuzuzählen sind. Die Ergebnisse gelten für jede Art extern hinzugefügter, bislang schlummernder Energiequellen. Bei 200-facher Erhöhung der Energie-Verbrauchsraten ist mit einer Temperaturerhöhung im neuen Gleichgewicht von 2°C zu rechnen und bei hohen Wachstumsraten schon nach wenigen hundert Jahren.

Literatur

AQUA-CSP Zusammenfassung, Solarkraftwerke für die Wasserentsalzung, *DLR, Inst. Tech. Thermodynamik, 12.11.2007.*
BGR 2009: Energierohstoffe 2009, *Bundesanstalt für Geowissenschaften und Rohstoffe*, Hannover; Tabelle 1.1, S. 12.
BGR 2011: DERA Rohstoffinformationen, Kurzstudie Reserven, Ressourcen und Verfügbarkeit von Energierohstoffen 2011, *Deutsche Rohstoffagentur, Bundesanstalt für Geowissenschaften und Rohstoffe*, Hannover; Tabelle 1, S. 15.
Bartlett, A.A.: The Forgotten fundamentals of the energy crisis. *Proc. Third UMR-MEC Conference on Energy*, Univ. Missouri at Rolla, Oct. 12-14, 1976. See also: http://www.albartlett.org/articles/art_forgotten_fundamentals_overview.html
Brink, H.-J.: *Kosmische Würfelspiele und die Entwicklung der Erde.* Athene-Media, 124 S., 2012.
Daly, H.: Economics in full world. *Sci. Am.*, 100-107, Sep.2005.
Dannenberg, M., Duracak, A., Hafner, M., Kitzing, S.: *Energien der Zukunft.* Wiss. Buchges.; Darmstadt, 184 S. 2012.
Energy Statistics; Energy Information Administration, U.S. Department of Energy http://www.nationmaster.com/graph/ene_coa_con-energy-coal-consumptionhttp://www.nationmaster.com/graph/ene_coa_con-energy-coal-consumption
Graw, K.-U.: Wellenkraftwerke – Energiereservoir Ozean. *Phys. in uns. Zeit*, 33, 2, 82-88, Weinheim, Chemie Verlag, 2002.
Heinloth, K.: *Die Energiefrage. Bedarf und Potentiale, Nutzung, Risiken und Kosten*, 2. Aufl., Vieweg, 2003.
Holdren, J. P.: Global thermal pollution, in: J. P. Holdren (Hrsg.): *Global ecology*, New York, Harcourt Brace Jovanovich, 1971.

Jackson, T.: *Prosperity without Growth. Economics for a Finite Planet.* Earthscan, London, 2009.
Jetzer, P.: *Die Wasserkraft weltweit.* Carlsen Verlag, Hamburg, 2009.
Kertz, W.: Kann Erdwärme unseren Energiebedarf decken? *Umschau 74,* 21, 661-666, 1974.
Khammas, A.A.W.: http://www.buch-der-synergie.de/index.html, 2011.
King Hubbert, M.: Nuclear Energy and the Fossil Fuels, Presented before the Spring Meeting of the Southern District, *American Petroleum Institute,* Plaza Hotel, San Antonio, Texas, March 7–8-9, 1956.
King Hubbert, M.: Resources and Man, *National Academy of Sciences and National Research Council,* Chapter 8. Freeman, San Francisco, 1969.
King Hubbert, M.: Energy Resources of the Earth. *Scientific American,* Sept. 1971, p. 60., Reprinted as a book. Freeman, San Francisco, 1971.
King Hubbert, M.: Techniques of Prediction as Applied to Production of Oil and Gas, *US Department of Commerce, NBS Special Publication 631,* May 1982.
Lovell, B.: Challenged by Carbon. *The Oil Industry and Climate Change.* Cambridge University Press, New York, 214 p., 2010.
Miegel, M.: *Epochenwende. Gewinnt der Westen die Zukunft?* Propyläen, 312 S., 2005.
Miegel, M.: *Exit. Wohlstand ohne Wachstum.* Propyläen-Ullstein, Berlin, 301 S., 2010.
OECD: Biomass Energy: Key Issues and Priority Needs. *Paris, OECD,* 1997.
Patel, M.R.: *Wind and Solar Power Systems.* Boca Raton FL, CRC Press, 1999.
Pollack, H.: *A World Without Ice.* Avery, New York, 286 p., 2009.
Roth, E.: *Sonnenenergie – Was sie bringt – Was sie kostet.* Friedmann Verlag, München, 1999.
Schindler, J.: Energieversorgung am Wendepunkt. 1-55, *IF Forum, Ludwig-Bölkow-Systemtechnik GmbH,* Ottobrunn, München, 13. Nov. 2008.
Sclater, J.G., Jaupart, C., Galson, D.: The heat flow through oceanic and continental crust and the heat loss of the earth. *Rev. Geophys. Space Phys.,* 18, 269-311, 1980.
Tertzakian, P., Hollihan, K.: *The End of Energy Obesity: Breaking Today's Energy Addiction for a Prosperous and Secure Tomorrow.* Wiley & Co., 324 pp., 2009.
Zittel, W.: Energieversorgung am Wendepunkt. 59 Folien, Ludwig-Bölkow-Systemtechnik GmbH, *Ottobrunn, Oldenburg,* 24. Jan. 2008.
Zittel, W., Schindler, J.: Energieversorgung am Wendepunkt. Ölressourcendiskussion ohne Ende oder ein Ende mit Schrecken? *Informationen zur Raumentwicklung,* Heft 8, 417-425, 2006.
Zittel, W., Schindler, J.: *Geht uns das Erdöl aus? Wissen was stimmt.* Herder Verlag, Freiburg, 128 S., 2009.

Liste von Internetquellen
Brutreaktoren: [http://de.wikipedia.org/wiki/Brutreaktor]
IEA: [http://www.worldenergy.org/about-wec/mission-and-vision]

IEA, Verbrauch:
[http://en.wikipedia.org/wiki/World_energy_resources_and_consumption]
Gashydrate: [http://en.wikipedia.org/wiki/Methane_clathrate]
Geothermie: [http://de.wikipedia.org/wiki/Geothermie].
Kohle: [http://en.wikipedia.org/wiki/Coal]
Meerwasserentsalzung: [http://de.wikipedia.org/wiki/Meerwasserentsalzung];
[http://www.nationalgeographic.de/wissen/das-grosse-projekt-wasserentsalzung];
[http://www.trendsderzukunft.de/meerwasserentsalzung-mit-geringerem-energiebedarf-verursacht-weniger-kosten/2011/07/08/].
Steinkohleeinheit: [http://de.wikipedia.org/wiki/Steinkohleeinheit]
WEO: [http://www.iea.org/publications/freepublications/]
WEC: [http://www.worldenergy.org/about_wec/]
Wikipedia, Verbrauch:
[de.wikipedia.org/wiki/Weltenergiebedarf], [en.wikipedia.org/wiki/Coal],
[en.wikipedia.org/wiki/World_energy_resources_and_consumption]
World Energy Council:
[http://www.worldenergy.org/publications/survey_of_energy_resources_2007/coal/627.asp]

7 Potentiale und Grenzen der erneuerbaren Energien

Das Thema „erneuerbare Energien" gehört gegenwärtig zu den absoluten Favoriten der gesellschaftlichen Diskussion – sei es im eher familiären, im beruflichen oder im parteipolitischen Umfeld. Kurzum, es ist in mancher Hinsicht vorbelastet, durchaus ideologisiert und ruft in uns ganze Assoziationsketten hervor, die sich um Begriffe wie Energiewende, Strompreiserhöhung oder Netzausbau auf der öffentlichen, bis hin zu einer persönlichen Lebensphilosophie auf der privaten Seite drehen. Es ist also angebracht, vor den fachlichen Erläuterungen in diesem Kapitel zunächst einige einleitende Bemerkungen anzubringen.

Grundsätzliches zur regenerativen Energie
Nüchtern betrachtet, ist der Ausbau der erneuerbaren Energien alternativlos, jedenfalls dann, wenn man die Entwicklung der Kernenergie nicht weiter vorantreiben möchte. Schon bald werden die fossilen Träger zur Neige gehen (siehe Kap. 6), und selbst wenn man die Debatte um den anthropogenen Treibhauseffekt ganz ausblenden könnte, würde allein durch diese Tatsache dringender Handlungsbedarf bestehen. Leider neigt man gelegentlich zu Übertreibungen, wenn es um die Potentiale neuer Technologien geht. Vielleicht sind solche Übertreibungen sogar notwendig, um diesen neuen Techniken zum Durchbruch zu verhelfen. Nach einer gewissen Zeit sollte dann aber unbedingt eine nüchterne Sichtweise Raum greifen, damit Fehler, die unnötig Zeit und Ressourcen verschlingen, vermieden werden. Zu den falschen Darstellungen der „Regenerativen" zählt zum Beispiel ihre immer wieder kolportierte grenzenlose Nutzbarkeit. So warb die vom Bundesministerium für Umwelt, Naturschutz und Reaktorsicherheit geförderte Agentur für erneuerbare Energien im Jahr 2013 im Internet mit dem Slogan: „Deutschland hat unendlich viel Energie". Eine solche Sichtweise ist nicht nur einfältig, sie ist auch gefährlich, denn sie kann zu Fehlinterpretationen und Missverständ-

nissen führen, mit denen wir uns nachfolgend befassen müssen. Ein weiterer Fehler besteht darin, die erneuerbare Energienutzung als absolut umweltfreundlich darzustellen, obwohl man doch eigentlich nur meint, dass sie einen großen Beitrag zur Verminderung der Emission von Treibhausgasen leisten kann. Zumeist erweisen sich einseitig übertriebene Schilderungen von Vorteilen bestimmter Technologien auf längere Sicht als Hemmnis, denn früher oder später kommen die Nachteile ohnehin ans Licht und werden dann von den Gegnern eben jener neuen Technologien als Gegenargumente benutzt. Um beim Leser in diesem Punkt für Klarheit zu sorgen: Bei den Autoren dieses Buches handelt es sich um zwei nachdrückliche Befürworter der erneuerbaren Energienutzung, aber nicht um bedingungslose Phantasten.

Vielleicht hängt ein Teil der gerade erwähnten Diskussion bereits mit der sehr unpräzisen Beschreibung der „Erneuerbarkeit" bzw. „Regenerierbarkeit" von Sonnen-, Wind-, Wasser- oder Biomassenenergie usw. zusammen. Die entscheidenden Punkte sind nämlich die *Zeitskalen,* innerhalb derer sich diese verschiedenen Formen der Energienutzung wieder erneuern können und die *Energiemengen,* die pro Kubikmeter in den verschiedenen Trägern enthalten sind bzw. die pro Quadratmeter Erdoberfläche und je Zeiteinheit aus ihnen hypothetisch entzogen werden könnten. Eine erste Einsicht in die Problematik vermittelt die Abbildung 7.1. Sie veranschaulicht die Größenordnung in Jahren, die es dauern würde, um die in einem Kubikmeter Steinkohle gespeicherte Energie auf einem Quadratmeter Erdoberfläche durch verschiedene Formen der erneuerbaren Energien „aufzusammeln"(vgl. Schwarz & Deitersen, 2013).

Sonnenenergie ist die entscheidende Quelle für Leben und Zivilisation. Von den auf die „Erdscheibe" (Fläche $F=\pi R^2 \approx 1.275 \times 10^{14}$ m^2) treffenden $S = 1.366$ kW/m^2 (*S*: Solarkonstante) werden 30% als „Albedo" (*A*) direkt wieder in den Raum zurückreflektiert, so dass nur $(S-A) \approx 956$ W/m^2 (7600 × heutiger Bedarf) am Erdboden ankommen. Diese werden jedoch aufgrund der Erdrotation auf die gesamte Erdoberfläche $4\pi R^2$ verteilt. Mithin ergibt sich als globaler Mittelwert für den Strahlungseinfall: $(S - A)/4 \approx 240$ W/m^2. Darüber hinaus variiert die tatsächlich vor Ort ankommende Strahlungsmenge mit der geographischen Breite φ und den Jahres- und Tageszeiten. Und auch von dieser einfallenden Strahlung ist dann nur ein sehr kleiner Teil technisch nutzbar, direkt durch Fotovoltaik und Solarthermie, indirekt durch Nutzung von Wind-, Wellen-, Wasser- und Biomassenenergie.

Die in Abbildung 7.1 präsentierten Resultate scheinen unserer Alltagserfahrung zu widersprechen: Die Wind- und Wasserenergie soll im Vergleich zur Sonnenenergie so schwach sein? Und erwärmen nicht wenige Scheite Buchenholz ein großes Zimmer?

Das Paradoxon zwischen subjektiver Wahrnehmung und tatsächlichem Potential eines bestimmten Energieträgers erklärt sich anhand der Tabelle 7.1. Diese Tabelle gibt eine Übersicht über den Energieinhalt natürlicher Energieflüsse in typischen Situationen der Energieausbeutung. Die Energie der strömenden Medien Luft und Wasser ist

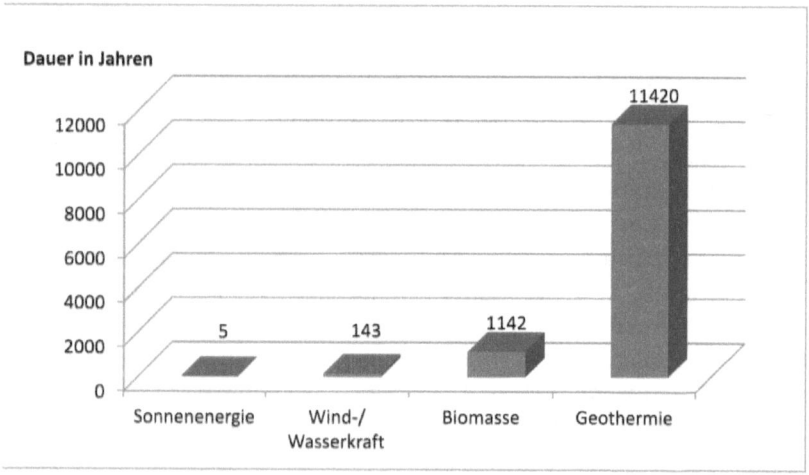

Abb. 7.1: So viele Jahre würde es in etwa dauern, um die in einem Kubikmeter Steinkohle gespeicherte Energie auf einem Quadratmeter Erdoberfläche durch verschiedene Formen der erneuerbaren Energie mit einem (unmöglichen) technischen Wirkungsgrad von jeweils 100% zu gewinnen. Die Angabe zur Geothermie bezieht sich auf den Wärmestrom aus dem Erdinneren. Die Angabe zur Biomasse gründet sich auf einen sehr großzügig bemessenen Leistungswert von 1W pro m^2, welchen Pflanzen durchschnittlich aus der Sonnenstrahlung entnehmen könnten, bei Wind- und Wasserkraft wurden ebenfalls optimistisch etwas mehr als 8 Watt pro m^2, bei der Sonnenenergie 240 Watt pro m^2 angenommen – die mittlere Sonneneinstrahlung auf unserem Planeten. Man vergleiche diese Zahlenwerte mit den Erläuterungen im Text.

deren kinetische Energie. Der Quadratmeter, auf den wir die jeweilige Energiemenge in Tabelle 7.1 beziehen, ist die durchströmte Querschnittsfläche, also nur noch bei der Sonnen- und Biomassenenergie der Quadratmeter Erdoberfläche (im Unterschied zu Abbildung 7.1, wo alle Werte im Mittel auf den Quadratmeter Erdoberfläche bezogen sind.).

Für den Wind soll großzügig ein extrem guter Standort gewählt werden (Windgeschwindigkeit 20m/s, also etwa Windstärke 8!). Um die Werte besser vergleichbar zu machen, nehmen wir auch für Wasser eine Strömungsgeschwindigkeit von 20m/s (entspricht dem freien Fall aus ca. 20m Höhe) an. Für die Nutzung der Strahlungsenergie der Sonne wählen wir einen hervorragenden Standort, der deutlich mehr als die mittlere Sonneneinstrahlung auf unserem Planeten hergibt.

strömendes Medium pro m² und Sekunde	mit den im Text gemachten Annahmen ist der Energieinhalt
Wasser	4×10^6 Ws
Luft	4.8×10^3 Ws
Sonnenlicht	7×10^2 Ws
bei der Photosynthese umgesetzt	~0.5 Ws

Tabelle 7.1: Der Energieinhalt verschiedener regenerativer Energieformen im Vergleich; zu den Annahmen lese man die Erläuterungen im Fließtext.

Offenbar ist unter den regenerativen Energiequellen Wasserkraft die erste Wahl, daraus erklären sich die großen Anstrengungen, die einige Nationen zu ihrer Nutzung unternehmen. In Deutschland ist das Wasserkraftpotenzial übrigens weitgehend ausgeschöpft, weshalb zwangsläufig Wind- und Solarenergie im Mittelpunkt des Interesses stehen. Doch wie löst sich der scheinbare Widerspruch zur Abbildung 7.1 auf, insbesondere was die Sonnen-, Wasser- und Windenergie betrifft? Die Lösung des Paradoxons verbirgt sich hinter den Begriffen *natürliche Energieverdichtung* und *Akkumulationszeit*:

Die Natur sammelt für uns quasi kostenlos die im Flächenmittel kaum ins Gewicht fallende mechanische Energie von Wind und

Wasser auf und verdichtet sie dadurch auf ein technisch sinnvoll nutzbares Maß. Beispielsweise bläst in engen Tälern infolge des Düseneffektes ein intensiver Wind oder verzweigte Flusssysteme bündeln kleinste Rinnsale in einen gewaltigen Wasserstrom. Lässt man einen Wald nur lange genug ungestört wachsen, dann sammelt sich trotz des geringen photosynthetischen Wirkungsgrades eine beachtliche Menge Biomassenenergie an. Uns begegnen die genannten Energieformen zumeist in ihrer akkumulierten und verdichteten Form, was dazu führt, dass wir ihre tatsächlichen Nutzungsgrenzen und -potentiale zumeist überschätzen. Diesen Fehler begeht man nicht, wenn man die regenerativen Energieträger konsequent nach ihrer mittleren auf den Quadratmeter Erdoberfläche bezogenen Leistungsfähigkeit analysiert, also die der Abbildung 7.1 zugrunde liegende Kenngröße in Watt pro Quadratmeter verwendet.

Nachfolgend werden wir verdeutlichen, dass einer der größten Nachteile der regenerativen Energienutzung ihr hoher Flächenbedarf ist, der vor allem in den dicht besiedelten Regionen der Erde zu Kollisionen mit anderen Flächennutzungen führt. Diesen prinzipiellen Konflikt kann man zwar unter Umständen mildern – Stichwort Solarenergiegewinnung auf Hausdächern – man kann ihn aber nicht grundsätzlich umgehen. Ein unmittelbar damit verknüpftes Problem ist der im Grunde dramatisch geringe Gesamtwirkungsgrad der meisten „Regenerativen" – wohlgemerkt nicht ihr technischer Wirkungsgrad allein, sondern derjenige Wirkungsgrad, der auch die Effizienz berücksichtigt, mit der Energieumwandlungen in den Geosystemen überhaupt nur vonstattengehen können. Besser als etwa bei Wind- und Wasserkraft sieht es im Hinblick auf diesen Gesamtwirkungsgrad für die direkte Nutzung der Sonnenenergie durch Solarthermie und Photovoltaik aus, immer geknüpft an gute Standortbedingungen.

Bei allen Nutzungsvarianten der erneuerbaren Energie dürfen wir nicht nur die Frage stellen, wie groß ihr theoretisches Potential pro Quadratmeter Erdoberfläche ist. Wir haben auch danach zu fragen, welche Menge dieses theoretisch vorhandenen Potentials – also wie viel Energie insgesamt – wir den Geosystemen überhaupt entnehmen können, ohne merklichen Einfluss auf unsere natürliche Umgebung auszuüben. Um dieses Problem zu verstehen, können wir die Abbildung 7.2 heranziehen. Mit Ausnahme des geothermischen Wärmestromes und der bereits in Kapitel 6 besprochenen Gezeiten gehen alle Formen der regenerativen Energienutzung direkt oder indirekt auf die von der Sonne stammende Strahlungsenergie zurück. Diese Energie treibt somit fast alle unbelebten und belebten Prozesse auf der Erde an – den weitaus größten Teil des Stoff- und Energieaustausches zwischen und innerhalb der Geosysteme, also die gewaltigen Luft- und Wasserströme in der Atmosphäre und in den Ozeanen, die Wetterphänomene, das Wachstum und die Entwicklung der Pflanzen und damit letztlich natürlich auch der Tiere usw. Durch die Nutzung regenerativer Energieformen zweigen wir aus diesen natürlichen Strömen einen gewissen Teil ab, der zivilisatorischen Prozessen zufließt und nach seiner Entwertung als nicht mehr nutzbare Restwärme dann wieder an die Umwelt abgegeben wird.

Um die oben formulierte Frage in einen angemessenen Rahmen zu rücken: Wir müssen gewiss keine Angst davor haben, dass uns das Windrad neben dem Haus die Frischluft entzieht, aber wir sollten uns durchaus darüber im Klaren sein, dass unsere Windräder den Wind tatsächlich schwächen, weil sie einen Teil seiner Energie entnehmen und in Stromkabeln davontragen. Insbesondere an Standorten, wo es nur sehr wenig Reibung zwischen dem Erdboden und der strömenden Luft gibt – also zum Beispiel über den offenen Meeresflächen der Offshore-Windanlagen – ändert die Nutzung der Windkraft ab einer bestimmten Größenordnung die lokalen Strömungsverhältnisse der untersten Atmosphärenschicht.

Auch Sonnenenergie wird man nicht in beliebiger Menge in den Wüstengebieten der Erde ernten und in die Ballungszentren der Erde umverteilen können. Ein Mehr oder ein Weniger an Energie pro Quadratmeter Erdoberfläche verändert lokal die Strahlungsbilanz, was zu erwärmenden und abkühlenden Effekten führt. Man muss und man wird zukünftig solchen Phänomenen immer mehr Beachtung schenken und sie eingehend untersuchen, sobald sie eine gewisse Größenordnung überschreiten, bei der die genannten Auswirkungen merklich werden. Solche Probleme werden wir nachfolgend anhand einiger Beispiele verdeutlichen.

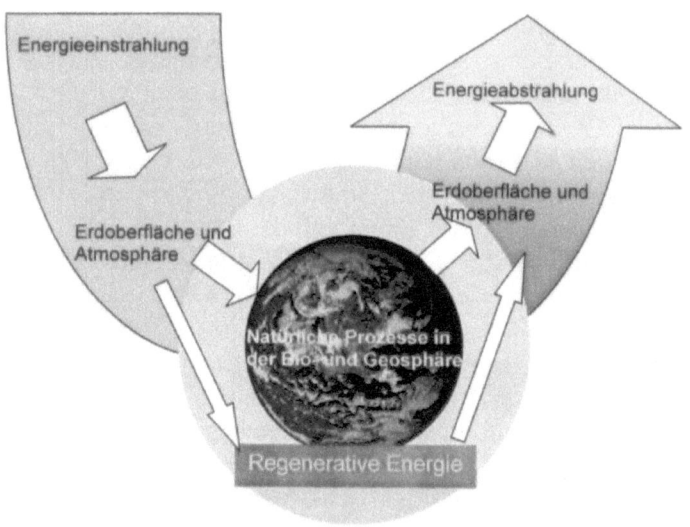

Abb. 7.2: Globale Energieströme bei der Nutzung regenerativer Energie.

Keineswegs in der Zukunft wie die soeben genannten, sondern gegenwärtig bereits gut untersucht und bekannt, liegen andere Auswirkungen der regenerativen Energienutzung:

Beim Anbau von sogenannten Energiepflanzen zur Biotreibstoffherstellung ist vielen Menschen deren unmittelbare Konkurrenz zur menschlichen Nahrungsenergie (ein furchtbar technischer Begriff) bereits in den letzten Jahren, mit zum Teil dramatischen Konsequenzen für die Nahrungssituation der armen Bevölkerungsschichten in den Entwicklungs- und Schwellenländern, aufgefallen (Exner u.a., 2011). Auch die Tatsache, dass die großen Staudämme den Transport von gelösten Mineralstoffen und aufgeschwemmten Erdpartikeln in Richtung Meer beeinflussen, was Auswirkungen auf die natürlichen Stoffkreisläufe hat, wird in der Literatur betont. Bei der Schilderung solcher Effekte sollte es freilich nicht darum gehen, die regenerativen Energien zu verhindern, sondern vor allem darum, sich in sinnvoller Weise mit den Konsequenzen ihrer Nutzung zu befassen, die notwendigen Verbesserungen durchzuführen, die Grenzen ihrer Verwendung zu erkennen und nicht zu überschreiten. Andernfalls begehen wir die gleichen oder ähnliche Fehler wie bei der Verwendung der fossilen Energie.

Zu den notwendigen Einsichten gehört, dass eine konsequente Umstellung unserer gesamten Wirtschaft auf die „Regenerativen" unmittelbare Auswirkungen auf unser Verhalten haben muss. *Um es ganz deutlich zu sagen: Ohne einen sehr sparsamen Umgang mit Energie in allen Bereichen des Lebens und Wirtschaftens wird eine solche Umstellung nicht funktionieren*, vor allem dann nicht, wenn die Menschheit den pro Kopf gerechneten Energiekonsum der westeuropäischen oder nordamerikanischen Industrienationen auf den Energieverbrauch von neun oder zehn Milliarden Menschen ausweiten wollte (wir vermeiden im Hinblick auf den pro Kopf Energieumsatz bewusst den Begriff der „fortschrittlichen" Industrienationen). Mehr hierzu erfährt der Leser im letzten Abschnitt dieses Kapitels.

Wirkungsgrad und Fläche – die Grenzen der regenerativen Energien

Zu Beginn dieses Abschnittes müssen wir den Leser noch einmal kurz auf das im Kapitel 5 Gesagte über die Grundgesetze der Thermodynamik und den theoretisch maximal möglichen Wirkungsgrad einer Wärme-Kraft-Maschine hinweisen. Auch wenn in heutigen Lehrbüchern zu Recht betont wird, dass es einen engen historischen Zusammenhang zwischen der Entwicklung von Dampfmaschinen und der Einsicht in die grundlegenden thermodynamischen Gesetzmäßigkeiten gibt, besteht absolut keine Notwendigkeit, immer nur an heiße zischende Dampfmaschinen oder ihre nachgeborenen Verwandten, die Benzin- und Dieselmotoren zu denken, sobald die Sprache auf die Wärmelehre kommt. Die naturgesetzlichen Aussagen der Thermodynamik sind universell, sie treffen auf alle Gebiete der belebten und unbelebten Natur gleichermaßen zu wie auf „Motoren".

Abgesehen von einigen Phänomenen, werden die weitaus meisten Prozesse auf der Erde gewissermaßen „maschinenartig" durch den Temperaturunterschied angetrieben, der zwischen dem heißen Reservoir der Sonnenstrahlung und dem dazu vergleichsweise kühlen

Reservoir der mittleren globalen Oberflächentemperatur besteht. Die von der Sonne zur Erdoberfläche gelangende Wärmestrahlung, die aufgrund ihrer großen Strahlungstemperatur von 6000K unter thermodynamischen Gesichtspunkten sehr hochwertig ist, wird über natürliche Schritte der Energieentwertung in relativ geringwertige thermische Energie der Temperatur 288K (15° C, die mittlere Temperatur der Erde in Bodennähe) umgewandelt. Wäre die Erde insgesamt eine (Carnotsche) Wärmekraftmaschine, dann könnte sie infolge der soeben bezifferten Temperaturwerte einen sehr hohen maximalen Wirkungsgrad (vgl. Gleichung (11) Kapitel 5) für die Verwandlung von Wärme in mechanische Arbeit von

$$\eta = (6000K - 288K)/6000K = 0.95. \qquad (18)$$

erreichen! Es sei hier angemerkt, dass der maximale theoretische Wirkungsgrad von $\eta = 0.95$, der ja auch für alle Varianten der direkten zivilisatorischen Nutzung der Sonnenenergie gelten muss, einen vielversprechenden Rahmen für die gegenwärtige und zukünftige Entwicklung der Solartechnologie abgibt. Doch zurück zur Erde, die insgesamt bzw. in ihren Teilsystemen zumeist wesentlich „ineffizienter" ist. Die größte Menge der ankommenden Sonnenstrahlung wird sogleich vom Erdboden absorbiert, erwärmt diesen im Mittel auf die besagten 288K und entzieht sich damit schlagartig einer Umwandlung in mechanische Energie. Allerdings kommt es bei der Erwärmung des Bodens (einschließlich der Erwärmung der unteren Erdatmosphäre) zu vergleichsweise geringfügigen Temperaturunterschieden, die hauptsächlich durch die Abhängigkeit der Sonneneinstrahlung von der geographischen Breite, durch die unterschiedliche Beschaffenheit der Erdoberfläche (damit ist natürlich auch die Wasseroberfläche der Erde gemeint) und durch den Tag- und Nachtwechsel infolge der Erdrotation bedingt sind.

Für eine Umwandlung von thermischer Energie der Temperatur 288K in mechanische Energieformen stehen deshalb vergleichsweise geringe Temperaturunterschiede in der Größenordnung von $\Delta T \approx 10K$ zur Verfügung (z.B. die Temperaturunterschiede zwischen hohen und niedrigen geographischen Breiten oder an der Grenze von Land- und Wassermassen usw.).

Mithin kann sich von der in Luft, in Wasser und im Erdboden vorhandenen thermischen Energie allerhöchstens der Anteil

$$\eta = 10K / T_B = 10\ K / 288\ K = 0.035. \tag{19}$$

in mechanische Energieformen umwandeln.

Auf die direkte Nutzung der Sonnenenergie trifft diese Aussage, wie bereits gesagt, nicht zu, wohl aber auf alle Energieformen die indirekt aus der Sonnenstrahlung hervorgehen.

Im globalen Mittel gelangen je Quadratmeter Erdoberfläche etwa 240 W an Sonnenstrahlung zum Erdboden, insgesamt können davon also höchstens $8W/m^2 = 0.035 \times 240W/m^2$ mechanischen Energieformen – zum Beispiel den natürlichen Wind- und Wasserströmungen – zufließen. Die tatsächlichen Wirkungsgrade sind freilich noch geringer. Insgesamt ergibt sich aus dem berechneten Wert von maximal 8W pro Quadratmeter ein Leistungswert von rund $4 \times 10^{15}W$ für die gesamte Erdoberfläche. An dieser Stelle noch einmal zum Vergleich: Der gesamte Primärleistungsbedarf der Menschheit liegt gegenwärtig bei rund $1.6 \times 10^{13}W$.

Auf der Grundlage dieser Zahlenwerte könnte man auf die Idee kommen, das Potential von Wind- und Wasserkraft, im Vergleich zum aktuellen Bedarf, für „unerschöpflich" zu halten und eine rosige, aus dem Vollen schöpfende Zukunft allein aus diesen beiden Energieträgern zu prognostizieren. Leider ist die Realität ernüchternd, wie eine einfache Abschätzung lehrt: Nehmen wir an, die Menschheit würde sich schon in naher Zukunft darauf einigen können, 10% der gesamten Erdoberfläche für die Ausbeutung von Wasser- und Windkraft zur Verfügung zu stellen. Dann ergäbe das bei den maximal möglichen $8\ W/m^2$ eine Leistung von $4 \times 10^{14}W$. Unterstellen wir ferner, die um die Mitte des 21. Jahrhunderts etwa zu 9.5 Mrd. Menschen prognostizierten Einwohner der Erde würden so leben wollen, wie ein US-Bürger, also 10000W an Primärleistung pro Kopf konsumieren, dann ergäbe sich ein Gesamtbedarf von rund $10^{14}W$. Offenbar würden die in diesem Modell angedachten 10% der Erdoberfläche nicht ausreichen, denn der in unserer Abschätzung genutzte und äußerst großzügig bemessene thermodynamisch maximal mögliche Ertrag wäre nur viermal höher als der Bedarf – und das würde bei Weitem nicht funktionieren, wie man den nachfolgenden Überlegungen entnehmen kann.

Dass der natürliche Wirkungsgrad von 0.035 bzw. 8 W/m^2 in Bezug auf tatsächlich zu erreichende Leistungsausbeuten noch viel zu hoch gegriffen ist, kann man auf verschiedenen Wegen erkennen. In einer sehr lesenswerten Arbeit hat Axel Kleidon (2012) erst jüngst wieder auf die Grenzen der energetischen Leistungsfähigkeit der Atmosphäre hingewiesen und Beispiele hierzu analysiert. Betrachtet man ganz konkrete Strömungsvorgänge und stellt dabei auch in Rechnung, dass die Luftströmungen immer das Bestreben haben, die bestehenden Temperaturunterschiede auszugleichen, ihren eigenen Antrieb also selbst zu verringern, so ergeben sich maximal mögliche Werte in der Größenordnung von 1-2W/m^2. In der theoretischen Atmosphärenphysik sind solche Angaben durchaus gut bekannt, nur herumgesprochen scheinen sie sich noch nicht im erforderlichen Maße zu haben. Ähnliches wäre auch für die Wasserkraft zu sagen, deren Potential über Niederschlagsmengen und gemittelte Höhenunterschiede ebenfalls abgeschätzt werden kann. Beispielhaft kann man für Deutschland die folgende Rechnung durchführen:

Im langjährigen Jahresmittel fällt in Deutschland eine Gesamtniederschlagsmenge von 2.50×10^{11} m^3 bzw. $m \approx 2.50 \times 10^{11}$ t Wasser. Angenommen, man könnte die Wassermenge mittels einer hypothetischen Fallhöhe von $h = 400$ m im Schwerefeld ($g \approx 10$ m/s^2) mit dem Wirkungsgrad 1 in Nutzenergie umsetzen, so ergäbe sich ein Wert von

$$E = mgh = 10^{18} \, J. \tag{20}$$

Legt man diese jährliche Wasserenergie als Leistungszahl (J/s) auf die Fläche Deutschlands um, so erhält man einen Wert von nur 0.09W/m^2. Laut Bundesministerium für Wirtschaft und Technologie (BMWi 2013a) bezifferte sich der Primärenergiebedarf für das Jahr 2012 in Deutschland auf 13 645 Petajoule (~13.6×10^{18} J). Mit Wasserenergie hätte man in diesem Jahr selbst unter unseren völlig unrealistisch-optimistischen Annahmen lediglich 7 % des Primärenergiebedarfs für Deutschland erwirtschaftet. Selbst der Stromverbrauch in Deutschland für das Jahr 2012 wäre mit diesen phantastischen

Annahmen deutlich ungedeckt gewesen. Mit den aus dem Carnotwirkungsgrad geschätzten 8 W/m^2 liegt man für „Wasserkraft" offenbar im Flächenmittel deutlich über einem realistischen Wert für die gesamte Erdoberfläche. Dennoch ist der Wert von 8 W/m^2 für Wasser- und Windenergie ein akzeptabler Schätzwert, *jedoch nicht im Flächenmittel, sondern für besonders ausgesuchte Standorte auf der Erdoberfläche*, wie nachfolgend gezeigt werden soll.

Die Leser seien auf eine andere Variante zur Bestimmung der Leistungsfähigkeit von Wind- und Wasserkraft hingewiesen, die zudem vergleichsweise einfach nachvollzogen werden kann. Interessierte werden hiermit ausdrücklich aufgerufen, eigene Untersuchungen nach folgendem Muster anzustellen:

Von vielen großen Staudamm-, Windkraft- oder Solarprojekten sind Daten zum Flächenverbrauch und zum mittleren Leistungsertrag frei verfügbar – sei es im Internet oder zum Beispiel in gedruckten Werbebroschüren der Betreiber. Bei den Wasserkraftwerken nutzen wir die vom Wasser bedeckte Fläche hinter der Staumauer, bei den Windkraftanlagen die Gesamtstellfläche eines Windparks. Bei Solaranalgen möglichst nicht die Fläche der Strahlungsempfänger, sondern die vom Betreiber ausgewiesene Grundfläche, auf der sich die Anlage erstreckt. Dividiert man die angegebenen mittleren Leistungsabgaben (nicht die Maximalleistung!) der jeweiligen Kraftwerke durch die ermittelten Fläche, so erhält man im Grunde einen „experimentell" bestimmten Leistungswert in Watt pro Quadratmeter. Die Tabelle 7.2 enthält einige repräsentative Beispiele. Auf den ersten Blick glaubt man, bei Wasser- und Windkraft in der Tabelle 7.2 eine hervorragende Übereinstimmung von Theorie und praktisch ermittelten Werten zu sehen. Doch diese numerische Übereinstimmung ist erklärungsbedürftig. Tatsächlich stehen die oben aufgezählten Großanlagen der regenerativen Energiegewinnung an hervorragenden Standorten, eben gerade dort, wo die weiter oben beschriebenen Akkumulations- und Verdichtungseffekte besonders wirksam sind. Solche Standorte sind nicht in beliebiger Zahl auf der Erde vorhanden. Außerdem bildet unser Verfahren zur Flächenbestimmung nicht den tatsächlichen Einzugsbereich des jeweiligen Kraftwerks ab.

Form	Beispiel	Flächen-bedarf	Gemittelte Leistung	Leistung pro Quadratmeter
Wasserkraft	Itaipu-Staudamm	1350 km²	95 TWh/a (bzw. 10.8 GW)	8 W/m²
Wasserkraft	Bleilochtalsperre	9.2 km²	80 MW	9 W/m²
Wasserkraft	Hohenwartetalsperre	7.3 km²	63 MW	9 W/m²
Windkraft	Offshore-Park "alpha ventus (Nordsee)"	4 km²	267 GWh/a (bzw. 30.5 MW)	8 W/m²
Windkraft	EnBW Baltic 1	7km²	185 GWh/a	3 W/m²
Solarenergie (voltaisch)	Sarnia Solar Farm, Ontario	0.97 km²	120 GWH/a (bzw. 13.7 MW)	14 W/m²
Solarenergie (thermisch)	Andosol 1	1.95 km²	180 GWh/a (bzw. 20.5 MW)	11 W/m²
Solarenergie (voltaisch)	El Dorado & Copper Mountain Solar Project	0.72 km²	124 GWH/a (bzw. 14.2 MW)	20 W/m²
Wasserkraft	Goldisthal (Pumpspeicherkraftwerk)	0.55 km²	1060 MW (Spitzenlast)	1927 W/m²

Tabelle 7.2: Mittlere Leistungsabgabe pro Quadratmeter Bedarfsfläche der jeweiligen Anlage, eine Ausnahme stellt die letzte Zeile dar, die nur scheinbar eine Überraschung birgt. Es handelt sich um ein Pumpspeicherkraftwerk, also einen Energiespeicher, der nur sehr kurzzeitig zu Spitzenzeiten eine hohe Maximalleistung ins Stromnetz abgibt. Anschließend ist das Wasserbecken leer gelaufen und muss mittels Pumpen wieder aufgefüllt werden.

Die Wasserfläche der Staudämme ist weitaus kleiner als ihr hydrologisches Einzugsgebiet, unmittelbar hinter einer großen Windkraftanlage kann keine zweite ebensolche Anlage stehen, da die Windenergie ja bereits zum großen Teil entnommen wurde und die Luftströmung selbst noch nicht wieder regenerieren konnte (was nur durch Reibung zwischen der lokalen Erdoberfläche und den untersten Luftschichten erfolgen kann, auf dem offenen Meer also zum Beispiel sehr schwierig ist). Wir haben also extrem verdichtete Leistungsinhalte durch zu kleine Anteile an der Erdoberfläche geteilt. Auf der anderen Seite ist in den vorliegenden Beispielen auch schon derjenige Anteil des technischen Wirkungsgrades der Anlagen enthalten, durch welche die natürlich anfallende Energie in elektrische Energie umgewandelt wird. Wir betrachten also in der Tabelle 7.2 keineswegs die rein natürlichen Wirkungsgrade.

Insgesamt erhält man aber das Resultat, dass an ausgesuchten Standorten auf der Erde pro Quadratmeter-Leistungen erzielt werden, die mit dem thermodynamisch maximal möglichen Ausbeuten vergleichbar sind – und das ist im Grund ernüchternd wenig, woraus folgt: Wer sehr viel Windenergie will, bekommt zwangsläufig einen „Spargelwald" aus Windkraftanlagen. Wer Wasserenergie will, kann die Tatsachen nicht leugnen, dass er im unmittelbaren Einzugsgebiet des Staudammes ein „Flächenproblem" bekommen wird – eine verharmlosende Umschreibung für die Zerstörung des Lebensraumes von Menschen und Tieren. Auch der gegenwärtig zu verzeichnende Übergang zu Offshore Windkraftwerken für die Bereitstellung elektrischer Energie ist letztlich eine Konsequenz aus dem hohen Flächenbedarf. Es ist in der Tat überraschend, dass diese aus einfachsten physikalischen Überlegungen und der Realität vorhandener Kraftwerke folgende Aussage immer wieder zu einem verwunderten Aufschrei in der Bevölkerung führt.

Eine andere Stellung als die Wasser- und Windkraft nimmt die technische Solarenergie ein, da sie sich in die natürlich ablaufende Energieentwertungskette an einem viel früheren Punkt einschaltet. Hier wird die Strahlungsleistung des Sonnenlichtes im Moment ihres Eintreffens auf der Erde abgefangen (siehe Abb. 7.3). Damit ist die Leistungseingangsgröße am Beginn des technischen Prozesses 240W pro Quadratmeter und nicht 8W pro Quadratmeter (im Sinne unserer soeben gemachten global gemittelten Flächenbetrachtung). Damit steigt ihr globales Leistungspotential auf rund 10^{17}W – freilich ein nicht zu erreichender oberer Grenzwert, bei dem wir die Erde lückenlos mit Solarzellen des prinzipiell unerreichbaren Wirkungsgrades 1 tapezieren müssten! Inwieweit sich dieses Potential auch realistisch ausschöpfen lässt, bleibt gegenwärtig noch teilweise offen, aber es ist immerhin rund 30-mal höher als das von Wind- und Wasser. Die bislang gebauten, sowohl solarthermischen als auch photovoltaischen Anlagen bestätigen jedenfalls den geringeren Flächenbedarf gegenüber Wasser- und Windkraftanlagen bei gleichem Energieertrag. Bereits bei einem relativ niedrigen Gesamtwirkungsgrad einer Photovoltaikanlage von 10% würde der *Leistungsausgangswert* von 24W/m^2 Wert von Wasser- und Windkraftanlagen um den Faktor 3

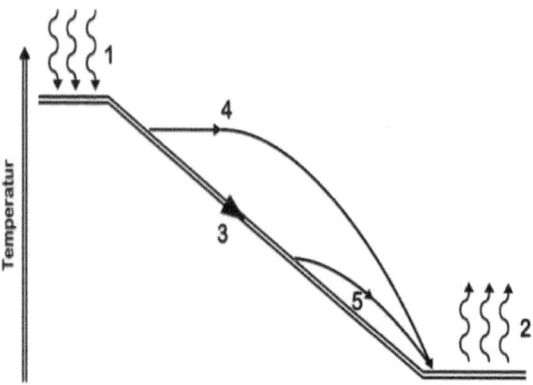

Abb. 7.3: Die natürliche Energieentwertung in den Geosystemen und das Einschalten der regenerativen Energienutzung in die Entwertungskette. 1) Ankommende Wärmestrahlung der Sonne (T = 6000K), 2) Wärmestrahlung der Erde in das All (T = 288K), 3) Natürliche thermische Entwertung der Energie in der Geosphäre, 4) Technische Nutzung und Entwertung der Sonnenenergie, 5) Technische Nutzung und Entwertung der Wind- und Wasserenergie.

übersteigen – wie gesagt, gerechnet für die hier diskutierten globalen Mittelwerte und bezogen auf den Quadratmeter Erdoberfläche.

Im Grunde erübrigt sich fast eine Diskussion der Biomasse zur Klärung der Frage, welchen Beitrag sie zur Energieversorgung der Menschheit leisten kann. Mit einem mittleren Eingangsleistungswert von 0.5 W/m^2 für die am Beginn der Biomassenverwertungskette stehenden Pflanzen kommt man für die gesamte Erdoberfläche auf ein genähertes Leistungspotential von 2.5×10^{14} W, für die komplette Festlandsfläche auf 7.5×10^{13} W. Stellen wir in Rechnung, dass es klimatisch ungünstige Kontinente und Erdregionen gibt und wir die Fläche der Kontinente für sehr viele anderweitige Nutzungsvarianten benötigen, dann sollten wir mit allerhöchstens 10 Prozent der Festlandsfläche rechnen und kämen auf nur noch 7.5×10^{12} W, schon deutlich weniger als der gegenwärtige Primärleistungsbedarf der Menschheit und gewiss keine Perspektive für eine Steigerung dieser Primärleistung, allenfalls ein kleiner zusätzlicher Beitrag zum Mix der Regenerativen.

Wir haben als Hauptproblem der regenerativen Energienutzung ihren großen Flächenbedarf erkannt. Was diesen Flächenbedarf generell betrifft, so muss hier noch eine wesentliche Ergänzung eingeschoben werden. Wie wir soeben gesehen haben, eint alle Formen der regenerativen Energiebereitstellung, dass sie sich in die Abfolge der natürlich in den Geosystemen vorkommenden Energieentwertungsketten einschalten. Bei herkömmlichen Formen der Energiebereitstellung wird die Energieentwertungskette hingegen bereits am Prozessbeginn technisch gesteuert. Wird am Ende der Kette – beim Verbraucher – mehr oder weniger Energie benötigt, dann wird dies einfach dadurch geregelt, dass man am Beginn der Prozesskette mehr oder weniger Primärenergie zuführt.

Die regenerative Energiebereitstellung muss hingegen mit den täglichen und jahreszeitlichen sowie zufälligen Schwankungen in den natürlichen Energieentwertungsketten zurechtkommen und darüber hinaus auch die Bedarfsschwankungen beim Verbraucher ausgleichen. Möglich ist dies nur, wenn man die herkömmliche Energiebereitstellung am Prozessbeginn (zumindest teilweise) imitiert – und zwar, indem man nach der Entnahme der Energie aus der natürlichen Kette große Energiereservoire anlegt, die man dann bei Bedarf regulierend anzapfen kann.

Bei Wasserkraftwerken existiert ein solches Reservoir in Form des Speichersees, nicht aber bei Wind- und Solarkraftwerken. Es ist naheliegend, unter all den Speichertechnologien genau diejenige herauszusuchen, welche die Wasserkraftnutzung imitiert. Physikalisch-technisch stehen zwar viele Speichertechnologien zur Verfügung, doch unter all diesen Technologien kommt gegenwärtig vor allem die ausgereifte Technologie der Pumpspeicherwerke zur Anwendung und in Betracht. Hier spielen auch finanzielle Aspekte eine bedeutende Rolle, denn die Kosten pro gespeicherte Kilowattstunde sind vor allem bei dieser Technik derzeit in akzeptabler Größe. Bei einem Pumpspeicherwerk wird zunächst elektrische Energie in mechanische Energie umgewandelt, indem man Wasser auf ein größeres Höhenniveau pumpt, dann bei Bedarf von diesem Niveau ausströmen lässt und dabei über Turbinen die elektrische Energie zurückgewinnt.

Wollte man, ausgehend lediglich vom Stromverbrauch für das Jahr 2012 (BMWi 2013b), nicht vom Primärenergieverbrauch (!), den gemittelten Verbrauch nur für zwei Wochen (gut 2×10^{10} kWh) in Pumpspeicherwerken zwischenspeichern oder deponieren, um Phasen von für regenerative Energien ungünstigem Wetter (bewölkter Himmel, Windstille usw.) auszugleichen, dann hätte man mit den gemachten Annahmen in unserer Modellrechnung einen Flächenbedarf von gut 2×10^{10} m^2. Dieser Wert entspricht etwa 6 % der Fläche Deutschlands für die in den Pumpspeicherwerken oben liegenden Wasserspeicher, hinzu kämen noch einmal 6 % der Fläche Deutschlands für die talwärts liegenden Auffangbecken – insgesamt rund 12% Flächenbedarf, eine illusorische Größe. Andere Autoren, wie etwa K. Heinloth (2011) kommen in ihren Untersuchungen zu ähnlichen Resultaten für den Flächenbedarf. Die Größenordnungen des Flächenbedarfs für die regenerative Bereitstellung der Energie über Windkraft und Wasserkraft und die regenerative Speicherung genau dieser Energie mittels Wasserkraft stimmen – wie man sich physikalisch anhand der vorgehenden Betrachtungen überlegen kann – nicht nur „zufällig" überein! Allerdings dienen alle bisherigen Pumpspeicherwerke immer nur dazu, sehr kurzfristige Spitzenlasten im Stromnetz abzufangen, keineswegs dazu über viele Stunden und Tage hinweg die Grundlast aufrecht zu erhalten.

Fest steht, dass Speichertechnologien mit einer hohen Kapazität benötigt werden, die das Flächenproblem der regenerativen Energiegewinnung nicht zusätzlich noch vergrößern, indem sie im Grunde die Art dieser Energiegewinnung imitieren. Fest steht aber auch, dass es bei einer 100-prozentigen Energiebereitstellung durch Wasser, Wind und Sonne nicht für alle Länder Insellösungen gibt. Für einige dünn besiedelte Länder sind sie möglich, für Deutschland sicher nicht! So kommt W. Kessels (2013) für Deutschland zu der Schlussfolgerung, dass man die regenerative Energie insbesondere durch direkte Nutzung der Sonnenstrahlung wohl gewinnen könnte, er hält aber die Realisierung der notwendigen Speicherkapazitäten für sehr problematisch. Dabei betrachtet Kessels keineswegs nur die Speicherung in Pumpspeicherwerken, sondern geht vielmehr von einem ganzen Arsenal an möglichen Technologien aus, zum Beispiel der Umwandlung elektrischer Energie in Wasserstoff- oder Methangas und deren Speicherung in Kavernen und porösem Gestein (power-to-gas-Verfahren).

Grenzen der umweltverträglichen Energieentnahme
Den soeben durchgeführten Maximalabschätzungen liegt die Annahme zu Grunde, wir könnten den geosystemisch möglichen Wirkungsgrad auf der gesamten Erdoberfläche oder zumindest auf einem großen Teil der Festlandsfläche annähernd abschöpfen. Sollte die Menschheit irgendwann tatsächlich Anstrengungen in dieser Richtung unternehmen, dann würde das zu einer Umgestaltung von großen Oberflächenanteilen unseres Heimatplaneten führen. Die von unserer Zivilisation genutzten Regionen der Erde würden sich deutlich erweitern, z.B. die Wüsten zur Gewinnung von Solarenergie oder weitere Flächen in gebirgigen Gegenden zur Nutzung der Wasserkraft. Für naturbelassene Areale bliebe dabei immer weniger Platz.

Abgesehen von dieser auf der Hand liegenden Konsequenz wäre klar, dass wir die globalen Austauschprozesse von Stoffen und Energie dramatisch beeinflussen und ändern würden. Es stellt sich daher die Frage, in welcher Größenordnung wir im globalen Maßstab diese natürlichen Verteilungsprozesse überhaupt umgestalten dürfen, ohne sie merklich zu verändern. Das folgende Beispiel zum sogenannten meridionalen Wärmefluss kann diese Frage, die sich immer nur am konkreten Fall diskutieren lässt, zwar nicht allgemeingültig beantworten, die Diskussion kann aber eine ungefähre Vorstellung zu den infrage stehenden Zahlenwerten liefern.

Zu den wesentlichen Strömungsprozessen in der Atmosphäre und den Ozeanen gehören diejenigen Vorgänge, die den meridionalen Wärmefluss aufrechterhalten. Unter diesem Begriff versteht man die vom Äquator in Richtung Nord- und Südpol transportierte Wärmeleistung in der Größenordnung von je rund 5×10^{15}W, ohne die es in den äquatorialen Gegenden der Erde heißer, in den polwärts gelegenen Regionen deutlich kälter sein würde. Angetrieben werden die atmosphärischen und ozeanischen Strömungen, die diesen Wärmeaustausch bewirken, letztlich durch den breitenabhängigen Strahlungseinfall des Sonnenlichtes und die dadurch verursachte unterschiedliche Erwärmung der Erdoberfläche. Man könnte nun glauben, dass dieser Antrieb, der durch die Geometrie der Erdkugel, die Achsenneigung der Erde und die Erdbewegung um die Sonne bedingt wird, eine von Menschen prinzipiell nicht beeinflussbar Größe ist. Doch diese Ansicht ist falsch. Man erkennt dies, wenn man sich auf einzelne Strömungsphänomene beschränkt und ihren Anteil am gesamten Wärmefluss untersucht. Der Golfstrom etwa ist für die Wärmeversorgung der nördlichen Hemisphäre der Erde von überragender Bedeutung, denn er hat an ihr insgesamt einen Anteil von ca. 20% und prozentual deutlich mehr, wenn man speziell die Wärmezufuhr nach Nordeuropa betrachtet (es versteht sich, dass dies nur ungefähre Größenangaben sind, vgl. Carl Wunsch, 2005).

Als Ursprung des Golfstromes können wir die Passatwinde ansehen, die das oberflächennahe Wasser des Atlantiks in die Karibik bzw. den Golf von Mexiko treiben. Die Passatwinde sind eine bodennahe Luftströmung. Das sich vor der Küste Mittelamerikas erwärmende Oberflächenwasser kann sich natürlich dort nicht beliebig hoch stauen, sondern es fließt entlang der nordamerikanischen Küste ab. Ganz wesentlich für die nach Norden erfolgende Abflussrichtung ist der Verlauf der nordamerikanischen Küstenlinie. Das von Süd nach Nord strömende Wasser wird nach Ost abgelenkt und somit in Richtung der von Südwest nach Nordost verlaufenden Küstenlinie.

Das nach Norden verfrachtete Oberflächenwasser des Golfstromes weist eine hohe Salzkonzentration auf, denn die Wasserlöslichkeit von Salzen ist bei höheren Temperaturen größer als bei geringeren Temperaturen. Auf dem Weg nach Norden kühlt dieses Wasser allmählich ab. Infolge seines hohen Salzgehaltes besitzt es eine größere Dichte als das umgebende Wasser und beginnt deshalb langsam abzusinken. Es wird nun Teil der marinen Tiefenzirkulation. Wie zahlreiche Modellrechnungen und Versuche belegen, arbeiten die polaren Eismassen als nördlicher Antriebsmotor des Golfstromes, denn vor und unter ihnen sinkt das abgekühlte, salzhaltige und damit relativ dichte Wasser zum Meeresgrund hinab. Aufgrund der Massenerhaltung muss dieses Wasser ersetzt werden – es setzt gewissermaßen eine „Sogwirkung" an der Oberfläche ein.

Fassen wir zusammen: Der Golfstrom entsteht durch ein komplexes Zusammenspiel von atmosphärischen und ozeanischen Prozessen.

Der Golfstrom zählt zu den am besten studierten meridionalen Strömungsmustern der Erde, sodass für ihn gute Messwerte verfügbar sind. In Übereinstimmung mit unserer Abschätzung (Gleichungen 18 und 19) ist der weitaus größte Anteil der im Golfstrom vorhandenen Energie thermischer Natur. Jede Sekunde fließen über den Golfstrom der nördlichen Erdhemisphäre etwa 10^{15} J zu. Dieser energetische Löwenanteil des Golfstromes ist technisch praktisch nicht nutzbar. Lediglich die mechanische Strömungsenergie der Wassermassen selbst ließe sich über Wasserräder oder -propeller gewinnen. Die Strömungsleistung des Golfstromes wird in Übereinstimmung mit unseren Modellbetrachtungen zum thermodynamischen Wirkungsgrad globaler Energieströme – auf weniger als $10^{13} - 10^{14}$ W beziffert, beträgt also weniger als 10% der transportierten Wärme. Angenommen, man könnte diese Leistung tatsächlich mit einem ziemlich hoch angesetzten technischen Wirkungsgrad von $\eta=0.5$ nutzen, dann könnte man kaum den heutigen Leistungsbedarf der Welt decken. Aber um welchen Preis! In diesem Fall würde der oberflächennahe Fluss des Golfstromes beträchtlich geschwächt. Die entzogene Strömungsenergie würde zu einer deutlichen Verringerung des Wärmetransportes führen, Nordeuropa würde sich deutlich abkühlen, globale Auswirkungen auf das Klima wären die Folge. Das Beispiel dient zur eindringlichen Mahnung.

Wachstumshorizonte der regenerativen Energiebereitstellung

In den Tabellen 7.3a-c wird für die Nutzungsformen Solarenergie, mechanische Energie von Wasser- und Windströmungen sowie Biomassenenergie dargestellt, welche Möglichkeiten für exponentielles Wachstum diese regenerativen Energien bieten könnten, wenn man von folgenden drei Szenarien ausgeht:

Szenario 1: Der Erde als „Maschinenplanet", bei dem die natürlichen Energieströme entweder mit einem technischen Wirkungsgrad von 1 (als freilich unrealistischer Modellannahme) bzw. mit einem gegenwärtig als machbar einzuschätzenden technischen Wirkungsgrad vollständig für unsere Zivilisation genutzt würden. Wir würden, vielleicht abgesehen von winzigen ökologischen Nischen, in diesem Szenario alle zur Verfügung stehende Energie für uns abschöpfen. Die Erde würde insgesamt wie eine von Menschenhand gebaute „Energiemaschine" funktionieren.

Szenario 2: Die „umgestaltete Erde": Wir würden unter günstigsten Annahmen rund 10%, wahrscheinlich aber einen signifikant größeren Anteil der Erdoberfläche, in die Gewinnung regenerativer Energie einbinden (wiederum mit dem unmöglichen technischen Wirkungsgrad 1). Die Erdoberfläche müsste im globalen Maßstab gravierend verändert werden, um die notwendige Fläche für die regenerativen Kraftwerke zur Verfügung zu stellen.

Szenario 3: Die vielleicht gerade noch „erhaltene Erde". Mit etwas Glück und unter extrem großen Vorsichtsmaßnahmen könnte man eventuell den hier angesetzten Nutzungsrahmen von deutlich weniger als 10% der Erdoberfläche einhalten, ohne die Geosysteme allzu gravierend zu beeinflussen.

Nutzungsform: Solarenergie	1%	2%	4%	Gegenwärtiger Primärleistungsbedarf wäre
Gesamtsonneneinstrahlung auf die Erdoberfläche: 1.2×10^{17} W	900	475	240	
Bei einem Ertrag von ~20 W/m² bei gegenwärtig realen Sonnenkraftwerken für die gesamte Erdoberfläche: 10^{16} W	650	325	160	
Bei solarenergetischer Nutzung von 10% der Erdoberfläche mit 20 W/m²: 10^{15} W	415	210	105	
Bei Nutzung von 2% der Erdoberfläche mit 20 W/m²: 2×10^{14} W	250	130	65	gut gedeckt

Tabelle 7.3 a) Geschätzte exponentielle Wachstumsreichweiten der globalen Nutzung von Solarenergie unter drei Modellannahmen.

Nutzungsform: Mechanische Strömungen in Wasser und Luft	1%	2%	4%	Gegenwärtiger Primärleistungsbedarf wäre
Maximal auf der Erdoberfläche anfallende mechanische Strömungsenergie (Carnot) 8W/m²: 4×10^{15}W	555	280	140	
Bei realistischen 2W/m²: 10^{15}W	415	210	105	
Davon bei Nutzung von 10% der Erdoberfläche: 10^{14}W	185	93	47	
Bei Nutzung von 3% der Erdoberfläche: 3×10^{13}W	63	32	16	gedeckt
Mechanische Strömungsenergie im terrestrischen meridionalen Wärmetransport: ca. 10^{15}W	415	210	105	
Bei Nutzung von 10% dieser meridionalen Strömungsenergie: 10^{14}W	185	93	47	
Bei Nutzung von 10% der Strömungsenergie des Golfstromes: ca. 10^{13}W	0	0	0	nicht gedeckt

Tabelle 7.3 b) Geschätzte exponentielle Wachstumsreichweiten der globalen Nutzung von Wasser- und Windenergie unter drei Modellannahmen.

Nutzungsform: Biomassenenergie	1%	2%	4%	Gegenwärtiger Primärleistungsbedarf wäre
Biomassenenergie auf der gesamten Erdoberfläche (Wasser+Land): ca. 2.5×10^{14}W	276	140	70	
Bei Nutzung von 10% der Erdoberfläche (Wasser + Land, zu klären: Nahrungsmittelproduktion?): ca. 2.5×10^{13}W	45	23	11	Nicht gedeckt und generell fragwürdig
Bei Nutzung von 10% der Landfläche (zu klären: Nahrungsmittelproduktion): 7.5×10^{12}W	0	0	0	

Tabelle 7.3 c) Geschätzte exponentielle Wachstumsreichweiten der globalen Nutzung von Biomassenenergie unter drei Modellannahmen.

Betrachten wir die Resultate in den Tabellen 7.3 a-c näher. Es erübrigt sich zu sagen, dass es sich insgesamt nur um Schätzwerte handelt, die eine Vorstellung von den möglichen Wachstumshorizonten vermitteln. Wäre beispielsweise eine Nutzung von 10% der Landfläche der Erde zur Bioenergiebewirtschaftung noch mit einer im globalen Maßstab intakten biologischen Umwelt – wie in der Tabelle ausgewiesen – verträglich? Die Antwort auf diese Frage kann nicht eindeutig ausfallen, denn sie hängt von vielen in der Zukunft liegenden Faktoren ab – etwa der technologischen Entwicklung der Landwirtschaft oder der Anzahl der Menschen, die mit Nahrung zu versorgen sind. Es muss auch betont werden, dass in Tabelle 7.3 keinerlei Annahmen über technische Wirkungsgrade der nachgeschalteten Energieumwandlungen oder über den Flächenverbrauch für die Zwischenspeicherung der Energie eingegangen sind. Selbst wenn man eine signifikante Zwischenspeicherung in unterirdischen Kavernen unterstellt, wie sie gegenwärtig etwa für power-to-gas-Verfahren oder die Druckluftspeicherung angedacht wird, dürfte ein merklicher, zusätzlich neben der Energiegewinnung auftretender Flächenverbrauch für Speichertechnologien nicht zu vermeiden sein. Das würde sich auch gravierend auf die eigentlich mit einem vergleichsweise kleinen Flächenanteil auskommende Solarenergiegewinnung auswirken. Auf nur 2% der Erdoberfläche könnte man daher die rechnerisch ermittelten 2×10^{14}W kaum realisieren. Aber selbst wenn man diese Rahmenbedingungen bedenkt und die Autoren ernsthaft nur solche Szenarien erwägen möchten, die mit dem Modell einer *im Prinzip* erhaltenen Erde *vielleicht* noch verträglich sind, lassen sich folgende tendenzielle Aussagen aus den Tabellen 7.3 a-c gewinnen.

- Die Bioenergienutzung und die Ausbeutung mechanischer Strömungen in den Geosystemen (Wind und Wasser) allein ermöglichen unserer Zivilisation – auch bei ihrer kombinierten Nutzung – wohl lediglich eine energetische Existenz auf dem heutigen oder einem moderat gesteigertem zukünftigen Niveau. Dividieren wir unseren gegenwärtigen Leistungsumsatz von 1.6×10^{13}W durch die für das Jahr 2050 prognostizierten rund 9.5 Milliarden Erdbewohner, so ergibt sich ein pro Kopf Leistungsumsatz von rund 1700W. Viele Länder der Erde liegen gegenwärtig noch weit unterhalb dieses pro Kopf Umsatzes. Solche Länder werden zukünftig gewiss aufholen, aber es ist sehr fraglich, ob die fortgeschrittenen Industriegesellschaften auf dieses Leistungsniveau zurücksinken können, ohne ihre Wirtschaft zu ruinieren (vgl. Kap. 2). Wer in den Industrienationen allein auf Wind, Wasser und Biomasse setzt, um die fossilen Energieträger zu kompensieren, wird schon bald erleben, wie eng dafür die von der Natur gesetzten Grenzen sind.
- Einzig die direkte Nutzung der Sonnenenergie bietet eine Wachstumsperspektive, die allerdings nicht überschätzt werden

darf. Um sich dies zu verdeutlichen, vergleiche man die Tabelle 7.3 mit der Tabelle 7.4. Um die Mitte des 21. Jahrhunderts werden rund 9.5 Milliarden Menschen auf der Erde leben, in ihren Prognosen bis zum Jahr 2100 geht die UNO davon aus, dass dann deutlich mehr als 10 Milliarden Menschen die Erde bevölkern (UNO, 2013). Ab heute gerechnet, kann man demnach von einem nahezu 100-jährigen zukünftigen Wachstumstrend in der Weltbevölkerung ausgehen. Wir nehmen moderat die Zahl von 9.5 Milliarden Menschen an, fragen, wie hoch der Primärleistungsumsatz der Menschheit wäre, wenn all diese Menschen leben wollten wie ein US-Bürger, ein Deutscher usw. und ermitteln, wann dieser Leistungsumsatz bei exponentiellem Wachstum erreicht wäre. Zur Erinnerung: Das gegenwärtige jährliche Wachstum im Primärenergieumsatz der Menschheit liegt bei knapp 2% (vgl. Kapitel 3).

Leistungsumsatz pro Kopf in W	Gesamtleistungsumsatz der Menschheit bei 9.5 Mrd. Einwohnern in Watt	Erreicht in Jahren bei einem jährlichen Wachstum von	
		1%	2%
10000 (USA)	$9.5 \cdot 10^{13} \approx 10^{14}$	179	90
5000 (BRD)	$4.75 \cdot 10^{13}$	109	55
2000 (2000-Watt-Gesellschaft)	$1.9 \cdot 10^{13}$	17	9

Tabelle 7.4: Wachstumshorizonte der Menschheit für verschiedene Annahmen, ausgehend vom gegenwärtigen zivilisatorischen Primärleistungsumsatz (1.6×10^{13} W).

Wie der Vergleich der Tabelle 7.4 mit Tabelle 7.3 lehrt, könnten einzig durch die Solarenergienutzung die ermittelten Wachstumshorizonte und die totalen Leistungsumsätze bei vielleicht tolerierbarem Flächeneinsatz realisiert werden. Fraglich ist das Erreichen des pro Kopf US-Leistungsniveaus auf Basis einer Solarwirtschaft für die gesamte Welt. Hier ist in Rechnung zu stellen, dass der in Solarkraftwerken erzeugte Strom mit entsprechenden Verlusten erst teilweise in andere Energieformen umgewandelt werden muss, um Primärenergie in ihren verschiedenen Formen bereit zu stellen (z.B. chemische Energie für Treibstoffe oder energetische Zwischenspeicherung), wobei technologische Wirkungsgradverluste entstehen. Selbst wenn wir unterstellen, dass all dies realisiert würde – technologische Lösungen gibt es durchaus – wäre der Wachstumshorizont für die Solarenergie, die Effizienteste aller regenerativen Energieformen, nur ein bis zwei Menschenalter!

Eine langfristige Wachstumsperspektive eröffnen uns die Regenerativen nicht, aber es besteht auch kein Grund zu tiefem Pessimismus. Theoretisch könnte die Welt mit ihnen auf einem vernünftigen Nutzungsniveau auskommen, aber nur dann, wenn die Menschheit eng kooperiert, also beispielsweise die ausgesuchtesten Standorte mit einem hohen Verdichtungsgrad der natürlichen Energieströme gemeinsam nutzt, die Energie nach einem gut überlegten Verteilungsschlüssel in einzelne Länder abgibt und dabei sorgfältig untersucht, welche Auswirkungen diese Eingriffe in die natürlichen Stoff- und Energieströme haben. Die Oberfläche der Erde würde dabei zwar deutlich verändert, die Erde bliebe uns aber *vielleicht* als lebenswerter Planet erhalten.

Literatur

Exner, A., Fleissner, P., Kranzl, L & Zittel, W.: *Kämpfe um Land. Gutes Leben im post-fossilen Zeitalter.* Mandelbaum Kritik & Utopie, Wien, 255, 2011.

Heinloth, K. *Energie für unser Leben: Nahrung, Wärme, Strom, Treibstoffe (früher, derzeit, künftig).* In: Martienssen, W.; Röß, D. (Hg.): Physik im 21. Jahrhundert. Berlin u.a., 2011, S. 227-263.

Kessels, W.: Die Erneuerbaren Energien und die Energiespeicherung. In: *DGG-Mitteilungen* 1/2013, S. 5-16.

Kleidon, A..: Was leistet die Erde? *In: Physik unserer Zeit,* Jg. 43, H. 3, 2012, S. 136-144.

Schwarz, O. Regenerative Energien, natürliche Wirkungsrade und die besondere Rolle der Solarenergie. In: Banse, G. Fleischer, L-G. (Hrsg.): *Energiewende – Produktivkraftentwicklung und Gesellschaftsvertrag,* 5. Jahreskonferenz der Leibniz-Sozietät der Wissenschaften 2012, Berlin, 2013. S.85-100.

Schwarz, O.,. Deitersen, Ch.: Die Energiewende aus fachdidaktischer Sicht. *PhyDidB – Didaktik der Physik – Beiträge zur DPG-Frühjahrstagung,* 2013.

Wunsch, Carl: The Total Meridional Heat Flux and Its Oceanic and Atmospheric Partition., *J. Climate,* 18/2005, S. 4374–4380.

Internet
BMWi – Bundesministerium für Wirtschaft und Technologie (2013a): Zahlen und Fakten, Energiedaten. – http://www.bmwi.de/DE/Themen/Energie/Energiedaten-und-analysen/Energiedaten/gesamtausgabe,did=476134.html

BMWi – Bundesministerium für Wirtschaft und Technologie (2013b): Stromversorgung. – http://www.bmwi.de/DE/Themen/Energie/stromversorgung.html

UNO-Berichte zur Weltbevölkerung und deren Prognose: http://esa.un.org/wpp/

Literaturquellen zur Tabelle 7.2:
http://www.itaipu.gov.br/en/energy-home
http://www.seen.de/seebi/seedetails/Bleilochtalsperre.html
http://www.vattenfall.de/de/wasserkraft.htm
http://www.seen.de/seebi/seedetails/Hohenwartetalsperre.html
http://www.alpha-ventus.de/fileadmin/user_upload/Broschuere/av_Broschuere_deutsch_web_bmu.pdf
http://www.enbw.com/unternehmen/konzern/energieerzeugung/neubau-und-projekte/enbw-baltic-1/index.html
http://www.firstsolar.com/en/Projects/~/media/Files/Completed/Sarnia%20Solar%20Farm/DatasheetSarnia01201dsashx.ashx
http://www.firstsolar.com/Projects/~/media/Files/Downloads/PDF/Projects/DatasheetElDoradDatasheetElDoradoCopperMtndsnafstkProjectsOutgoingD.ashx;
http://www.solarmillennium.de

8 Diskussion

Nüchterne Berechnungen der Zeitperspektiven aufgrund nachvollziehbarer Mathematik und zuverlässiger Daten sind Mangelware, aber in der gegenwärtigen Debatte von Wachstum und Wirtschaft dringend nötig. Naturwissenschaften mögen manchen abschrecken. Jedoch beherrschen die Naturgesetze die uns bekannte Welt, und keine Gesellschaft kann ungestraft gegen sie leben. Physiker und Geologen bedenken die planetaren Grenzen. Ökonomen und Soziologen sind mit den naturwissenschaftlichen Daten und Methoden selten ausreichend vertraut. Geologen heben sich zu wenig geäußert, man nimmt sie kaum wahr (es gibt kein Schulfach „Geologie"!).

Wir haben versucht, quantitativ abzuschätzen, wann die Vorräte erschöpft sein werden, allerdings unter Annahmen, die immer unsicher sind. Die eigentlichen Unsicherheiten liegen in der Entwicklung der Wirtschaft, die wir nicht kennen. Die Unsicherheiten verschweigen wir nicht. Unsere Basis sind die besten heutigen Kenntnisse der Situation bei Vorräten und Erneuerbaren sowie exakte Mathematik. Wir sind von den höchsten Schätzwerten der Vorräte ausgegangen (Reserven plus Ressourcen; Kap. 5 und 6), um nicht irrtümlich zu kurze Zeiten zu berechnen. Darüber hinaus haben wir abgeschätzt, bis zu welchen Grenzen regenerative Energieströme benutzt werden können. Auch sie werden nicht das goldene Zeitalter immerwährenden Wachstums bringen.

Wir sind aber keine Propheten. Es könnte noch eine Weile wie bisher weitergehen – „business as usual" – das Wachstum könnte sich sogar noch beschleunigen aber auch verlangsamen, vielleicht aus Einsicht, vielleicht infolge von Konflikten, auch kriegerischen. Leider tragen diese Unwägbarkeiten zur Verunsicherung bei. Die meisten Menschen gehen irrational mit Risiken um, konditioniert durch Eltern und Gesellschaft. Kein Zweifel: wir müssen an uns arbeiten; jeder kann sich an konkreten Erfahrungen einiges selbst klar machen. Es ist auch ein Monitum an die heutige Schule. Sie muss mehr Naturwissenschaft lehren und darüber hinaus den Begriff der statistischen Wahrscheinlichkeit bekannter machen.

Wie die Geschichte zeigt, stellen Gesellschaft, Politik und Wirtschaft ein prinzipiell instabiles System dar. Wir, die heute in Mitteleuropa Lebenden, sind vielleicht durch eine über 60 Jahre dauernde stabile Periode verwöhnt und glauben, dass es so weitergehen wird, ja gehen muss. Aber wir haben auch die politische Wende im Ost-West-Verhältnis 1989 und die Finanzkrise 2008 erlebt, und in der Menschheitsgeschichte gab es immer wieder Katastrophen. Die Ost-West-Wende der 1980er Jahre kam so überraschend und unerwartet, dass praktisch niemand wenige Monate vor dem Berliner Mauerfall mit ihr gerechnet hatte: eine regelrechte Instabilität, ein Paradigmenwechsel. Auslöser war der wirtschaftliche Niedergang im Ostblock. Und direkt vor dem Finanzkollaps 2008 vergaben die amerikanischen Rating-Agenturen noch Bestnoten. Wir wissen nicht, wie das globale Wirtschaftssystem auf die Ölknappheit reagieren wird, aber sie gefährdet das Wirtschaftssystem, und ähnliche Zusammenbrüche werden eher wahrscheinlicher als unwahrscheinlicher. Dass wir so etwas heute nicht ahnen oder sehen wollen, beweist nichts. Von einer immer schöneren neuen Welt zu träumen, ist nicht weise. Das sollten uns die Beispiele der jüngsten Geschichte lehren.

Energetische Handlungsperspektiven

In den ersten zwei Kapiteln dieses Buches haben wir uns bemüht, anhand einfacher Modelle einige der mannigfachen Verknüpfungen zwischen Gesellschaft und Energie aufzuzeigen. Worauf wird sich die Energieversorgung der Menschheit zu Beginn des 22. Jahrhunderts stützen? Sicher wird die Menschheit immer wieder versuchen, die Energiebereitstellung zu optimieren. Doch die naturgesetzlichen Grenzen sind unumgänglich. Wir sehen nur zwei Möglichkeiten, wie die verfügbaren-Potentiale wesentliche Beiträge leisten können:

- die bevorzugte Ausbeutung der direkten Sonnenenergie; die Leistungsgrenze der Nutzung regenerativer Energie dürfte in der Größenordnung von einigen 10^{14}W liegen. In Kapitel 7 hatten wir großzügig etwa 2×10^{14}W geschätzt (vergleiche Tabelle 7.3 a).

- die Kernenergie (allerdings nur unter Einschluss der noch vagen Fusionstechnologie bzw. der erweiterten Brennstoffgewinnung für die Spaltungstechnologie, wie Urangewinnung durch Meerwasserabscheidung oder die als riskant eingeschätzte Brütertechnologie). Die Leistungsgrenze für die Kernenergie – sofern die Fusionstechnologie mit ihrem extrem großen Energiepotential tatsächlich realisiert wird – wäre dadurch gegeben, dass die Abwärme im globalen Maßstab nicht zu einer merklichen Klimaerwärmung führen sollte. Würde sich die Menschheit rund 1K (1°C) Temperaturerhöhung „zubilligen", dann wäre diese Grenze bei einem Leistungsumsatz in der Größenordnung von 10^{15}W erreicht (vgl. Kap. 6). Zur Erinnerung: Diese Leistung entspräche dann in der Größenordnung dem Wärmetransport des Golfstromes, sodass man sich diese Variante nur bei sorgfältigster Planung der Abwärmeverteilung in den Geosystemen vorstellen mag (abgesehen von radioaktiven Belastungen der Umwelt). Die technische Realisierung solcher Szenarien ist ungewiss.

Wir wollen hier, im letzten Kapitel, ein einfaches Modell für die nächsten Jahrzehnte diskutieren, in das die Erkenntnisse einfließen sollen, die wir im Hauptteil des Buches vorgestellt haben. Gehen wir für das 21. Jahrhundert mit Gewissheit davon aus, dass die fossile Energie – vor allem in Gestalt von Öl und Gas – in wenigen Jahrzehnten unwiederbringlich zur Neige geht, d.h. in der Praxis, sehr teuer, ja unbezahlbar wird. Noch verzeichnen die Statistiken ein jährliches Wachstum im Energieumsatz der Menschheit, das sich hauptsächlich aus fossilen Quellen speist, doch schon bald werden wir feststellen, dass sich der Weltenergieverbrauch zunächst auf einem konstanten Niveau einpegeln wird, wenn sich diese Quellen zunehmend erschöpfen. Mit viel Sachverstand, globaler Kooperation, Bereitschaft zum Umdenken und zum Loslassen alter Gewohnheiten, wird dann – hoffen wir unter den gegebenen Umständen das Beste – *eine Phase kommen, in der die regenerativen Energien und wahrscheinlich auch die Kernenergie den Rückgang bei den fossilen Trägern ausgleichen können.*

Was bedeutet dieser Zustand für unsere Zivilisation? Vor allem, dass sie mit einem konstanten jährlichen Betrag an Primärenergie E_j

auskommen muss. Aus dem folgenden besonders durchsichtigen und daher auch mathematisch reizvollen Modell kann man einige Erkenntnisse gewinnen. Das Modell verknüpft die Bevölkerungsanzahl mit ihrem durchschnittlichen Energieverbrauch. Wir veranschaulichen uns die Existenz eines Limits im Energiekonsum in einem Diagramm (Abb. 8.1):

Nennen wir den maximal möglichen jährlichen Energiekonsum der Menschheit E_j, den jährlichen durchschnittlichen Energieverbrauch pro Erdbewohner E_N und die Anzahl der Erdbewohner N. Offenbar gilt:

$$E_N \times N = E_j = konstant \qquad (21)$$

oder

$$E_N = E_j/N. \qquad (22)$$

Trägt man diese funktionale Abhängigkeit in ein Koordinatensystem ein, dann ergibt sich eine Kurve, die die meisten Leser gewiss aus dem Schulunterricht kennen, eine Hyperbel (Abb. 8.1).

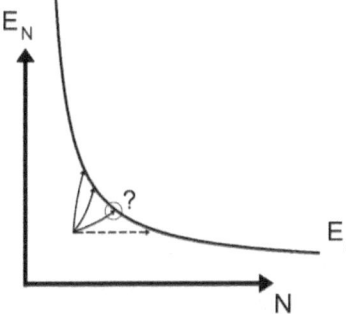

Abb. 8.1: Im Koordinatensystem wird der mittlere Energieumsatz pro Kopf E_N gegen die Anzahl der Erdbewohner N eingetragen. Erreicht die Zivilisation einen konstanten jährlichen Energieumsatz E_j, ist die weitere Entwicklung durch den Verlauf der Kurve „gedeckelt".

Noch haben wir Wachstum im Energiekonsum. Noch sind wir ein winzig kleines Stück von dem Verlauf der Kurve entfernt, die den maximal möglichen Energiekonsum charakterisiert. Wenn wir uns ihr weiter annähern, dann werden die Zwänge jedoch immer offensichtlicher. Die erste spannende Frage wird sein, auf welchem Pfad wir auf die Kurve eines jährlich konstanten Energieangebots treffen, in der Abbildung 8.1 mit dem „?" gekennzeichnet.

Auch die gestrichelte Kurve bedeutet übrigens Wachstum. Sie besagt lediglich, dass der mittlere Energieumsatz pro Kopf im globalen Maßstab zukünftig konstant bliebe. Wir würden dann z.B. in Deutschland so weiter machen wie bisher, also ohne Einsparung im Energiekonsum wie auch schon in den letzten Jahren auf konstantem Niveau weiterwirtschaften. Das Wachstum wäre trotzdem da, gesteuert durch die wachsende Weltbevölkerung. „Buisness as usual" wird nicht funktionieren, auch dann werden wir auf der Kurve E_j landen. Ist unsere Zivilisation erst einmal auf der Kurve selbst „angekommen", wird der Zusammenhang zwischen Weltbevölkerung und Energiekonsum pro Kopf zwingend:

Bei wachsender Weltbevölkerung *muss* der durchschnittliche pro Kopf Verbrauch sinken. Ein steigender Durchschnittsverbrauch pro Kopf hingegen könnte nur realisiert werden, wenn die Anzahl der Erdbewohner kleiner wird. Für welche Variante wird sich die Menschheit entscheiden? Wird die Humanität siegen? Wird sich der Einzelne zugunsten aller Menschen beschränken und bescheiden?

Wir könnten die Zukunft besser planen, wenn wir den exakten Wert für E_j kennen würden. Wir wissen, dass die uns zur Verfügung stehende Energie nicht unerschöpflich ist, egal, auf welche Nutzungsvarianten wir zurückgreifen. Das ist naturgesetzlich festgelegt. Die Größe des maximal möglichen Energiedargebots pro Jahr hängt von vielen Faktoren ab – technologische Entwicklungen spielen eine große Rolle, natürlich auch die Frage, wie weit wir unseren Heimatplaneten verändern wollen oder können, um an Energie zu kommen.

Auch wir, die Autoren, kennen die Zukunft nicht. Auch wir dachten lange nicht an Risiken von Energieknappheit und Vorsorge. Trotz der beunruhigenden Ergebnisse der Rechnungen, die wir anzustellen begonnen hatten, dauerte es eine Weile zu begreifen, dass es um mehr geht als Rohstoffe und einzelne Krisen. Nur allmählich wurde uns klar, dass es um eine umfassendere Weltkrise geht, um das „Ende der Welt", wie wir sie kennen (frei nach Leggewie und Welzer, 2009), um eine schleichende Katastrophe, wenn wir versuchen, so weiterzumachen wie bisher. Wir alle müssen uns auf die Herausforderungen einstellen, uns darauf einrichten – ohne Angst, ohne Panik. Helfen kann uns ständiges Bewusstsein der Fragilität unseres Lebensstils und die Erkenntnis, dass es ein gutes Leben auch mit Weniger geben kann.

Die Situation ist paradox. Der technische „Fortschritt" und Neuerungen des Konsumangebots werden vom Wachstumswahn zu immer schnelleren Veränderungen angetrieben – und vom selben Wachstumswahn wird die allmähliche Annäherung an die absoluten Grenzen verschleiert. Man stellt sich nicht auf den zukünftigen Mangel an Rohstoffen ein – eine „schleichende Gefahr". Diese Situation macht es besonders nötig, sich gründlich und frühzeitig damit vertraut zu machen. Die möglichen Konsequenzen der verschiedenen Szenarien lassen sich vorhersehen, etwa die eines ungebremsten Wachstums oder die eines grundsätzlichen Wandels. Die Menschheit hat verschiedene Optionen. Wir werden in unseren Entscheidungen umso freier sein, je sicherer und durchdachter wir sie treffen, desto früher wir beginnen, mit Energie sparsamer umzugehen (was ja selbst schon eine Option ist). Umgekehrt gilt auch: je weiter wir die Umstellung hinausschieben, desto eher wird es gar keine Option mehr geben, und die Ereignisse werden die Menschheit überrollen.

Überspitzt gesagt: Weltuntergang oder Wandel hin zu einer schönen neuen Welt? Wir wollen die beiden Optionen noch etwas betrachten.

Weltuntergang?

Wir sollten nüchtern die schlechteste aller Optionen betrachten. Wenn wir uns unbeeindruckt von den Fakten für „business as usual" entscheiden, wird die Katastrophe früher oder später unausweichlich. Die „klassischen" Energievorräte sind bald verbraucht und wir hätten nicht vorgesorgt. Und auch die „Erneuerbaren" sind begrenzt. Wir sind aber nicht Weltuntergangs-Propheten, wünschen das Weltende auch nicht und sind auch keine Pessimisten. Nein! Das passt nicht zu unseren naturwissenschaftlichen Ansprüchen. Wir möchten das Schlimmste deutlich machen, um es zu vermeiden.

„Weltuntergang" ist vorrangig religiös oder mythologisch konnotiert. Manche glauben, an Harmagedon, die Schlacht Gottes gegen alles Böse, und an eine „Neue Welt" danach für die Auserwählten.

Einer der Autoren (WJ) hatte in seiner Jugend engen Kontakt zu „Gläubigen", löste sich aber davon und lernte, die Welt mit eigenen Augen zu sehen, seinem eigenen Nachdenken zu trauen und aus Beobachtungen selbständig Schlüsse zu ziehen. Als Physiker, Geophysiker, Geologe versucht er, zwischen Pessimismus und Optimismus zum Realismus zu finden. Probleme sind Herausforderungen: kein Weltende in der Schlacht von Harmagedon aber wahrscheinlich doch das Ende der Welt, wie wir sie bisher kennen (Leggewie und Welzer, 2009).

Weltende ist nicht so unrealistisch. Das globale Arsenal an Kernwaffen macht einen vielfachen "Overkill" für die ganze Menschheit, die zigfache Zerstörung der menschlichen Zivilisation möglich, selbst nach der Reduktion der Zahl der Kernwaffen. Die Sorge über die Entwicklung von Kernwaffen im Iran und in Nordkorea treibt die internationale Politik um, die Angst davor ist real. Jedenfalls ist das bisherige Vorbeischliddern an der nuklearen Katastrophe keine Garantie für die Zukunft. Menschen tendieren zwar dazu, ein solches Szenarium für „unmöglich" zu halten, aber es ist nur „unwahrscheinlich".

Physikalisch-kosmologisch steht der Erde ein sicheres Ende bevor, allerdings in weiter Zukunft und damit für uns irrelevant. Die Sonnenstrahlung wird langsam zunehmen, und auf der Erde wird es dann zu heiß für Leben – allerdings erst in vielen hundert Millionen Jahren.

Betrachten wir kürzere Perspektiven, die mit der Evolution zusammenhängen. Die Spezies Homo sapiens sapiens, wie wir uns ja nennen, hat gewiss keine ewige Lebensdauer. Paläontologen können die Lebensdauer vieler früherer Arten abschätzen, sie hängen mit der Reproduktionsrate und den Veränderungen der Umweltbedingungen zusammen und differieren untereinander um Größenordnungen. Das Ende einer Spezies bedeutet nicht unbedingt den plötzlichen Tod aller dann lebenden Individuen. Es entstehen neue Spezies aus den Nachkommen der Vorgängerspezies; die Übergänge sind graduell. Das bedeutet für den Menschen bessere Chancen bei flexiblerer Anpassung an die Veränderungen der Umwelt. Jedoch verläuft die genetische Evolution des Menschen entsprechend der Reproduktionsrate sehr langsam. Man schätzt, dass unsere Vorfahren schon vor

100000 Jahren fast genau dasselbe Genom hatten wie wir heute und also schon dieselbe Spezies waren. Die heute vom Menschen gemachten Veränderungen verlaufen sehr viel schneller.

Im Laufe der Vorgeschichte und der überlieferten Geschichte hat es viele Endzeiten gegeben, einschneidende Umbrüche, bei denen bestehende Systeme untergingen und neuen Platz machten, große Naturkatastrophen und Weltkriege ereigneten sich, das gewalttätige Ende vieler Menschen, manchmal der Mehrheit. Irgendwo auf dem Globus gab es immer Überlebende, welche die Geschichte weiter geführt und Geschichten weiter erzählt haben; sie wurden zu Sagen, Mythen wie die Sintflut. In der Folge wurden daraus Weltuntergangsprophetien, die biblische Apokalypse, die Götterdämmerung. Keine ist bisher absolut eingetreten, sonst würden wir ja nicht darüber reden. Bis heute ja! „Es ist doch bisher immer gut gegangen!" sagen die Überlebenden, eigentlich aber makaber, denn die Opfer schweigen! In der Entwicklung der Lebensformen ist das allerdings kein Beweis für Unsterblichkeit einer – unserer – Spezies. Man kann sich nicht darauf verlassen, dass es immer so sein wird.

Wir sprechen heute über viel kürzere Zeiten, den „rasenden Stillstand" (H. Rosa, 2012, s. Kap. 4), das fortgesetzte Wachstum und die begrenzten Vorräte, deren Ende wir in den vorhergehenden Kapiteln berechneten. Die Unsicherheiten betreffen nicht eine ferne Zukunft, sondern uns selbst, die Lebenden und unsere Kinder und Enkel. Dass exponentielles Wachstum ernste Gefahren birgt, wird leicht übersehen. In der Rückschau sieht es harmlos aus, aber in der Zukunft rasant, es steigert sich schnell ins Unermessliche. Die Frage ist nicht, ob Wachstum andauern kann, sondern wie es endet, allmählich oder abrupt. Es wird immer deutlicher, dass das Problem die Grenzen des uns zur Verfügung stehenden Planeten sind, an die wir unweigerlich geraten – nicht nur die Endlichkeit der Vorräte auf unserer Welt.

Die abschmelzenden Eiskappen der Antarktis und Grönlands könnten Platz schaffen, Land, z.B. im nördlichen Sibirien und Kanada, das mit der Zeit urbar gemacht würde und Bodenschätze freigäbe, die man dort heben könnte? Aber der Meeresspiegel wird um mindestens 20 bis 30 m ansteigen und bewohnbares – und heute bewohntes – Land überfluten (Pollack, 2009). Viele Megastädte müssten umsiedeln. Wären schwimmende Häuser eine Lösung für Millionen?

Obwohl wir so dicht an den Grenzen angelangt sind, merken dies die meisten nicht, weil es uns noch gut geht. Man spricht von „nachhaltigem Wachstum", was so viel bedeuten soll, dass es immer so weitergehen kann, ohne Schaden anzurichten. („nachhaltig" ist eine schlechte Übersetzung von *„sustainable"*, engl. „aufrecht erhaltbar", „dauerhaft", und bedeutet „gründlich" wie in „nachhaltige Katastrophe", in der Forstwirtschaft: so viel Holzeinschlag, wie nachwächst, was immerwährendes Wachstum ausschließt). Geben wir uns also nicht der Illusion immerwährenden Wachstums hin! Politiker und Ökonomen halten Wachstum für den Wohlstand unabdingbar. Wie sonst sollte man das System in Gang halten? Auf diese Frage scheinen sie keine Antworten geben zu können.

Die aktuelle Weltlage macht uns nicht sonderlich optimistisch. Um Rohstoffe bzw. ihre Kontrolle sind schon viele Kriege geführt worden, und das nukleare Vernichtungspotential ist real. Es hat während des Kalten Krieges einige Vorkommnisse gegeben, bei denen die atomare Option kurz vor ihrer Anwendung stand. In Zeiten angespannter Rohstofflage kann das auch künftig wieder sehr gefährlich werden. Auch die Risiken durch Terrorismus und Proliferation von Massenvernichtungswaffen sind groß. Wir sollten die Möglichkeit eines nuklearen Weltuntergangs aus unserem Denken nicht verdrängen, sondern alle Anstrengungen unternehmen, auf rationalere Weise durch internationale Verhandlungen zu Kompromissen zu gelangen, die unser Überleben weiterhin sichern.

Allmählicher Wandel

Wenn wir praktische Konsequenzen für unsere Lebensweise ziehen, können wir hoffen, dass der unvermeidliche Wandel auf friedlichem Wege erreicht wird. Die Berechnungen von statischen und dynamischen Reichweiten demonstrieren, dass wir heute anfangen müssen, uns darauf einzustellen. Die absoluten Grenzen sind in der Reichweite unserer Kinder und Enkelkinder. Wandel statt Ende, das ist wahrscheinlicher, wenn wir uns auf ein menschlicheres Leben auf der begrenzten Erde einrichten und uns bemühen, eine sicherere Welt aufzubauen, die Bestand haben kann. Wandel ist ohnehin der „Normalzustand", wie uns die Geschichte lehrt. Viele Gesellschaften sind im Laufe der Menschheitsgeschichte ausgestorben, andere aber siedeln schon seit Jahrtausenden in ihren angestammten Gebieten (Diamond, 2005). Wir könnten daraus lernen. Eine politische und gesellschaftliche Evolution muss die notwendigen Veränderungen schnell genug schaffen, wir müssen es wirklich wollen. Es geht um das Ende des materiellen, nicht des ideellen Wachstums, um das Ende des Wachstums von Energieverbrauch und Bevölkerung.

Die Rechnungen in diesem Buch sollten zeigen, dass es Chancen gibt. Wir vermuten, dass man früher oder später bewusst und gezielt neue Wege ausprobieren wird, um katastrophale Zusammenbrüche zu vermeiden. Wir haben im Rahmen der Naturgesetze Möglichkeiten, uns in einer Weise umzustellen, die unsere weitere Existenz und weitere Evolution garantiert, indem wir uns an die neuen Bedingungen anpassen. Wir unterliegen den Naturgesetzen, baldiger Untergang ist gewiss kein Naturgesetz. Dabei müssen lieb gewonnene Gewohnheiten aber in Frage gestellt, und die Gefahren dürfen nicht verdrängt werden. Aus einer schleichenden Katastrophe muss ein allmählicher Wandel werden, mit Bedacht, nicht überstürzt.

Wir gehen davon aus, dass die meisten Menschen Chancen haben, wenn auch andere als bei früheren Wendepunkten. Früher war hinter den Grenzen immer noch Platz sich auszudehnen, allerdings oft auf Kosten anderer. Krisen wurden überstanden, und es ging immer weiter. Heute sind wir an einer Grenze angelangt, jenseits der es keine weiteren *materiellen* Freiräume oder Nischen gibt, es sei denn, diese würden wieder ohne Rücksicht auf andere brutal geschaffen. Zusätzlichen Platz auf der Erde gibt es nicht mehr; wir verbrauchen hemmungslos Lebensraum, Rohstoffe, Energiequellen. Schon heute benötigten wir fast zwei Erden. Auf unserer Erde können nicht wesentlich mehr Menschen leben als heute, 7 Milliarden, selbst wenn es möglich sein mag, noch ein paar Milliarden zusätzlich zu ernähren. Aber wie menschlich ist das Leben in dicht gedrängten Megastädten – von denen viele nur wenige Meter über dem Meeresspiegel liegen? Diese Perspektive bedeutet einen gewaltigen Wandel für die Menschheit. Die individuellen Ansprüche zu vieler, die Komplexität der lebenserhaltenden Systeme und die Infrastrukturen, die wir selbst geschaffen haben (siehe Kapitel 2), die eingeschränkten Möglichkeiten „vernünftiger" menschlicher Kommunikation und die Beschleunigung der technischen Entwicklungen erschweren den Wandel in Richtung auf eine Befreiung von der Energieknappheit. Aber für uns Menschen galt schon immer: wenn es eng wird, wächst die Bereitschaft zur Anpassung; Not macht erfinderisch.

Lösungen in Sicht?

Kann man ernsthaft bezweifeln, dass wir in einer ganz besonderen Zeit leben, an einem einmaligen Punkt der Weltgeschichte? Es kann nicht einfach dadurch weitergehen, dass wir neuen Lebensraum suchen. Wandel wird es jedenfalls geben. Das ist eigentlich trivial, da Wandel der „Zustand" des Menschen, der Menschheit, der Welt ist. Dabei gibt es viele Möglichkeiten. Die Lösung darf nur in einem umfassenden Wandel liegen, den wir selbst in eine zukunftsfähige Richtung steuern, einen lebenswerten Fortbestand der menschlichen Gesellschaft!

Lösungsvorschläge? Wir müssen uns dafür Zeit nehmen, der „rasende Stillstand" muss einer „neuen Langsamkeit" gegen alle Ablenkungsversuche weichen: Stichwort "Wohlstand ohne Wachstum" (Miegel, 2010; Jackson, 2011; auch Pinzler, 2011; Miegel, 2014). Angesichts der Menschheitsgeschichte und der Natur des Menschen eine große Herausforderung! Einige Menschen wollen im Einklang mit den natürlich gesetzten Grenzen leben und können es bereits. Machbar ist es, aber mitmachen muss die Mehrheit. In Notsituationen waren Menschen immer opferbereit, anpassungsfähig, mitmenschlich, um Lebensgefahr abzuwenden. Liegt die Hoffnung in solch einer Situation, die mehr Chancen eröffnet als Zerstörung bewirkt? Oft hielt das nur kurze Zeit an, einige Jahre (z.B. Kriegsjahre), und die Menschen gewöhnten sich schnell wieder an bequemeres Leben, wurden wieder träge, egoistischer, verschwenderischer... Im 20. Jahrhundert ist das mehrfach geschehen, und heute?

In Ländern, in denen lange Zeit Armut und gar Elend weit verbreitet waren, ist genau dasselbe zu beobachten. In China, das seit wenigen Jahrzehnten einen fantastischen wirtschaftlichen Aufschwung erlebt, benehmen sich immer mehr Menschen genau so wie die Amerikaner oder Europäer, welche die Energiekrise verursachen. Statt aus der Vorgeschichte heraus materiell bescheidenere aber spirituell befriedigendere Lebensformen zu entwickeln, geschieht genau das Gegenteil. „Man" will wieder mehr *haben*, teure Kleider, große Autos, Urlaubsreisen ..., angetrieben vom wieder erstandenen Kapitalismus. Kommerz, Handel, Reklame appellieren erfolgreich an den Geltungstrieb der Menschen. Die Probleme der großen Städte nimmt man so hin, obwohl der Verkehr oft zusammenbricht, die Luftverschmutzung extrem wird und vor allem die Ungleichheit zwischen den Menschen eklatant zunimmt. Man macht alle Fehler nach, die „der Westen" vorgemacht hat. Neuerdings hört man von immer mehr reich gewordenen Chinesen, die nach Amerika oder in andere kapitalistische Länder auswandern wollen (oder schon dort sind), wo sie ihr Geld sicherer aufgehoben glauben als in China.

Welche Umstände bewirken, dass sich Menschen in einem Maße und einer Art und Weise darauf besinnen können, was „Wohlstand ohne Wachstum" erfordern würde? Das ist wahrscheinlich die größte Herausforderung an uns alle: Wege im Einklang mit der Natur zu finden, die einen Übergang ermöglichen von der heutigen globalisierten hyperkapitalistischen Wirtschaftsweise, der Betonung des materiellen Konsums und von den extremen Unterschieden zwischen Reichen und Armen hin zu einer eher lokalen und regionalen kooperativen Wirtschaftsweise und zur Betonung des immateriellen Wohlstandes und zum Ausgleich der Unterschiede. Die Herausforderung ist, die Mehrheit dazu zu bewegen.

Wie unsere fachlichen Erfahrungen nahelegen, ist es grundlegend, mit Nachdruck sicherzustellen, dass mehr Menschen die elementaren Grundlagen für ein „neues Leben" und für seine Notwendigkeit verstehen lernen. Dafür muss eine naturwissenschaftlich-mathematische Bildung vorhanden sein, eine Aufgabe der Schule. Erforderlich ist ein Schulsystem, in dem das Fach Umwelterziehung verpflichtend ist und Lehrpläne einen naturwissenschaftlichen Unterricht vorschreiben, in dem solche Themen der Physik, Chemie, Biologie und eben auch Geologie vorkommen, die zentrale naturgesetzliche Grundlagen unserer Existenz beinhalten. Die Realität sieht heute bekanntlich ganz anders aus: Thermodynamik, die wesentliche Grundlage zum Verständnis der Probleme unserer hochgradig industrialisierten Welt, ist nach Meinung der meisten Lehrplanschreiber noch nicht einmal für die gymnasiale Oberstufe verpflichtend! Notwendig ist auch die Modernisierung des Geographieunterrichts in Richtung auf eine Vertiefung der Kenntnis des Planeten Erde und des Systems Mensch-Erde – besonders mit Blick auf die Gefahren des heutigen Wirtschaftens und Konsumierens. Noch sachgerechter wäre es, in irgendeiner deutlichen Form das Fach Geologie einzuführen. Trotz aller verständlichen Einwände, vor allem dem, den Fächerkanon nicht noch mehr aufzublähen, könnte nur dadurch das Fach und damit der Gegenstand Erde als unser Heimatplanet ausreichend ins Bewusstsein der Menschen gerückt werden. Und noch einmal: der Umgang mit Risiken, Wahrscheinlichkeiten und Statistik ist zu lehren und zu üben, noch deutlicher als bisher im Rahmen der Mathematik und auch in anderen Fächern. Das ist nicht einfach, orientieren sich junge Menschen doch schon früh an ihrer Umwelt, an den Eltern und Kameraden. Viel zu oft kommt die Schule eigentlich zu spät.

Die Geisteswissenschaften wie Geschichte, Literatur, Sprachen, vor allem die Muttersprache, gehören in demselben Maße wie die Naturwissenschaften zum Bildungsgut des Menschen. Der Mensch braucht für ein eigenständiges und selbstbewusstes Leben in der heutigen Welt ein Gegengewicht zur Dominanz durch Technik und Kommerz. Das alles im Schulunterricht zu bewältigen, ist zweifellos eine nie endende Aufgabe für Schüler, Lehrer, Kultusbehörden und Eltern.

Die Erde wird den Menschen verkraften, wie weit er es auch treiben wird: ob er einen modus vivendi mit ihr findet oder ob sie ihn abschütteln mag. Es wird an uns Menschen liegen, wie sich Wirtschaft, Kultur und Lebensweise entwickeln werden. Es geht vor allem darum, wie der Mensch mit der Erde eine dauerhafte Einheit bilden kann.

Abschließend noch einmal die Frage: Sind unsere Berechnungen wirklich zwingend? Es wird eingewendet, dass Grenzen und Reichweiten nie genau festgelegt werden können. Davon gehen wir auch tatsächlich aus, wie mehrfach betont. Könnten wir Wesentliches übersehen haben? Und findet die menschliche Kreativität nicht immer für alle Probleme Lösungen? Werden die Möglichkeiten nicht immer weiter ausgeweitet, und wird nicht immer Ersatz gefunden, wenn der Bedarf besteht, wie Wellmer (2012) meint? Dieses Argument war bisher weitgehend zutreffend, aber waren die Lösungen immer „menschlich" für die Betroffenen? Nicht für die Opfer! Und wäre das für die Zukunft zu erwarten? Können wir ruhig auf die kreativen Lösungen warten oder müssen wir die Herausforderungen annehmen und uns und die Gesellschaft auf intelligentere Lösungen und materielle Einschränkungen einstellen?

Ist das eine Frage der Mentalität des Einzelnen? Man kann es so sehen und es jedem überlassen, was er unter den gegebenen Bedingungen denkt und tut. Ja, man muss den Menschen grundsätzlich diese Freiheit zubilligen. Nichtsdestotrotz haben ihre Einstellungen Konsequenzen für die Zukunft. Können wir es der „Mehrheit" einfach so überlassen – ganz im Sinne modernen Demokratieverständnisses – die Risiken leichtfertig zu ignorieren und in Fallen zu laufen?

Wir haben die Verantwortung, die Öffentlichkeit nach unseren Möglichkeiten auf die Gefahren aufmerksam zu machen. Daher haben wir dieses Buch geschrieben. Es wurde mehrfach auf ähnliche Stimmen hingewiesen, welche die Möglichkeit aufzeigen, Wohlstand ohne Wachstum (Jackson, 2009, Miegel, 2010) zu realisieren. Das erfordert Besinnung auf die Frage: Wie viel ist genug? (Skidelski & Skidelski, 2013): Befreiung von Konsumterror und vom Terror der Werbung, von schweren Belastungen durch die Jagd nach Mehr und Mehr und vom Burnout-Syndrom durch selbstgemachten Stress, ein reicheres Leben, ein spirituelles Leben mit tieferen Einsichten.

Abschließend sei Herman Daly (2005) in freier deutscher Übersetzung zitiert (nach Randers, 2012, p.73): „... ökonomisches Wachstum ist immer noch das politische Ziel Nummer Eins praktisch aller Nationen, das ist nicht zu leugnen. Wachstums-Ökonomen erklären, dass ‚Neo-Malthusianer' einfach Unrecht haben und dass wir wie bisher fortfahren sollten zu wachsen. Ich aber denke, dass ökonomisches Wachstum bereits geendet hat in dem Sinne, dass das Wachstum heute schon *unökonomisch* ist; es kostet mehr, als es wert ist ... und macht uns ärmer statt reicher. ... Ich behaupte, dass wir die Wachstumsgrenze der Wirtschaftlichkeit erreicht haben, aber wir merken es nicht und verheimlichen es verzweifelt mittels fehlerhafter nationaler Buchführung, denn Wachstum ist unser Idol und aufzuhören, es anzubeten, ist Ketzerei."

Wir plädieren für diese Ketzerei und wünschen, dass es mit der Zeit, möglichst bald, so viele Ketzer gibt, dass es zu einem radikalen Paradigmenwechsel kommt.

Kurz vor der Drucklegung

Pünktlich zum Abschluss der Arbeiten an diesem Buch kam der Fünfte Sachstandsbericht des Weltklimarates (IPCC: International Panel on Climate Change, 2013/2014) heraus. Er warnt vor den Gefahren einer wahrscheinlichen Erwärmung um 4°C, falls diese nicht gestoppt wird: Extremereignisse, abrupte große unumkehrbare Veränderungen, Meeresspiegelanstieg, Hitzestress etc. Vor all diesen Gefahren wurde auch in diesem Buch gewarnt. Doch versteht man die Kernbotschaften des IPCC-Berichts richtig? In einer vom Bundesumweltministerium (BMUB), vom Bundesforschungsministerium (BMBF), dem Umweltbundesamt (UBA) und der Deutschen IPCC-Koordinierungsstelle (De-IPCC) herausgegebenen Zusammenfassung der Kernbotschaften lesen wir zum Beispiel für den Teilbericht 2 (Folgen, Anpassung, Verwundbarkeit): „Zunehmender Klimawandel verlangsamt das *Wirtschaftswachstum*, gefährdet die Ernährungssicherheit, verschärft soziale Ungleichheiten und birgt damit die Gefahr gewaltsamer Konflikte und verstärkter Migrationsbewegungen." (Kernbotschaften IPCC-Bericht 2014. S. 1).

Wir haben dagegen gezeigt, dass das Wirtschaftswachstum sich verlangsamen, ja aufhören muss und wird und dass die genannten Folgen nur durch ein moderates Wirtschaftssystem ohne Wachstum abgewendet werden können. Anhaltendes Wirtschaftswachstum ist die eigentliche Gefahr, die tiefere Ursache der Klimaerwärmung und all der negativen Folgen. In der Bändigung dieses Wachstums liegt die einzig mögliche Lösung für die Zukunft. Wir wissen nicht, wer das Wirtschaftswachstum in den soeben zitierten Text eingebracht hat, aber der Verdacht fällt auf die Politik, die an Wachstum glaubt und die sich außerstande sieht, der zunehmenden Probleme Herr zu werden. Wer glaubt, immerwährendes Wachstum des Bruttoinlandsprodukts würde alle Probleme lösen, hat nicht begriffen, was „immerwährendes Wachstum" ist.

Literatur

Daly, H.: Economics in full world. *Sci. Am.*, 100-107, Sep. 2005.
Diamond, J.: *Kollaps. Warum Gesellschaften überleben oder untergehen.* Fischer, 704 S., 2005.
Jackson, T.: *Prosperity without Growth. Economics for a Finite Planet.* Earthscan, London, 2009.
Kernbotschaften IPCC-Bericht 2014:
http://www.de-ipcc.de/_media/Kernbotschaften_Botschaften_IPCC_WGII.pdf
Miegel, M.: Exit. *Wohlstand ohne Wachstum.* Propyläen-Ullstein, Berlin, 301 S., 2010.
Miegel, M.: Hybris. *Die überforderte Gesellschaft.* Propyläen-Ullstein, Berlin, 313 S., 2014.
Pinzler, P.: *Immer mehr ist nicht genug! Vom Wachstumswahn zum Bruttosozialglück.* Pantheon Verlag, München, 312 S., 2011.
Pollack, H.: *A World Without Ice.* Avery, New York, 286 p., 2009.
Randers, J.: 2012. *A global Forecast for the Next Forty Years.* Chelsea Green Publishing, White River Junction, Vermont, 392 pp., 2012.
Skidelsky, R. & Skidelsky, E.: *Wie viel ist genug? Vom Wachstumswahn zu einer Ökonomie des guten Lebens.* Verlag Antje Kunstmann, München, 318 S., 2013.
Wellmer, F.-W.: Rohstoffe, die Basis unseres Wohlstandes. GMIT, *Geowiss. Mitt.*, 47, 6-21, März 2012.

Anhang

Nachfolgend werden wichtige mathematische, physikalische und geologische Begriffe erläutert.

Mathematik

Zahlenangaben
Im täglichen Leben und erst recht bei Schätzungen werden Zahlenangaben gemacht. In unserem Fall geht es um große Mengen, die wir nicht mehr in einfachen Stückzahlen angeben können, und es interessiert im Grunde auch nicht das Detail, sondern nur die „Größenordnung", also eine einzige Ziffer und die Anzahl der Nullen, die wir anhängen müssen. Das ist die Zehnerpotenz der Zahl. Wir haben die entsprechende Schreibweise im Buch häufig benutzt, denn sie ist kürzer als die ausgeschriebene Zahl. In der Darstellungsform 10^9 ist 9 die Potenz von 10: 10^9 ist eine Milliarde, also 1 000 000 000.

Vertrauenswürdigkeit
Zur Vertrauenswürdigkeit von Zahlen, z.B. den im Buch besprochenen numerischen Ergebnissen, gehören neben möglichst realistischen Werten auch Angaben über deren Vertrauensgrenze bzw. über ihre möglichen Fehlergrenzen oder Unsicherheiten. Solche Angaben haben meist etwas mit Wahrscheinlichkeiten und Statistik zu tun. Wenn man ausdrücken will, dass eine Zahl nur ungefähr bekannt ist, kann dieses „ungefähr" oder „etwa" durch das Zeichen „~" angedeutet werden. Mehr sagen quantitative Fehlergrenzen aus. Man schreibt dann z.B. „100 ± 10" und meint „wahrscheinlich zwischen 90 und 110". Aber wie wahrscheinlich soll das sein? Das kann man „nach Gefühl" angeben, vielleicht schätzen oder unter bestimmten Voraussetzungen sogar statistisch berechnen.

Häufig ist man im Umgang mit Abweichungen und Wahrscheinlichkeiten unsicher: treten die möglichen Ereignisse regelmäßig, gesetzmäßig, von der Vorgeschichte oder von anderen Ereignissen beeinflusst oder zufällig ein? Was ist Zufall? Unsicherheiten kann man durch Sicherheits- oder Fehlergrenzen charakterisieren, innerhalb derer „die meisten" Ereignisse liegen. Beim Verbrauch oder für Reichweiten sind Zahlenangaben immer nur grob, meist nur mit einer zuverlässigen Ziffer (höchstens zwei), z.B. 10^2 statt 99 oder 102 oder etwa 4 Millionen = 4 000 000 = 4×10^6. Eine einzige signifikante Stelle impliziert vielleicht eine Unsicherheit zwischen 10 und 100 %; zwei signifikante Stellen wenige Prozent. Unsicherheiten werden, abweichend von der landläufigen Bedeutung, manchmal als „Fehler" bezeichnet. Gemeint ist, dass ein Fehler mit einer bestimmten Wahrscheinlichkeit innerhalb bestimmter Grenzen liegen kann. Eintrittswahrscheinlichkeit bedeutet nicht Vorhersagen: eine Wahrscheinlichkeit von $1:10^6$ bedeutet beispielsweise nicht, dass das Ereignis einmal in einer Million Jahre eintritt, sondern lediglich, dass das Ereignis mit der Wahrscheinlichkeit 0.000 001 in einem bestimmten Jahr eintritt – nicht mit Sicherheit erst am Ende der Zeitspanne von einer Millionen Jahren, vielleicht auch schon morgen. Mit größerer Sicherheit kann man aber sagen, dass so ein Ereignis etwa 100mal in 100 Millionen Jahren auftritt.

Fehlerrechnung
In der Fehlertheorie und der Statistik gilt das „Gesetz der großen Zahlen". Wenn z.B. Messwerte x_i um einen „Mittelwert" x statistisch streuen, treten die einzelnen Abweichungen vom Mittelwert voneinander unabhängig und rein zufällig auf, und man erhält bei einer großen Zahl von Messungen eine bestimmte Häufigkeitsverteilung, die durch die sogenannte Gauß-Verteilung beschrieben wird. Kleine Abweichungen nahe dem Mittelwert sind häufig, große Abweichungen selten. Man spricht von der „Normalverteilung". Als „Normalfehler" oder „Standardabweichung" bezeichnet man eine Zahl (σ), welche die Breite der Gaußschen Glockenkurve charakterisiert. Innerhalb dieser Breite liegen knapp 70 % aller Messwerte. Man kann also von einer 70% Wahrscheinlichkeit sprechen, dass ein Messwert nicht weiter vom Mittelwert weg liegt. Die Gaußsche Theorie zeigt auch, dass der Mittelwert x dem (unbekannten) wahren Wert mit wachsender Anzahl n der Messungen wahrscheinlich immer näher kommt. In der Statistik muss man „Normalverteilungen" und Vertrauensgrenzen aus wenigen Daten abschätzen. Im Beispiel (100±10), kann das bedeuten, dass der Mittelwert 100 und die Stan-

dardabweichung ±10 ist, obwohl das „±" hier nur bedeutet, dass in 70% der Einzelfälle der Wert zwischen 90 und 110 liegt. Die Unsicherheit des Mittelwertes hängt von der Zahl der Messungen ab und wird kleiner, je öfter man unter gleichen Bedingungen die Messung wiederholt. Man muss bedenken, dass es neben Zufallsfehlern auch systematische Fehler gibt, etwa durch Geräte- oder Umwelteinflüsse.

Die allgemeine Exponentialfunktion
Gewiss alle Leser kennen Quadrat- oder Kubikzahlen, beispielsweise „fünf hoch 2" – was die Zahl 25 ergibt – oder „fünf hoch drei" mit dem Resultat 125, in mathematischer Schreibweise $5^2 = 25$ bzw. $5^3 = 125$. Zur Beschreibung von Vorgängen in der Natur oder in der Wirtschaft ist es notwendig, diese mit natürlichen Zahlen vorgenommenen Berechnungen zu erweitern. Man nimmt eine beliebige reelle und positive Zahl a (ungleich 1) und verwendet anstatt einer festen Potenz nun den kontinuierlich einen gewissen Bereich der reellen Zahlen durchlaufenden Wert x. Als Resultat erhält man die Exponentialfunktion:

$$y = a^x. \qquad (A1)$$

y ist eine kontinuierliche Kurve, welche für verschiedene Werte a in einem x-y-Diagramm unterschiedlich aussieht. Den Wert a bezeichnet man als Basis (siehe Abb. A1).

Die e-Funktion
Ersetzt man in der allgemeinen Form der Exponentialfunktion die Basis *a* durch die spezielle Zahl $e = 2.718\,281\,828...$ erhält man die sogenannte *e*-Funktion:

$$f = e^x. \qquad (A2)$$

Der Exponent x ist dabei wieder eine reelle Zahl. Man nennt x auch Logarithmus von *f*, allgemein mit *„log"* oder *„ln"* abgekürzt (*ln* nur bei der Basis *e*: natürlicher Logarithmus), also $x = ln(f)$, sprich *„ln* von *f"*. Das haben wir in Kap 5 bei der Berechnung der dynamischen Reichweiten benutzt (Gl. 7 und 9).

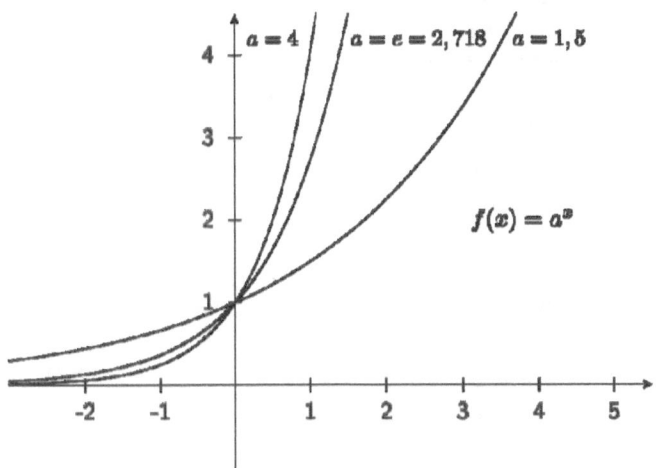

Abb. A.1: Exponentialfunktionen mit verschiedener Basis a>1. Je größer der Zahlenwert für die Basis ist, desto schneller wachsen die Funktionswerte an.

Exponentielles Wachstum

Die biologische Vermehrung erfolgt exponentiell, sofern die Anzahl der neu geborenen Individuen *proportional* zur Zahl $Z(t)$ der bereits lebenden Individuen ist. Es sei Z_o die Zahl der Lebewesen zu einem Zeitpunkt $t=0$. Um die Zahl der Individuen $Z(t)$ zu berechnen, die nach Ablauf der Zeit t leben, muss man zunächst das Verhältnis zweier Zeiten $x = t/t_e$ bestimmen, wobei t_e die Zeit ist, in der der Ausgangswert um den Faktor e wächst. Anschließend ist die Potenz „e hoch x" zu ermitteln und dann mit dem Startwert Z_0 zu multiplizieren:

$$Z(t) = Z_o \, e^{t/t_e}. \qquad (A3)$$

Gaußsche Glockenkurve

Ihre Formel lautet: $G_e = e^{-(t/t_o)^2} = exp_e(-(t/t_o)^2)$. Die Schreibweise exp_e soll lediglich das Schreiben der Potenz vereinfachen, sie beinhaltet keine neuen Informationen. Die Glockenkurve verläuft symmetrisch um $t = 0$, wo $exp_e(-(t/t_o)^2) = 1$ gilt. Da Quadratzahlen immer positiv sind, ist der Exponent immer negativ, G_e fällt zu beiden Seiten ab und geht asymptotisch sehr schnell gegen 0. Für die Abschätzungen sind einige Eigenschaften und charakteristische Werte nützlich. Bei $t = \pm t_o$ ist $exp_e(-(t/t_o)^2)$ auf den Wert $1/e \approx 0.37$ abgefallen; t_o beschreibt daher die „Breite" der Kurve. Bei $t = \pm\sqrt{(\ln 2)}\ t_o \approx 0.8325\ t_o$ erreicht die Kurve den Wert 1/2 (des Maximums). Allgemein gilt für den Funktionswert G_e (zwischen 0 und 1) $t = \pm\sqrt{(\ln(1/G_e))}\ t_o$. Die Wendepunkte der Kurve liegen bei $t_w = t_o/\sqrt{2} \approx \pm 0.7071\ t_o$. In der Umgebung der Wendepunkte verläuft die Kurve ein Stück weit fast linear.

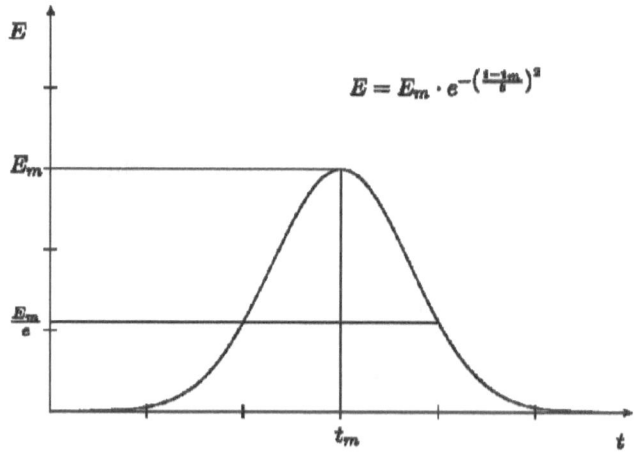

Abb. A.2: Eine auf den Zeitpunkt t_m normierte Glockenkurve. E könnte z.B. der Energieumsatz pro Jahr sein, den unsere Zivilisation durch Ausbeutung eines fossilen Vorrats (etwa Erdöl oder Erdgas) erzielen kann. Nach anfänglichem Wachstum und Durchschreiten des Maximums E_m ist der Rückgang unvermeidbar.

Nützlich ist auch die Kurve $t^2=\pm ln(1/G_e)t_o^2$: vom Wert t_o bei $t=0$ fällt sie zunächst bis [$G_e \approx 0.6$, $t^2 \approx 0.5\, t_o^2$] ($t \approx 0.75$) *fast linear ab, dann immer flacher* [$G_e \approx 0.1$, $t^2 \approx 2.3\, t_o^2$] ($t \approx 1.5\, t_o$); diese Eigenschaft kann man ausnützen, um die Daten über Verbrauchsraten mit der Gauß-Verteilung in Beziehung zu setzen und die Unbekannten abzuschätzen.

Normierung von G_p auf das Maximum E_m zum Zeitpunkt t_m, Bezug auf den Zeitpunkt $(t-t_m)$ und den Zeitraum zwischen Maximum E_m und E_m/e („Halbwertsbreite") $b = t_o$ führt zu (vgl. Kapitel 5 zur Benennung der Größenkürzel):

$$E = E_m\, G_P = E_m\, \exp_P(-((t-t_m)/b)^2). \tag{A4}$$

Anfangswerte der bislang unbekannten Parameter sind aufgrund der Daten zu schätzen und mit „trial and error" zu verbessern.

Physik

Physikalische Größen

Zahlen allein sind selten eindeutig; es muss auch klar sein, um was es sich dabei handelt (z.B. 5 Finger). Meist geht es um Massen, Energien, Längen, Flächen, Volumina etc., die nur mit Maßeinheiten eindeutig sind; es ist nicht gleich, ob eine Länge in Meter [m] oder in Kilometer [km] angegeben wird. Die Größen sind also „dimensioniert". Physikalische Gleichungen sind in der Regel Dimensionsgleichungen. Sinnvoll sind solche Gleichungen nur, wenn alle Größen im selben Maßsystem stehen. Bei symbolischer Schreibweise wird das leicht übersehen. Man vermeidet Fehler, wenn man sich für ein bestimmtes Maßsystem entscheidet. Wir verwenden das in den Naturwissenschaften übliche Système Internationale (SI) mit den Grunddimensionen Meter, Kilogramm, Sekunde (und Ampere). Auf beiden Seiten muss dieselbe Dimension stehen (was zu prüfen ist – das kann auch zur Kontrolle der benutzten Formel dienen). Man kann natürlich auch nur Gleiches sinnvoll summieren, also nicht (10

Äpfel + 2 Birnen), was ist das? Vielleicht 12 Stücke Obst. Oder „2 km +100 m, also 2.100 m oder 2.1 km.

Physikalische Einheiten
Daten bestehen aus Zahlen mit korrekten Einheiten. Diese bestimmen die exakte Bedeutung der Angaben. Im täglichen Sprachgebrauch werden Einheiten leider oft nachlässig und ungenau verwendet, oft implizit oder einfach weggelassen. Manchem kommt hier Genauigkeit kleinlich, pingelig vor. Aber es kommt drauf an: Volumen, Masse, Energie, Leistung, etc. müssen eindeutig definiert sein. Man muss genau wissen, was gemeint ist. Sonst produziert man dauernd Missverständnisse und kommt nie zu einem klaren Blick. In manchen Fachgebieten sind für dieselbe physikalische Größe mehrere „praktische" Einheiten gebräuchlich, und große Länder wie Großbritannien und die USA verwenden im täglichen Leben traditionelle, nicht-metrische Längeneinheiten, bei denen man mehr rechnen muss. Das erschwert das Verstehen der Überlegungen über Versorgung und Verbrauch von Energie. Mit Einheiten wird von interessierten Stellen regelrecht Schindluder getrieben, um ahnungslose Mitmenschen in die Irre zu führen. Undefinierte Einheiten, absichtlich oder irrtümlich verwendet, führen zu ganz falschen Vorstellungen und Schlussfolgerungen, beschwichtigen, erschrecken...

Das beste und einfachste System von Einheiten ist das in der Physik entwickelte Système International (SI) bzw. MKS-System; es basiert auf Meter [m], Kilogramm [kg] und Sekunde [s], also Länge, Masse und Zeit. Zur Erfassung elektromagnetischer Gesetze wird noch das Ampere [A] hinzugenommen; dann spricht man vom MKSA-System. Andere Größen wie z.B. Energie, werden durch Anwendung der physikalischen Gesetze oder die Definition der jeweiligen Größe zusammengesetzt. SI ist metrisch: die Einheiten sind nach dem Dezimalsystem eingeteilt, z.B. 1000 Millimeter = 1 Meter, 1000 Meter = 1 Kilometer, 1000 Gramm = 1 Kilogramm, 1000 Kilogramm = 1 Tonne usw. Metrische Einheiten erlauben es, bequem Zehnerpotenzen zu kennzeichnen. Nicht-metrische Einheiten haben sich bei uns nur für Winkel (°, rechter Winkel 90°) und die Zeiteinheiten (Sekunde [s] – Minute [min] – Stunde [h] – Tag [d] – Jahr [a]) erhalten, teilweise aus offensichtlichen Gründen.

Beispiele: Die *mechanische Arbeit* wird definiert als „Kraft mal Weg"; aber was ist *Kraft*? Sie ist definiert durch „Masse (kg) mal Beschleunigung (m/s^2)", z.B. *Gewicht* = Masse mal Erdbeschleunigung g. *Beschleunigung* ist die zeitliche Änderung der Geschwindigkeit, die wiederum als Wegstrecke pro Zeiteinheit definiert ist: m/s; Beschleunigung also m/s/s = m/s^2, und Kraft erhält die Einheit kg·m/s^2; dafür hat man den Namen „Newton" (N) gewählt. Und Arbeit hat damit die Einheit kg × m/s^2 × m = kgm^2/s^2=J, Joule genannt.

Neben der Arbeit ist die *Leistung* wichtig, also Arbeit oder Energieumsatz pro Zeiteinheit: J/s = W, Watt genannt. Energieumsatz ist immer Umwandlung von Energie in eine andere Form, z.B. mechanische in elektrische. An der Größe Leistung orientiert werden im MKSA-System die *elektrischen Einheiten Volt* [V] für Spannung und *Ampere* [A] für Stromstärke so festgelegt dass 1V×1A=1W gilt, d.h. 1V = 1 kgm^2/(s^2 × As). Auch für die Wärme bzw. thermische Energie definierte man ursprünglich eine eigene Einheit: die Kalorie [cal], das ist die „Wärmemenge", die nötig ist, um ein Gramm Wasser um 1°C zu erwärmen. Später bestimmte man das mechanische (oder elektrische) Wärmeäquivalent: 1 cal = 4.19 J.

Kraft

Kraft hat die Einheit Newton [N]. Sie ist Teil der Definition von Arbeit bzw. Energie und Leistung. Nach dem ersten Newtonschen Gesetz ist Kraft mit Masse und Beschleunigung verbunden: „Kraft = Masse × Beschleunigung" (Trägheitskraft): N = kg·m/s^2. Kraft ist zwar ein alltäglicher, aber dennoch nur scheinbar selbstverständlicher Begriff (Gewicht, Muskelkraft, Schwerkraft, Kraftstoff, etc.), umgangssprachlich sehr vielseitig, unscharf und lax verwendet (Kraftwerk, Wasserkraft, Kernkraft, Pferdekraft – Pferdestärke) und oft mit Energie, Arbeit oder Leistung verwechselt. Eigentlich können wir Kräfte nur an ihren Wirkungen feststellen (Beschleunigung, Deformation, Bewegung gegen Reibung, auf die Wegstrecke bezogene Arbeit).

Masse
Ihre Einheit ist kg; ein scheinbar selbstverständlicher Begriff, erfahren im Schwerefeld der Erde als Gewicht, bei Beschleunigungen (z.B. im Auto als Beifahrer) als Trägheit, spielt sie für unser Thema die Rolle des Trägers jeglicher Energie. Masse und Volumen sind über die Dichte ρ [kg/m^3] – Masse pro Volumen – verbunden.

Temperatur
Die Temperatur (Einheit Kelvin [K], bzw. Grad Celsius °C]) charakterisiert den Zustand von Körpern bzw. Volumina, unabhängig von ihrer Größe und ist nicht dasselbe wie Wärme. Natürlich besteht ein Zusammenhang: je höher die Temperatur eines Körpers, desto größer sein thermischer Energieinhalt. Druck und Temperatur sind Ausdruck der kinetischen Energie von Teilchen, der Bausteine der Materie, Atome, Moleküle und größeren Aggregate, welche um feste Positionen herum schwingen oder sich in Gasen und Flüssigkeiten bewegen und sich gegenseitig wie auch an festen Wänden stoßen.

Die kinetische Gastheorie erklärt Temperatur, Druck und thermische Energie als statistische Mittelwerte aus der Bewegung (Kinetik) der Teilchen. Wir verwenden hier nur die metrische Celsius-Skala mit den Fixpunkten Schmelzen von Wasser bei 0°C und Sieden bei 100°C, sowie die absolute Kelvin-Skala, welche bei identischer Grad-Intervalleinteilung ihren Ursprung 0 K = –273.15 °C am absoluten Nullpunkt hat.

Energie
Diese Größe (Einheit Joule [J]) ist unser Thema. Sie beherrscht das tägliche Leben und ist ein grundlegender Begriff der Physik. Erst im 19. Jahrhundert hat man diesen Begriff richtig verstanden. Noch Immanuel Kant hat Impuls und Energie nicht sauber voneinander getrennt. Energie tritt in vielen Formen auf, die ineinander umgewandelt werden können: als mechanische Energie zu der die *potentielle Energie* und die *kinetische Energie* zählen, als *elektrische Energie*, *thermische Energie*, *Strahlungsenergie*, *chemische Energie*, Atomenergie, *Kernenergie*, sogar als *Masse* selbst. Leistung dagegen ist der Energieumsatz pro Zeiteinheit (s. unten). Arbeit erzeugt Ener-

gie; z.B. Hubarbeit der Masse m auf die Höhe h relativ zur Bezugshöhe: $E=m \cdot g \cdot h$ (Einheiten: kg × m × m/s^2 = Nm = Ws = J).

Energieerhaltung
Nach dem Energieerhaltungssatz (oder dem erstem Hauptsatz der Thermodynamik) wird Energie weder geschaffen noch vernichtet, nur von einer Form in eine andere umgewandelt. Sie ist in einem geschlossenen System konstant. Energieerhaltung ist ein bestens überprüftes Naturgesetz: Bei realen Energieumwandlungen entweicht stets etwas Energie aus einem System und wird zumeist in Form von Wärme an die Umgebung abgeführt. Es ist irreführend, von Gewinnung oder Verbrauch von Energie zu reden (auch wenn es üblich ist). Bei der Nutzung wird Energie umgewandelt, z.B. von elektrischer Energie in Beschleunigungsarbeit oder in Bewegung gegen Reibung. Letztlich wird alle Energie in die niederste Energieform umgewandelt: thermische Energie bei einer geringen Temperatur, z.B. der Umgebungstemperatur.

Chemische Bindungsenergie ist durch inneratomare Kräfte gespeicherte Energie (also eine Art potentieller Energie, die eigentlich "Atomenergie" ist, im Gegensatz zur Kernenergie). Kohle und Kohlenwasserstoffe speichern im Laufe der Erdgeschichte umgewandelte *Sonnenenergie*. Genutzt werden sie überwiegend durch Umwandlung in *thermische Energie* durch Verbrennung und nachfolgend teilweise weiter in *elektrische Energie*, teilweise aber auch als Rohstoffe für die chemische Industrie. Bei chemischen Umwandlungen wird in der Regel Wärme entweder abgegeben (exotherm) oder aufgenommen (endotherm). In Atomkernen ist *Kernenergie* gespeichert, welche bei Kernzerfall (oder Fusion) unter Verlust von Masse in *Strahlungsenergie* und Wärme umgewandelt werden kann. Jede Umwandlung ist prinzipiell mit Verlusten verbunden. Ein Teil der Energie wird so der Nutzung entzogen. Schließlich endet aber die gesamte umgewandelte Energie vollständig als nutzlose Abwärme auf dem Niveau der Umgebungstemperatur.

Leistung
Sie bezeichnet die Rate des Energieumsatzes oder der Arbeit pro Zeiteinheit (Einheit Watt [W]): Kraft × Weg/Zeit; das ist auch Kraft × Geschwindigkeit. Ein Automotor erzeugt z.B. eine Antriebskraft, welche eine leistungsproportionale Beschleunigung und eine Höchstgeschwindigkeit bei Luftreibung oder Steigung ermöglicht. So beschleunigt ein 1000 kg schweres Auto mit 50 kW (~65 PS) Leistung in ~15 s auf 100 km/h, mit 100 kW in ~7 s. Eine 50-Watt-Lampe setzt pro Sekunde 50 J Energie um, allerdings größtenteils als Wärme und nur wenige Prozent davon als Licht. Auch die im Buch häufig benutzte Angabe des „Energieverbrauchs pro Jahr" ist – streng genommen – eine Leistungsangabe.

Effizienz
Diese Größe wird häufig auch als Wirkungsgrad bezeichnet. Der Wirkungsgrad ist eine dimensionslose Größe (ohne Einheit bzw. der Einheit: 1), denn er ist als Quotient zweier Energien definiert. Um den Wirkungsgrad einer Maschine oder eines thermodynamischen Prozesses zu ermitteln, teilt man die Nutzenergie (E_{Nutz}) durch die für die Maschine oder das System aufgewendete Energie (E_{Auf}):

$$\eta = E_{Nutz}/E_{Auf}. \hspace{4cm} (A5)$$

Bei einer Windkraft-Turbine würde man zum Beispiel die abgegebene elektrische Energie durch die aufgewendete Strömungsenergie des Windes dividieren, bei einem Solarkollektor die elektrische Energie durch die auftreffende Sonnenenergie usw. Da es immer Verluste durch Abwärme gibt, kann der Wirkungsgrad nie größer als 1 werden.

Wir müssen darauf hinweisen, dass man auf speziellen Maschinen (wie Wärmepumpen) auch Angaben zu Wirkungsgraden findet, die größer als 1 ist. Aber auch hierbei wird die Energieerhaltung natürlich nicht verletzt. In solchen Maschinen nutzt man die thermische Energie der Umgebung (z.B. des Erdbodens), die man quasi „umsonst" einspeisen kann. Die aufgewendete Energie ist dann zumeist elektrische Energie, die Nutzenergie ist die thermische Energie für die Raumheizung. Doch in der aufgewendeten Energie ist die thermische Energie, die der Umwelt entzogen wurde, nicht enthalten, sodass der rechnerische Wirkungsgrad größer als 1 ist.

Der sogenannte Carnot-Wirkungsgrad ist für die Umwandlung von thermischer Energie in mechanische Energie von herausragender Bedeutung. Diese Umwandlung erfolgt in sogenannten Wärmekraftmaschinen. In eine Wärmekraftmaschine, beispielsweise eine Dampfturbine oder in einen Verbrennungsmotor, lässt man Wärme bei einer möglichst hohen Temperatur T_1 einströmen. Diese Wärme wird teilweise in mechanische Arbeit umgewandelt (z.B. die Rotation eines Schwungrades). Die verbleibende Wärme wird bei einer vergleichsweise niedrigen Temperatur T_2 an die Umgebung abgegeben. Der „Auspuff" des Autos oder der Schornstein eines Kohlekraftwerkes dienen also nicht nur, wie die meisten Menschen glauben, dazu, die Abgase weg zu pusten, sondern auch die restliche Wärme an die Umgebung loszuwerden. Für den Carnot-Prozess kann man den Wirkungsgrad allein mit Hilfe der Temperaturen T_1 und T_2 ausrechnen:

$$\eta = (T_1 - T_2)/T_1. \qquad (A6)$$

Man kann zeigen, dass es keine Wärmekraftmaschine gibt, deren Wirkungsgrad höher als der Carnot-Wirkungsgrad ist. Und da es immer die Abwärme gibt, wird dieser Wirkungsgrad nie größer als 1. Man erkennt, dass nur bei sehr hohen Temperaturdifferenzen theoretisch Wirkungsgrade von annähernd 1 erreicht werden können. Je höher die ursprüngliche Temperaturdifferenz, desto effizienter kann die Wärmekraftmaschine sein. Praktisch geht bei allen Energieumwandlungen und Prozessen Energie scheinbar verloren, nämlich als Abwärme in die Umgebung. Wir vernachlässigen solche Verluste im Buch zumeist, um die Vorräte nicht zu niedrig zu bewerten.

Wärme

Die Wärme, auch als Wärmemenge bezeichnet, trägt die Einheit Joule [J] (früher Kalorie [cal]). Sie ist verwandt mit dem Begriff der mechanischen Arbeit und wird innerhalb eines thermodynamischen Systems oder über dessen Grenze hinweg transportiert. Wärme und Temperatur (s. dort) werden oft nicht scharf getrennt. Wärme ist wie

Arbeit eine Prozessgröße. Die Energieerhaltung gilt selbstverständlich auch hier: Wärme kann nicht aus dem Nichts erzeugt und nicht vernichtet werden, nur umgewandelt – etwa bei Reibungswärme aus mechanischer Energie oder bei einer Heizung als elektrischer oder chemischer Energie.

Wärmeübertragung

Wärme kann von einem auf einen anderen Körper übergehen. Die geschieht prinzipiell nur auf drei verschiedene Weisen: durch elektromagnetische Strahlung, durch Wärmeleitung durch Materie hindurch und durch Transport heißer Materie, Advektion oder Konvektion genannt; „heiß" bedeutet hier Materie mit einer höheren Temperatur als die der Umgebung.

Elektromagnetische Strahlung: bezeichnet etwas, das sich durch den Raum ausbreitet. Die elektromagnetische Strahlungsleistung s [W] nimmt idealerweise nach dem Stefan-Boltzmann-Gesetz mit der 4. Potenz der absoluten Temperatur T zu: $q_s = \sigma a T^4$ (σ = Strahlungskonstante, a = Fläche des Strahlers).

Wärmeleitung findet in Materie statt: Wärme „fließt" das Temperaturgefälle hinab proportional zur Wärmeleitfähigkeit λ des Materials und proportional zur Temperaturdifferenz ΔT zwischen zwei benachbarten Schichten mit dem Abstand Δx. Insgesamt gilt für die pro Zeit t fließende Wärme Q:

$Q/t = \lambda A \Delta T/\Delta x.$ (A7)

A ist dabei die Kontaktfläche der beiden Schichten.

Durch *thermische Konvektion* gelangt heißes, relativ leichtes Material durch Auftrieb nach oben, gibt dort Wärme durch die Oberfläche ab und taucht abgekühlt und relativ schwer wieder nach unten ab, wo es sich erneut aufheizt. Hier sind die Träger der übertragenen Wärme also die Materieteilchen selbst. Ein solcher Kreislauf kann räumlich und zeitlich kompliziert sein.

Sonnenenergie erreicht uns als Strahlung elektromagnetischer Wellen im Spektralbereich des Lichtes und verlässt uns im Infrarotbereich als Wärme. Es handelt sich um einen kontinuierlichen, „erneuerbaren" Strom, der teilweise nahe der Erdoberfläche in der Atmosphäre und in den oberen Erdschichten zwischengespeichert wird. Solange Gleichgewicht herrscht, bleibt das Klima stabil. Die gegenwärtige Erwärmung bedeutet eine allmähliche Zunahme der atmosphärisch-marin-terrestrisch gespeicherten Wärme. Unzählige physikalische Prozesse und meteorologische und geologische Wechselwirkungen laufen dabei ständig ab, neben Strahlung und Wärme auch Konvektion und Phasenübergänge insbesondere von Wasser (H_2O). Sonnenenergie treibt den Wasserkreislauf, Wind und Wellen, Photosynthese der Pflanzen und damit das Leben auf der Erde.

Die Menschheit hat bis in die Neuzeit hinein fast ausschließlich von direkter und indirekter Sonnenenergie gelebt – mehr oder weniger im Gleichgewicht mit der Natur, und der „natürliche" Energiestrom reichte dafür völlig aus. Das änderte sich mit dem Einsatz fossiler Energierohstoffe in technischen Prozessen und zur Wärmegewinnung. Da die fossilen Rohstoffe aber verbraucht werden, muss der Mensch wieder lernen, weitgehend mit Sonnenenergie auszukommen. Die technischen Nutzungsmöglichkeiten werden heute noch keineswegs ausgeschöpft und müssen erweitert werden. Allerdings ist auch dieser Energiestrom begrenzt und erlaubt kein ewiges Wachstum.

Kernenergie (ungenau als „Kernkraft" oder erst recht „Atomkraft" oder „Atomenergie" bezeichnet) wird "frei", wenn schwere Atomkerne zerfallen oder leichte Atomkerne miteinander verschmolzen werden. Atomkerne bestehen aus Protonen und Neutronen, die durch die „starke Kernkraft" zusammengehalten werden, die viel stärker ist als die elektrostatische Abstoßung der positiv geladenen Protonen, so dass viele Protonen in einem Atomkern gebunden sein können, obwohl sie sich gegenseitig elektrisch abstoßen. Die starke Kernkraft hat eine so kurze Reichweite, dass sie außerhalb der Atomkerne keinen Einfluss hat und in alltäglichen Situationen nicht erkannt wird.

Etliche Kerne sind instabil in dem Sinne, dass die zusammenhaltenden Kräfte gelegentlich überwunden und Teilchen ausgestoßen werden. Alpha-Strahlen sind Atomkerne des Elements Helium (zwei Protonen und zwei Neutronen), die beim radioaktiven Zerfall ausgesandt und durch wenige Zentimeter Luft absorbiert werden. Beta-Strahlen sind negativ geladene Elektronen, die mit sehr großen Geschwindigkeiten ausgestoßen werden und einige Meter Luft durchdringen. Gamma-Strahlen sind extrem kurzwellige, energiereiche elektromagnetische Strahlen, die sich wie sichtbares Licht und Radiowellen ausbreiten und sehr durchdringend sind. Ändert sich beim Zerfall die Anzahl der Protonen im Kern, entsteht ein anderes Element. Energiereiche Strahlung kann Atome und Moleküle ionisieren, d.h. z.B. Elektronen „herausschlagen" und Organismen schädigen und wird als besonders gefährlich angesehen, da sie „unsichtbar und tückisch" sei. Die Angst vor Strahlung ist (in Deutschland) weit verbreitet. Bei der Betrachtung der Energiesituation aber ist Nüchternheit geboten: ohne radioaktive Strahlung wäre Leben auf der Erde kaum vorstellbar.

Die „Kernbrennstoffe" Uran (U) und Thorium (Th) sind radioaktive Elemente, die aus verschiedenen Isotopen bestehen, d.h. Atomkernen mit identischer Protonenanzahl aber unterschiedlicher Neutronenanzahl – und damit Massenzahl. Durch Kernzerfall wandeln sie sich in andere Elemente um und geben dabei Energie ab. Die Zerfallsketten enden als verschiedene Isotope des Elements Blei (Pb). Der Zerfall geschieht spontan („Zufall") mit von Isotop zu Isotop unterschiedlicher Wahrscheinlichkeit und „Lebensdauer". So ist ^{235}U (Halbwertszeit 7.038×10^8 a), das nur 0.7 % allen Urans ausmacht, instabiler als ^{238}U (Halbwertszeit 4.468×10^9 a). Thorium kommt fast ausschließlich als das Isotop ^{232}Th (Halbwertszeit 1.405×10^{10} a) vor und ist in der Erdkruste etwa dreimal so häufig wie Uran.

Geologie und geophysikalische Grundlagen
Die Energievorräte und die Erneuerbaren gehören ins Grenzgebiet Geographie-Geologie-Geophysik-Physik. Die Vorräte bilden *Lagerstätten*, deren Zugänglichkeit und Natur bereits im Text ausgiebig skizziert wurden. Ihre geographische Verteilung ergibt sich aus der Geschichte der globalen Plattentektonik. Für den speziell interessierten Leser sei auf die *„Allgemeine Geologie"* von Press & Siever

(1995) hingewiesen. Ferner sind folgende Bücher hilfreich: *„Geologisches Wörterbuch"* (9. Auflage, Enke, 1992 von H. Murawski) und speziell zur geophysikalischen Exploration *„Grundlagen der Geophysik"* (Wiss. Buchges., Darmstadt 1990 von H. Berckhemer). Neue umfassende Bücher zum Thema „Exploration" in deutscher Sprache gibt es nicht, höchstens zu verschiedenen Teilgebieten (z.b. Gravimetrie, Magnetik, Elektromagnetik, Seismik).

Die Geographie der nutzbaren Flächen auf der Erde erfordert eine umfassende Darstellung, die den Rahmen dieses Buches sprengen würde. Jede der erneuerbaren Energieformen hat besondere geographische Ansprüche an Topographie, Bewuchs, Regionalklima etc. Einige Aspekte wurden im Buchtext jeweils angedeutet. Die Problematik ist hochkomplex, da die verschiedenen Nutzungsarten der Natur miteinander in Konkurrenz stehen, zumal einmal „geerntete" Energie in der Regel als Abwärme weiterer Nutzung entzogen ist. Der Flächenbedarf der verschiedenen Erneuerbaren wird in Kapitel 7 behandelt.

Bio-Energie basiert auf Forst- und Landwirtschaft, wobei die Tierhaltung energetisch unökonomisch ist. Die generell zur Verfügung stehenden Flächen werden einerseits nach wie vor durch Versiegelung (Siedlung, Verkehr, Industrie) und Desertifikation infolge der Klimaerwärmung dezimiert, andererseits verändert sich die Lage nutzbarer Gebiete auch durch die polwärtige Verschiebung der Klimazonen. Züchtung und Anbau von Energiepflanzen in Steppengebieten würde große naturbelassene Gebiete in Kulturland verwandeln. Schließlich sei an die geringe Effizienz der Photosynthese erinnert (Kap. 7). Wüstengebiete erlauben *Solarthermie*; die ungelösten praktischen Probleme lassen keinen baldigen Beitrag zur Energieversorgung erwarten. *Photovoltaik* und *Sonnenkollektoren* können zwar in bebauten Gebieten eingesetzt werden, erhalten dort aber allgemein nur sub-optimale Sonneneinstrahlung. *Wasserkraft* und *Pumpspeicherwerke* in Gebirgen mit genügend Niederschlag sind auf einen relativ kleinen Anteil der Erdoberfläche beschränkt; Vergletscherungen stellen wichtige Wasserspeicher dar, die jedoch durch die Klimaerwärmung gefährdet sind. *Windenergie* kann vor allem in den gemäßigten Breiten genutzt werden (Flachsee, Flachland, Mittelgebirge), doch wie im Hauptteil gezeigt wird, besteht hier ein erheblicher Flächenbedarf. *Gezeiten- und Wellenenergie* kann nur unter günstigen Bedingungen effizient genutzt werden.

Die geologische Zeit wird in eine Hierarchie von Zeitintervallen und Unter-Intervallen eingeteilt. Die geologische Forschung schritt von einer relativen Zeiteinteilung (jünger – älter, d.h. meist oben – unten) über aktualistische Zeitschätzungen, d.h. Vergleich mit den heutigen Raten geologischer Prozesse und den Beobachtungen z.B. von Schichtmächtigkeiten, voran zu physikalischen Altersberechnungen aufgrund des Zerfalls radioaktiver Isotope (z.B. Uran-Zerfallsketten zu Blei). Dadurch konnten den Gesteinen Altersangaben in Millionen Jahren (Ma) zugeordnet werden. Die Erde ist mit dem gesamten Sonnensystem etwa 4.6 Milliarden Jahre (Ga) alt. Die Abbildung (A3) zeigt links die gesamte Zeit und rechts nur die letzten 542 Ma des Phanerozoikum, dessen Schichtung (Stratigraphie) durch ausgeprägte Fossilien charakterisiert sind. Davor gab es lange Zeit nur Einzeller, nachdem das Leben vor etwa 4 Ga auf der Erde begonnen hatte.

Die fossilen Energie-Rohstoffe entstanden erst im Laufe des Phanerozoikums. Jedenfalls haben sich die Lagerstätten im Allgemeinen über viele Million Jahre gebildet. Die Kernbrennstoffe und viele der kritischen Mineralrohstoffe sind im Erdkörper von Beginn an enthalten und finden sich heute häufig in zugänglichen sehr alten kristallinen Gesteinen.

Während der Erdgeschichte hat es immer wieder Einschläge großer Meteoriten, Mega-Vulkanausbrüche und Klimaänderungen gegeben (in Abb. A3 nicht gezeigt), welche die Evolution angetrieben haben. Denn sie führten zu massenhaftem Aussterben und dann zur Bildung neuer Arten. Wir, die Menschen, verdanken unsere Existenz z.B. auch dem Extinktionsereignis an der Kreide-Paläogen-Grenze vor 65Ma, das auf einen Impakt und/oder Vulkanismus zurückgeführt wird.

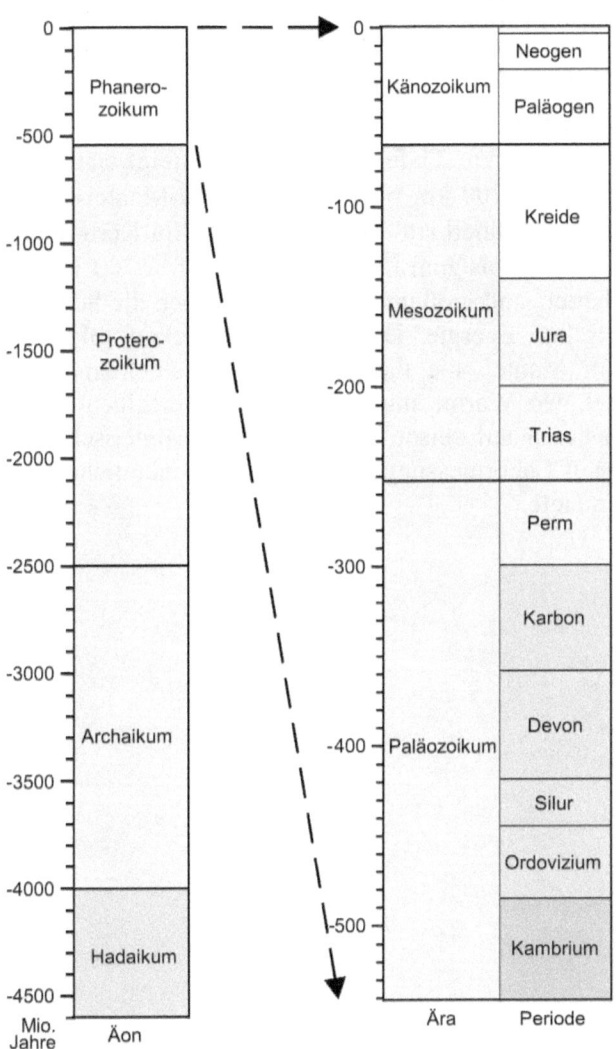

Abb. A.3: Die geologische Zeitskala.

Temperatur im Erdkörper
Die Temperatur im Erdinneren spiegelt den Wärmehaushalt der Erde wieder, der durch die Anfangstemperatur, radiogene Wärme, Wärmestrahlung, -leitung und Konvektion bestimmt ist. Im Mittel nimmt die Temperatur nahe der Oberfläche um 30 °C/km zu, erreicht im oberen Mantel in 150 km Tiefe ~1300 °C und steigt dann langsam auf ~3000 ± 200 °C 200 km oberhalb der Kern-Mantel-Grenze an und bis zu ihr dann schnell auf ~4300 ± 250 °C. Im Kern nimmt die Temperatur weiter zu bis zum Erdmittelpunkt auf ~6700 ± 1000 °C. Die Unsicherheiten sind groß und beeinflussen auch die Schätzungen der geothermischen Energie. Der Temperaturverlauf folgt aus der Konvektion im Mantel, die thermische Grenzschichten oben und unten ausbildet, wo Wärme nur durch Leitung erfolgen kann. Die Kenntnisse basieren auf seismologischen und magnetischen Messwerten sowie auf Labormessungen an den wahrscheinlichen Erdmaterialien in der Tiefe.

Danksagung

Wohl kaum ein Buch kann ohne ein fruchtbringendes und hilfreiches Umfeld entstehen. Auch eines konkreten Anlasses bedarf es.

Die Autoren danken Kollegen W. Poltz, Universität Siegen, der sie aufeinander aufmerksam und mit einander bekannt gemacht hat. Auslöser waren Jacobys Artikel im *Spektrum der Wissenschaft* (11/08, 104-113, 2008) „Dynamische Erde: unser gefährdeter Lebensraum" und Schwarz' Artikel in *PdN-Physik* (8/55, 2-7, 2006) „Die menschliche Zivilisation und das globale Energiegleichgewicht." Aus dem Gedankenaustausch entstand schnell der Wunsch, mit einem gemeinsamen Buch die Öffentlichkeit wachzurütteln. Konstruktive Kritik durch W. Kümpel, den Präsidenten der BGR, brachte Klarheit über die Datenlagen und Reichweiten der Rohstoffe. M. Miegel und das Denkwerk Zukunft gaben und geben immer wieder neue Denkanstöße. Vorträge auf verschiedenen Tagungen führten zu ausgedehnten und sehr nützlichen Diskussionen mit Kollegen wie A. Kleidon, (MPI für Biogeochemie, Jena), H. Wilhelm (KIT, Karlsruhe), B. Lühr (GfZ, Potsdam) und vielen anderen.

H. Bernshausen, Ch. Deitersen, C. Schulte, Ch. Springob und A. Weber (alle Universität Siegen) haben mit sehr viel Geduld und Computer-Sachkenntnis bei Recherchen, Korrekturen und dem Gestalten von Abbildungen und Tabellen geholfen. W. Zittel und J. Schindler von der Ludwig Bölkow Systemtechnik GmbH, Ottobrunn, haben mit Veröffentlichungen und Gesprächen wesentliche Gesichtspunkte und zwei Abbildungen beigetragen.

Ihnen allen sei herzlich gedankt.

Der Verlag
für exzellente Wissenschaft
und Spitzenforschung

AtheneMedia
Literatur, die bewegt

Der AtheneMedia-Verlag Forschung & Wissenschaft veröffentlicht innovative Buchprojekte und hochstehende, neue Erkenntnisse aus allen Wissenschaftsdisziplinen sowie interdisziplinäre Ansätze,
die von besonderer Bedeutung für die Fachbereiche und/oder von wesentlicher Relevanz für die Gesellschaft sind.

Weitere Informationen finden Sie unter:
www.athene-media.de
http://science.athene-media.de

Neue Erkenntnisse und neuartige Methoden.

In langjährigen Studien ist es gelungen, die Farbentstehung an einem der wohl komplexesten optischen Systeme genauer zu analysieren, bestimmte Einflussfaktoren, Phänomene und Effekte erstmals eindeutig zu isolieren und zu quantifizieren. In diesem Buch erfahren Sie exklusiv, welche Faktoren, Phänomene und Effekte wie und in welchem Ausmaß bei der visuell-subjektiven Farbbestimmung und bei der apparativen Farbmessung auftreten können, zur Farbentstehung und Farbwahrnehmung beitragen.

Dieses Buch enthält viel Neues mit Relevanz für Physiker, Physiologen, Biologen, Chemiker, Ingenieure, Werkstoffkundler, Mediziner, Dentalwissenschaftler ... und wendet sich an alle, die ein hochspannendes, wissenschaftliches Werk erleben wollen:

Interessante physikalische und chemische Phänomene, eindeutig isolierte Einflussfaktoren, Beschreibungen von Einflüssen im Einfluss, ein Paradoxon der Farberfassung, kuriose Prozessentwicklungen, Ultralangzeitversuche, erstaunliche physiologische und pathologische Vorgänge, neuartige anwendungsorientierte Methoden, die Komplexität menschlicher Wahrnehmung, aufwendige Messungen und dazwischen unscheinbar das, was vielleicht grundsätzliches Denken verändern und ein sehr altes naturwissenschaftliches Dogma beenden kann ...

Systematische Erforschung und Analyse der Zahnfarbe, Zahnfarbmessung und dentaloptischer Phänomene, gebunden, 434 Seiten, ISBN 978-3-86992-039-9

Weitere Informationen finden Sie unter:
www.athene-media.de

Sachverzeichnis

Abwärme 90, 109, 153, 155f, 159, 161, 192, 215ff, 221
Abstrahlung 22, 108, 156, 160
Afrika 60, 147
Agrarwirtschaft 24, 35
Akkumulationszeit 167
Algerien 21
Alltagsgewohnheit 36
Alpen 27
Alter der Erde 105, 222f
Aluminium 33
Amerika 21, 59, 145, 171, 182, 187, 191, 200f
Anden 101, 116
Angst 10, 48, 51, 57, 60, 66, 117, 127, 169, 195f, 220
Annahme
- zu einer allgemeinen gesellschaftliche Entwicklung 36, 64
- mathematisch, physikalisch-geophysikalische 75ff, 87, 107, 118, 129, 141, 157, 164, 174f, 180f, 184ff, 190
Anpassung 12, 31, 33, 38f, 48, 89, 169, 200, 204
Anthrazit 99, 110
Aquifergas 124, 134, 136
Arbeit
- menschliche 10ff, 15, 19ff, 27, 33f, 48, 65, 72ff, 74, 117, 128
- physikalischer Begriff 92ff, 120, 155, 172, 213ff
Arbeitsteilung 12, 19, 32
Argentinien 33
ASPO 114, 119
Atmosphäre 101, 104, 110, 155f, 160, 169, 172, 174, 181, 219
Atom 99, 102, 104, 161, 214f, 219f
Austauschprozess 181
Auto 17, 35, 338, 64, 74, 92f, 201, 214, 216f

Baumaterial 27
Bedürfnis 12, 15, 17, 31, 46f
Beleuchtung 47
Benzin 17f, 29, 64, 74, 93, 171
Bergbau 108, 118, 127
Berlin 28, 30, 40, 48, 114, 191

Beschleunigung
- als Phänomen des gesellschaftlichen Lebens 43, 47, 57, 61, 200
- physikalische Größe 213ff
Bevölkerung 9, 18, 26, 29, 33, 38, 48, 53, 67, 170, 177, 193f, 199
Bevölkerungsdichte 23f, 28, 38
Bevölkerungswachstum 46f, 53, 68, 187, 194
BGR 113f, 199ff, 133ff, 149, 151, 225
Biomasse 17, 39, 124, 165ff, 178, 183, 186
Boden 25, 41, 54, 90, 92, 97, 160, 165, 169, 172f, 182, 216
Bodenzerstörung 48
BPSR 113f, 149
Brasilien 33, 47
Braunkohle 99, 110, 120f, 133, 135f, 140
Brennstoff
- fossiler 98, 102
- für atomare Kernreaktionen: siehe Kernbrennstoff
Brüter (Schneller) 17, 127, 151, 192
Brunnen 80, 141
Brutreaktor (siehe Brüter und Kernkraftwerk) 116f, 127, 151
BSP (Bruttosozialprodukt) 153
Buchführung 144, 204

Carlowitz, Carl von 39, 41
Carnot-Prozess 172, 174, 217
China 21, 33, 47, 49, 115, 151, 200f
Club of Rome 7, 55
CO_2, siehe Kohlenstoffdioxid
Computer 64, 73ff, 80, 225

Dampf 11, 32, 96, 217
Dampfmaschine 64, 93, 171, 217
Demokratie 48, 203
Deuterium 98, 108
Deutschland 12, 15f, 25, 35, 38, 44f, 55, 60, 63, 67, 114, 117, 132, 164, 167, 174, 180, 194, 220
DERA 113f, 119, 149, 151
Dichte (eines Stoffes) 99, 103, 130f, 183, 214
Dienstleistungsgesellschaft 43, 48
Diesel (auch Dieselmotor) 29, 64, 171
Drei-Schluchten-Damm 49

Druck (als physikalische Größe oder Effekt) 99ff, 110, 115, 131, 214
Druckluftspeicherung 186
Durchschnittsverbrauch 145, 194

Ecuador 21
Effizienz
- eines wirtschaftlichen Prozesses 65, 91
- eines physikalisch-technischen Prozesses (siehe auch Wirkungsgrad) 131, 147, 168, 216, 221

Einheit, physikalische 20, 77, 91, 114, 118ff, 122, 126, 133, 139, 165, 211, 212ff
Einschränkung (menschliches Verhalten) 107, 139, 157f, 203
Einsparen (von Primärenergie und –leistung) 38f
Einzugsgebiet, hydrologisches 176f
Eisen 19, 33
Elektrodialyse 147
Elend 200
Endzeit 10, 197
Energie
- aus Biomasse 17f, 166ff, 170, 178, 185f, 221
- aus Sonne, siehe Sonnenenergie
- aus Wind 44, 165ff, 221
- aus Wasser 44, 165ff, 221f
- aus fossilen Energierohstoffen 43ff, 75, 97ff, 108ff, 120ff, 133ff, 149ff, 157, 192f, 217, 222
- chemische 93, 97, 99, 108ff, 137, 155, 187, 214f, 218
- kinetische 103, 108, 117, 128, 167, 214
- nukleare (auch Rohstoffe, Vorräte) 13, 96, 107f, 120, 127, 131, 134f, 137f, 145, 152f, 155

Energiedichte 8, 25, 133
Energieentwertung 96f, 172, 177ff
Energieerhaltung 36, 93f, 215f, 218
Energiefalle 28, 31
Energiemix 43f
Energiepflanze 170, 221
Energiestrom 18, 81, 90f, 135, 142, 219
Energieträger 9, 43ff, 63, 96, 98, 116, 127, 136ff, 153, 166, 168, 173, 186
Energieumwandlung 65, 90, 93, 97, 168, 186, 215, 217
Energieverdichtung 167
Epochenwende 158

Entkopplung (von Energieverbrauch und Wachstum) 138, 153
Erde
- erhaltene 184, 186
- umgestaltete 184
Erdgas, siehe Gas
Erdkruste 98, 199, 103, 108, 118, 126, 131, 135, 153, 220
Erdmantel 102
Erdoberfläche 15, 97, 102ff, 131, 153f, 160, 165ff, 172f, 175f, 178, 181f, 184ff, 219, 221
Erdrotation 103, 108, 128, 155, 160, 165, 172
Erdwärme 91, 103f, 108f, 118, 135, 157
Ethik 53, 58
Europa 32, 117, 183, 191
Evolution 196f, 222
EWG (Energy Watch Group) 114
EWI (Energiewirtschaftliches Institut Köln) 114
Exploration 56, 87, 101, 109, 112, 125, 133, 148, 221
Exponent 81ff, 208ff
Exponentialfunktion 14, 53f, 56, 81ff, 114, 127, 141f, 148, 208ff
Extremereignis 204

Fahrrad 36
Fehler, mittlerer bzw. statistischer 88, 111, 121, 206ff
Fehlerrechnung 76, 148, 206ff
Fernreise 38
Fernwärme 132
Finanzkrise 45, 48, 63, 123, 136, 191
Finanzsystem (einschließlich Finanzmarkt) 12, 60, 62, 87, 116, 144
Fläche
- zur Gewinnung von Nahrung und regenerativer Energie 11f, 15, 18, 23ff, 49, 54, 60, 63, 90, 165ff
- Veranschaulichung der Integralrechnung 82ff
Flächenbedarf 8, 15f, 24, 39, 168, 177ff, 184f
Flächendichte 14, 90
Flöz 11, 99, 110, 124
Flugreise 35
Fontane, Theodor 39f
Förderung (fossiler Energierohstoffe) 49, 53f, 80, 87ff, 111ff, 123f, 132, 136, 147ff, 153
Forstwirtschaft 39, 41, 198

Fortschritt 11, 37, 47, 53f, 66, 112, 171, 195
Fracking 100, 108, 110, 115, 125
Fukushima 7
Fundamentalismus 48
Fußabdruck, ökologischer 63

Garten 78, 90
Gas
- CO_2, siehe Kohlenstoffdioxid
- konventionell 98, 100, 108, 110f, 122, 124f, 133, 142, 151
- siehe Methan
- siehe Treibhausgas
- siehe power-to-gas
- unkonventionell, auch nicht-konventionell 98, 100, 108ff, 115ff, 122ff, 128, 133f, 142, 151

Gashydrat 98, 101, 115, 124f, 128, 134ff, 140, 153, 157
Gauß-Funktion, siehe Glockenkurve
Gebirge 25, 221f
Gefahr 29, 47, 51, 56, 59f, 66, 87, 91, 113, 115f, 149, 195, 197, 199f, 202ff
Gegenwart 28
Geisteswissenschaften 202
Geltungstrieb 201
Genom 197
Geographie, Geograph 22, 55f, 58, 103, 129, 202, 220f
Geometrie 26, 182
Geophysik, Geophysiker 9, 14, 54, 56, 98, 103, 108, 112, 196, 220f
Geosystem 97, 155, 168f, 178f, 181, 184, 186, 192
Geothermie 108, 129, 166
Geschichte 10f, 19, 57f, 61f, 64, 93, 98, 100, 104, 107, 152, 191, 197, 199ff, 206, 215, 220, 222
Geschwindigkeit 213, 216, 220
- siehe auch Winkelgeschwindigkeit
- siehe auch Strömungsgeschwindigkeit

Gesellschaftsform 18f, 22f, 31, 33f, 36
Gesellschaftswissenschaft 19, 34, 73, 75
Gesetzgebung 61
Gesundheit 47, 116
Gewinn (materieller oder finanzieller) 58, 62, 87, 130, 143, 148
Gewohnheit, siehe auch Alltagsgewohnheit 36, 51, 192, 199
Gezeiten 103, 108, 117, 128ff, 157ff, 169, 222

Gezeitenreibung 108
Gleichgewicht siehe auch Strahlungsgleichgewicht 58, 104, 154ff, 159ff, 219, 225
Gleichung 14, 75ff, 79, 81ff, 90, 142, 146, 172, 183, 211
Globalisierung 43, 47, 60, 153
Glockenkurve 54, 87ff, 148ff, 152, 158, 207ff
Glück 52, 54, 61, 184
Golfstrom 182f, 192
Golf von Mexiko 182
Gravimetrie 221
Grönland 197
Grundlast (im elektrischen Leistungsumsatz) 180
Grundwasser 101, 110
Gültigkeitsgrenze (für Modellannahmen) 73f
Gyttja 100

Handel 11ff, 16, 20, 27, 62, 201
Harmagedon 195f
Hartkohle 120f, 135f, 138, 140
Hauptsatz, erster, siehe Energieerhaltung
Haushalt 33, 92, 130
Heizen, Heizung 18, 27, 38, 40, 79
Herausforderung, gesellschaftliche und technische 39, 62, 101, 195f, 200f, 203
Hierarchie 19, 76, 222
Hitzestress 204
Hochgebirge 25
Höhenunterschied (zur Bilanzierung von Wasserenergie) 174, 179f
Holz 21, 27, 29, 32, 39ff, 166, 198
homo oeconomicus 52f
Hot Dry Rock (HDR) 129f, 132
Humanität 194
Hunger (als physiologische Eigenschaft)17, 31f, 47
Hyperbel 193
Hypothese, hypothetisch 120, 129, 131, 135, 139, 142f, 145, 153, 157, 159, 165, 174

Idealisieren 91
IEA (Internationale Energieagentur) 112ff, 123f, 134, 136, 151
Illusion (über die zukünftigen Entwicklungen) 11, 190
Indien 21f, 33, 47, 151

Industrie 111, 113, 119, 121
- chemische 99, 109, 215
Industriegesellschaft (-land, -nation) 7, 18f, 28, 32ff, 43, 59, 63ff, 67, 120, 153, 171, 186
Informationsgesellschaft 34
Innovation, innovativ 59, 61
Integral 86, 142
Investition, investieren 62, 87, 145
IPCC („Weltklimarat") 204
Isotop 220, 222

Jäger (jagen) 12, 19, 23ff, 33, 35
Jahreszeit(lich) 100, 179

Kalina-Verfahren 131
Kalium 140
Kanada 123f, 197
Kapazität (von Fertigung und Technologie) 123, 180
Karibik 182
Katastrophe 7, 10, 45, 57, 61, 191, 194ff
- nukleare 196
Kaverne 181, 186
Kernbrennstoff 98, 102, 105, 108f, 116f, 126f, 134, 143, 151, 157, 197, 220, 222
Kernfusion 98, 107f, 155, 157, 159
Kernkraftwerk 108, 116, 137f
Kernwaffen 103, 196
Kernzerfall 104, 108, 215, 220
Kerogen 100
Klathrat 101
Klima, siehe auch Klimawandel und Weltklima 9f, 12, 43, 45, 48, 51, 55ff, 78, 101, 110, 115, 128, 144f, 147, 140, 152, 155, 178, 183, 192, 204, 219, 221f
Kochen 21, 38, 46
Kohle
- siehe Hartkohle
- siehe Weichbraunkohle
- siehe Steinkohle
Kohleflözgas 124
Kohlehydrat 99f, 108ff, 115f, 122

Kohlendioxid, siehe Kohlenstoffdioxid
Kohlenstoffdioxid 43, 56, 59f, 99, 140, 143, 149, 151, 155
Kolben (einer Wärmekraftmaschine) 94
Kollaps 33, 48f, 76, 143, 191
Kommerz, Kommerzialisierung, kommerziell 43, 48, 114, 117, 122, 201f
Kommunikation 43, 55, 200
Kompromiss 198
Konkurrenz 12, 58, 170, 221
Konsum 7, 9, 28, 31, 33, 40, 43, 45, 47, 59, 66, 68, 75, 92, 145f, 171, 193ff, 101f, 203
Konsumverhalten 10, 33, 36, 43, 45, 59, 118, 145f, 171, 173, 193ff
Kontinent 104, 115, 127, 131, 140, 178
Konvektion
- hydrothermale 102, 104, 129ff
- im Erdmantel, siehe Mantelkonvektion
- thermische 104, 154f, 218f, 224
Kopf (pro Kopf) 19, 21, 33f, 37, 138, 171, 173, 186f, 193f
Kosten
- auf Kosten 10, 135, 199
- finanziell-ökonomische 40, 102, 109, 116, 123, 126f, 131f, 134, 147, 150f, 167, 179
Kraft (physikalische Größe) 213, 216
Kreativität 12, 48, 51, 107, 202
Küche 40, 75, 77, 90
Kultur 22, 32, 35f, 51, 56, 202, 221
Küste 103, 129, 145, 147, 182

Lagerstätte 14, 87, 98ff, 105f, 110f, 115f, 118, 148, 220, 222
Landau (Pfalz) 131
Landwirtschaft 16, 19ff, 31, 34, 90, 185, 221
LBST (Ludwig-Bölkow Systemtechnik GmbH) 114, 148, 150, 152, 225
Lebensdauer 100, 111, 195, 229
Lebenserwartung 47
Lebensraum 48, 107, 177, 199f, 225
Lehrplan 202
Leistung, siehe auch Primärleistung
      physikalische Größenangabe 76, 91f, 97f, 131, 137ff, 191f, 213f, 216
- pro Einwohner 20f, 33f, 67, 186f

- Leistungsumsatz (einschließlich menschlicher Nahrung) 22, 25, 33, 37, 67, 192
Liberalismus, siehe auch Neoliberalismus 53, 58
Licht 177, 182, 216, 219f
Lignit 110, 122
Logarithmus 89, 91, 208
Lösung (für die angesprochenen Probleme) 14f, 51f, 62, 66, 107, 141, 143, 153, 156, 158, 167, 180, 187, 198, 200ff
Luft 94, 99, 104, 155, 166, 169, 173f, 176, 182, 186, 201, 216, 220

Malediven 35
Malthus, Thomas 7, 53, 144, 203
Mangel 47, 59, 66, 100, 118, 146, 190, 195
Mantelkonvektion 104
Mark Brandenburg 40
Markt 57, 60, 87, 108, 111, 123
Maschine 11, 32f, 36, 63f, 93ff, 97, 171f, 184 216f
Maschinenplanet 184
Maßsystem 211
Massentourismus 32
Mathematik (auch mathematisch) 9, 13f, 53, 67, 72, 74ff, 80f, 88, 105, 118, 190, 193, 201f, 206, 208
Meer 27, 49, 98, 101f, 116, 126f, 134f, 139f, 146, 151, 153, 157, 169f, 176, 182, 192
Meeresboden 98, 101, 115, 117, 182
Meeresspiegel 145, 147, 197, 199, 204
Menschheit 8ff, 36, 39, 43ff, 49, 51f, 62ff, 75, 80, 82, 103, 107, 109, 133f, 140, 144, 156, 171, 173, 178, 181, 187f, 191ff, 199, 219
Menschheitsgeschichte 10f, 62, 64, 98, 107, 191, 199f
Metall 19, 116
Methan (auch Methanhydrat) 98ff, 108, 115, 124, 128, 134, 181
Migration 204
Mittelalter (auch mittelalterlich) 20, 28, 48
Mittelamerika 182
Mitteleuropa 32, 191
MKSA (MKSA-System der Einheiten) 212f
Mobilität 32, 38
Modell (mathematisch-physikalisches) 23ff, 38, 54, 65, 72ff, 78, 84, 87f, 129, 139, 141, 173, 180, 182ff, 191ff
Monokultur 32

Moral 60
Motor 11, 64, 171, 182, 216f
Muttergestein 100, 148

Nachhaltend (auch nachhaltig) 40ff, 60, 62, 64, 153, 198
Nahrung 11, 15, 18ff, 31, 38, 47, 60, 170, 185
Nahrungsenergie 18, 20ff, 170
Natur (auch natürlich) 12f, 17, 47, 52ff, 59, 62, 72f, 94, 98, 103, 153, 164, 167, 181, 183, 186, 197, 200f, 208, 219ff
Naturgesetz (auch naturgesetzlich) 36, 56, 72f, 171, 190f, 199f, 215
Naturwissenschaft (auch naturwissenschaftlich) 11f, 17, 52ff, 56f, 68, 72f, 75, 92f, 105, 190, 195, 200f, 211
Neoliberalismus 53, 58
Netz 114, 130, 164, 176
Neutronen 102, 117, 219f
Niederschlag 41, 174
Nische 183, 199
Nomade 12, 24
Nordeuropa 182f
Nördlingen 28f
Not 41, 200
Notsituation 200
Nullwachstum 155, 143, 146
Nutzenergie 90, 96, 102, 109, 117, 135ff, 142, 174, 216

Öffentlichkeit 10, 48, 72, 117, 203, 225
Offshore-Windanlage 169, 177
oil peak 54, 56f, 88, 112, 114, 148f, 152
Ökologie 18, 58f, 61, 184
Ökonomie (auch Ökonom, ökonomisch, unökonomisch) 7, 10, 18, 52ff, 61, 68, 74, 110, 112f, 130, 144, 146, 158, 190, 198, 203, 221
Öl
- konventionell 100f, 108ff, 111, 115, 122, 124f, 133, 142, 149
- unkonventionell (auch nicht-konventionell) 98, 100f, 108ff, 111, 115f, 122ff, 133f, 142, 150
Ölfalle 100f
Ölkrise 55, 59, 112, 150
Ölsand 98, 101, 108, 115, 122ff, 150
Ölschiefer 98, 100f, 108, 115, 122, 134
OPEC 111f, 123

Optimismus 7, 51, 54, 56f, 59f, 91, 110, 112f, 119, 123, 125, 150f, 157, 166, 174, 196, 198
Option 66, 107, 195, 198
Orinoco-Becken 101, 116
Ostwald, Wilhelm 22, 42, 54

Paradigma 52, 74f
Paradox 66, 166f, 195
Parameter 80, 89, 131, 141, 148, 211
Passatwinde 182
Pendler 28
Periode 41, 95, 100, 158, 191
Permafrost 98, 101, 115
Permeabilität 100, 110, 115, 130
Perspektive 45, 147, 152, 161, 178, 186, 188, 190f, 196, 199
Pessimismus 51, 188, 195f
Pflanzen 17f, 24f, 28, 90, 99, 166, 169f, 178, 219, 221
Philosophie 9, 12, 55, 58, 164
Photosynthese 18, 99, 219, 221
Planet 12, 18, 55, 63, 73, 75, 97, 166f, 181, 184, 189f, 194, 197, 202
Plutonium 116f, 127
Politik (auch politisch) 7, 9f, 13, 36, 48, 52, 54f, 57ff, 73, 80, 87ff, 111f, 123, 125, 137, 144, 149ff, 157, 164, 191, 196, 198f, 203f
Politologie (auch Politologe) 52, 58
porös 100, 110, 181
Postindustriegesellschaft 35
Preis 35, 40, 49, 57, 59, 75, 78, 87, 109, 118, 123f, 133, 143, 150, 164, 183
Primärenergie 20f, 33, 37, 43, 44ff, 49, 63f, 67, 90, 97, 103, 109, 120, 123f, 136f, 139, 174, 179f, 187, 192
Produktion 11, 19, 33, 47f, 63, 65, 126f, 136ff, 150f, 153, 196
Prognose 44f, 67f, 75, 112ff, 125, 138, 147, 149, 173, 186f
Prophet 14, 190, 195, 197
Prozentual 9, 46, 81, 89, 91, 121, 141, 182
Prozesswärme 33, 39
Psychologie (auch Psychologe) 52, 61
Pumpspeicherwerk 176, 179f, 221

quantitativ 7f, 77, 107, 118f, 128, 137, 147, 151, 190, 206
Querschnitt 160, 167

Rate 58, 67, 77ff, 86f, 90f, 118, 135, 138ff, 145f, 150f, 157, 159, 161, 196, 211, 216, 222
Raubbau 58, 63
Realismus 51, 196
Reichweite (auch Verbrauchsreichweite)
- allgemeine 14, 55, 76, 105, 107, 109, 119, 121, 127, 132, 136, 145, 150f, 159, 161, 184f, 198, 207f, 219, 225
- dynamische 77, 79-81, 86, 87, 90, 91, 114, 118, 120, 135, 139, 141, 142, 145, 147, 157, 208
- lineare 77-80, 82, 86, 87, 89, 90, 118, 120, 128, 135, 139ff, 147f, 148, 157
Rendite 60f
Reserve 56, 79, 89, 108f, 111ff, 116, 119ff, 124ff, 133f, 136f, 142, 149, 157, 190
Reservoir 13, 107ff, 117, 120, 128f, 179
Ressource 9ff, 15, 35, 57f, 67, 74f, 98, 109, 111, 113, 116, 119ff, 124ff, 133f, 142, 149, 153, 157, 164, 190
Rheingraben 131
Risiko 12, 66, 115, 117, 127, 151, 190, 194, 198, 202f
Rocky Mountains 101, 116
Rohöl 99, 150
Rohölpreis 150
Rom 7, 28, 30, 55

Salzkonzentration 182
Sammler 12, 19, 23ff, 33, 35
Sapropel 100
Sättigung 63f
Schätzung 7, 13f, 16, 20, 23, 25, 52, 54, 75ff, 79, 88ff, 98, 103, 105, 107ff, 121, 124ff, 134f, 139f, 147, 149, 157ff, 168, 173ff, 181, 183ff, 190ff, 197, 206f, 211, 222, 224
Schiefergas 98, 100, 108, 110, 115, 124, 151
Schrumpfen 62, 87, 109, 141, 143, 147f, 157f
Schule 10, 105, 190, 193, 201f
Schulfach Geologie 190
Schwankung 150, 159, 179
Schwarzer Körper 160
Schwellenland 46, 68, 170
Sediment 99ff, 110, 112, 115f, 130f
Seismologie (auch seismisch) 112, 224

Sibirien 197
Siedlung 12, 24, 26ff, 39, 221
SI (Systeme International, siehe auch MKSA-System) 119, 211f
Smith, Adam 53
solar 13, 59, 166ff, 172, 175, 177, 179, 181, 183, 186ff, 216, 221
Solarkonstante 165
Solvay, Ernest 22
Sonne 62, 73, 97, 105, 147, 154, 156, 160, 167, 169, 172, 177, 178, 180, 182, 221f
Sonnenenergie 12, 15, 20, 54, 90f, 99, 108, 110, 132, 144, 165ff, 172f, 178, 186, 191, 215, 219
Soultz sous Forêt 131
Soziologie 18, 55, 58, 68
Sparen (auch sparsam) 17, 31, 35, 37ff, 63f, 79, 144, 153, 171, 194f
Speicher 8, 17, 90, 99f, 100, 103, 108, 110, 131, 155f, 165f, 176, 179, 180f, 186, 215, 219, 221
Speichertechnologie 179f
Spezialisierung 32, 48, 53
Spezies 12, 62, 196f
Spitzenlast 180
Stabilität 10, 37f, 61f, 67, 101, 191, 219
Stadt 12, 20, 27f, 31, 40, 145, 147, 197, 199, 201
Stagnation (auch stagnieren) 35, 48, 54, 62, 79, 87, 91, 109, 136, 139, 143, 147f, 157f
Standort 129, 167ff, 175, 188
Statistik 20f, 46, 111, 113, 124f, 149, 190, 192, 202, 206f, 214
Staudamm 170, 175ff
Stefan-Boltzmann-Gesetz 155, 160, 218
Steinkohle 99, 110, 120ff, 165f
Stillstand 41, 61f, 120, 200
Stoffkreislauf 170
Strahlung 18, 22, 90, 97, 104, 108, 154ff, 159f, 165ff, 171ff, 177, 180, 196, 214f, 218ff
Strahlungsgleichgewicht 154ff, 159ff, 219
Stress 48, 203f
Strom 7, 33, 46, 49, 60, 64, 90, 118, 130, 132, 136, 154, 164, 169, 174, 176, 180, 187, 219
Strompreis 164
Strömungsenergie 183, 216
Strukturbruch 153
Strukturwandel 37

Süßwasser 145f
System 9f, 12, 14, 17, 24f, 57, 60, 92ff, 97, 113, 123, 128, 137, 144, 155ff, 168f, 172, 178f, 181, 184, 186, 191ff, 197ff, 208, 211ff, 222

Tabelle 21, 23ff, 91, 119f, 122, 125f, 128, 133ff, 140, 142ff, 150, 166f, 175f, 183ff, 191, 225
Tag (auch täglich) 15, 20ff, 31, 36, 40, 48f 53, 74, 77ff, 91, 93, 97, 129, 139, 158f, 172, 179f, 212f, 219
Tagebau 100, 110, 115f, 148
Tageslänge 128, 159
Technik 12, 34f, 48, 102, 114, 132, 148, 164, 179, 202, 225
Technologie 13, 32, 37f, 43, 59f, 98, 117, 127, 133, 150f, 164, 165, 172, 174, 179, 180, 186, 192
Teersand 101, 115
Temperatur 21f, 94, 96f, 99f, 103f, 115, 129f, 132, 154ff, 160f, 172, 182, 192, 214, 217f, 224
Temperaturunterschied 96, 103f, 130, 161, 171f, 174, 192, 215, 217f
Terrorismus 198
teuer 35, 86, 127, 141, 146, 157, 192, 201
Theologie 58, 105
Thermodynamik 57, 93, 109, 130, 171, 201, 215
Thorium 102, 104, 108, 116f, 126f, 134, 140, 151, 220
Tiefseeöl 101
Tiefenzirkulation 182
Tolerieren 187
Trägheitsmoment 158
Transport 7, 11, 25ff, 31f, 101f, 104, 116, 127, 129, 132, 170, 181, 183, 217f
Treibhausgas 101, 144, 155, 165
Treibstoff 17, 32, 170, 187
Tritium 108
Turbine 131, 179, 216f

Überfluss 35, 41, 157
Überlebende 197
Umdenken 125, 139, 192
Umkehrosmose 146
Umsiedlung 145, 147
Umstellung 7, 66, 123, 157f, 171, 195
Umwelt 9, 51, 54f, 58, 100, 102, 109, 115f, 152, 155f, 164, 185, 192, 196, 201f, 204, 208, 217

umweltfreundlich 165, 181
UN (United Nations) 47, 68
Untergang 10, 51, 58f
Uran 53, 102ff, 107f, 116f, 126f, 134ff, 140, 143, 148, 151, 153, 157, 192, 220, 222
Urbanisierung 145, 147
USA 34, 54, 88, 108, 112, 114f, 124, 175, 212
Utopie (utopisch) 66

Vakuum 155
Veränderung 33, 35, 36, 46, 57, 62, 66, 74, 89, 105, 119, 121, 122, 124, 127, 133, 135, 144, 155, 159, 195-199
Verbrauch 7f, 10, 14, 17, 22, 26, 33, 35, 43ff, 54ff, 59, 62ff, 74ff, 103, 107, 117ff, 134ff, 145ff, 157, 159, 171, 174f, 179f, 186, 192ff, 199, 207, 212, 215f
- kumulativer 78, 81ff, 141f, 146
Verbrauchsdaten 109
Verbrauchsrate 56, 77ff, 81, 86, 90, 107, 118, 135, 139ff, 157, 161, 211
Verbrauchsreichweite 77, 79f, 82, 90, 109, 118, 139ff, 147, 157
Verbrennung 43, 99, 109, 215, 217
Verdichtung 158, 167, 175, 188
Verkehr 15, 25, 27, 33, 201, 221
Verschwendung 9, 60
Versorgung 27, 28, 31, 32, 44, 46, 52, 56, 57, 59, 80, 87, 90, 106, 110, 112ff, 123, 126f, 130, 133, 136, 139ff, 143, 146, 148, 152, 157, 178, 182, 191, 212
Versorgungsengpass 136
Verteilungsgerechtigkeit 145
Verteilungskampf 31
Verwundbarkeit 204
Verzicht 38, 59
Viehzucht 12, 24
Vision 51, 66
Viskosität 99
Vorort 28
Vorrat 8f, 12, 14, 42f, 51, 54, 56f, 62, 66, 72, 75ff, 86f, 90f, 101ff, 114f, 118ff, 125ff, 152, 155, 157f, 190, 195, 197, 210, 217, 220
Vorsicht 60, 80, 108, 125, 138, 141, 184
Vorsorge 194
Vulkan 104, 131, 222

Wachstum 7, 8, 10, 11, 12, 48, 52ff, 61ff, 80, 82, 87ff, 100
- im Energieverbrauch 7f, 14, 45, 47, 51, 57, 59, 63f, 67, 75, 90
- im Rohstofferbrauch 74, 76, 90, 91
- der Weltbevölkerung, siehe Bevölkerungswachstum

Wachstumsfaktor 141
Wachstumswahn 60, 66, 195
Wärme (allgemein) 7, 14, 31, 33, 39, 92ff, 103f, 107ff, 118, 129ff, 135, 140, 153ff, 157, 160, 171f, 181ff, 192, 213ff, 224
Wärmekapazität 130
Wärmefluss 129, 182
- meridionaler 181, 185

Wärmeleitung 88, 103, 118, 154, 218
Wärmepumpe 130, 132, 216
Wärmestrahlung 97, 104, 154f, 172, 178
Wärmestrom(dichte) 96f, 103f, 118, 132, 159, 166
Wahrnehmung 166
Wahrscheinlich(keit) 9, 31, 36, 42, 76, 79, 101, 106, 111, 117, 119, 125, 128, 143, 149, 152, 184, 190f, 196, 201ff, 220, 224
Wandel 40, 43, 195, 198f, 200
Wasserkraft 44, 49, 166ff, 173ff, 179f, 213, 221
Weichbraunkohle 121, 136
Weizen 24
Weltbevölkerung 47, 67f, 187, 194
Weltende 195, 196
Weltklima 45, 115, 204
Weltkrieg 12, 45, 54, 197
Weltuntergang 195, 198
- nuklearer 198

WEO (World Energie Outlook) 113, 149
Werbung 203
Wert 10, 22, 24f, 37, 39, 66, 80, 89, 113f, 167, 173f, 180, 194, 206ff
Wettbewerb 60
Wetter(phänomene) 169, 180
Wind 165ff, 173, 175ff, 182f, 186, 213, 216, 219, 221
Windrad 169
Winkelgeschwindigkeit 128, 158, 159
Wirkungsgrad, siehe auch Effizienz 65, 95f, 109, 166, 168, 171ff, 183ff, 216f

Wirtschaft 7ff, 32, 35, 42f, 49, 52ff, 57f, 80, 87, 90, 95, 113f, 121ff, 136, 144, 150, 152, 157, 171, 174, 186, 190f, 200f, 208
Wirtschaftlichkeit 203
Wirtschaftskrise 32, 123
Wirtschaftswachstum 10, 133, 139, 148, 152f
Wissen 48, 61, 65, 73, 76
Wohlstand 8, 53, 61, 144, 198, 200ff
Wohnen 25
Wüste 41, 146, 169, 181, 221

Zehnerpotenz 77, 119, 124, 135, 206, 212
Zeitskala, geologische 223
Zentrum (einer Siedlung) 26, 28
Ziel 38f, 47, 60, 67f, 72ff 82, 109ff, 118, 132, 149, 203
Zins 80f
Zittel, Werner 38f, 47, 60, 67f, 72ff, 82, 109ff, 118, 132, 149, 203
Zivilisation 16, 45, 95, 97, 181, 184, 186, 193ff, 210, 225
Zusammenbruch 48, 191, 199
Zusammenfassung, -schau 105, 133, 147, 152, 157
Zuverlässigkeit (auch zuverlässig) 14, 75f, 108, 110, 112, 137, 139, 190, 207
Zwischenspeicherung 186
Zylinder 94ff

www.ingramcontent.com/pod-product-compliance
Lightning Source LLC
Chambersburg PA
CBHW020638220526
45464CB00001B/192